AutoCAD 中文版学习进阶系列

AutoCAD 2014 中文版室内设计实例教程

三维书屋工作室

胡仁喜　郭林　等编著

U0200152

机械工业出版社

本书主要讲解了使用 AutoCAD 2014 中文版绘制室内设计图的各种方法和技巧。全书共 13 章，其中，第 1 章介绍了 AutoCAD2014 入门；第 2 章介绍了二维绘图命令；第 3 章介绍了编辑命令；第 4 章介绍文本、表格与尺寸标注；第 5 章介绍了模块化绘图；第 6 章是针对室内设计中主要家具设施绘制的讲解；第 7 章介绍了室内设计制图的准备知识；第 8 章介绍了别墅室内设计绘制；第 9~11 章介绍了董事长办公室室内装潢平面、立面与剖面图绘制；第 12 和 13 章分别对咖啡吧室内设计图的绘制进行了详细讲解。本书的实例均为实际设计中的实例，具有很高的实用价值。

本书适合于 AutoCAD 软件的初、中级读者，也适用于室内设计绘图的相关人员。随书多媒体教学光盘包含所有实例的源文件和实例制作过程配音的多媒体动画，可以帮助读者形象直观地理解和学习本书。

图书在版编目（CIP）数据

AutoCAD 2014 中文版室内设计实例教程/胡仁喜等编著.
—4 版. —北京：机械工业出版社，2013.8
ISBN 978-7-111- 43760- 4

Ⅰ.①A… Ⅱ.①胡… Ⅲ.①室内装饰设计—计算机辅助设计—AutoCAD 软件—教材 Ⅳ.①TU238-39

中国版本图书馆 CIP 数据核字（2013）第 197951 号

机械工业出版社（北京市百万庄大街 22 号 邮政编码 100037）
策划编辑：曲彩云 责任编辑：曲彩云
责任印制：杨 曦
北京中兴印刷有限公司印刷
2013 年 9 月第 4 版第 1 次印刷
184mm×260mm ·25.75 印张·636 千字
0 001—3 000 册
标准书号：ISBN 978-7-111- 43760-4
        ISBN 978-7-89405- 017-5（光盘）
定价：68.00 元（含 1DVD）

凡购本书，如有缺页、倒页、脱页，由本社发行部调换

电话服务   策划编辑：(010)88379782
                          网络服务
社 服 务 中 心：(010)88361066   教 材 网：http://www.cmpedu.com
销 售 一 部：(010)68326294   机工官网：http://www.cmpbook.com
销 售 二 部：(010)88379649   机工官博：http://weibo.com/cmp1952
读者购书热线：(010)88379203   **封面无防伪标均为盗版**

前　言

AutoCAD 是 Autodesk 公司开发的计算机辅助设计软件，在世界范围内最早开发，也是用户群最庞大的 CAD 软件。目前，国内各种 CAD 软件如雨后春笋般不断涌现，尽管这些后起之秀在不同的方面有很多卓越的功能，但是 AutoCAD 以其开放性的平台和简单易行的操作方法深受工程设计人员喜爱，在历经多年的市场风雨考验与网络信息技术的飞速发展，其功能不断完善，现已覆盖机械、建筑、服装、电子、气象、地理等各个领域，在全球建立起牢固的用户网络。

在这 30 多年的发展中，AutoCAD 相继进行了 28 次升级，每次升级都带来一次功能的大幅提升。近几年来，随着电子和网络技术的飞速发展，AutoCAD 也加快了更新的步伐，继 2012 年推出 AutoCAD2013 以后，在 2013 年又推出了功能更加强大的 AutoCAD2014 及其中文版。本书主要介绍的是 AutoCAD2014 中文版在室内装潢设计行业里的具体应用。

本书主要讲解了使用 AutoCAD 2014 中文版对室内设计图进行绘制的各种方法和技巧。全书共 13 章，其中第 1 章介绍了 AutoCAD2014 入门；第 2 章介绍了二维绘图命令；第 3 章介绍了编辑命令；第 4 章介绍文本、表格与尺寸标注；第 5 章介绍了模块化绘图；第 6 章是针对室内设计中主要家具设施绘制的讲解；第 7 章介绍了室内设计制图的准备知识；第 8 章介绍了某别墅室内设计图的绘制；第 9~11 章介绍了董事长办公室室内装潢平面、立面与剖面图；第 12、13 章分别对咖啡吧室内设计图的绘制进行了详细讲解。本书的实例均出自实际设计，具有很高的实用价值。

书中主要内容来自于作者几年来使用AutoCAD的经验总结，也有部分内容取自于国内实际设计图样。考虑到室内设计绘图的复杂性，所以对书中的理论讲解和实例引导都作了一些适当的简化处理，尽量做到深入浅出。

随书光盘包含全书所有实例的源文件和操作过程的录屏讲解动画，总时长达1000分钟。为了开阔读者的视野，促进读者的学习，光盘中还免费赠送时长达800分钟的AutoCAD建筑和室内设计案例学习录屏讲解动画教程和相应的实例源文件，以及凝结作者多年心血的AutoCAD使用技巧集锦电子书和各种实用的AutoCAD工程设计图库。

本书主要对象为初、中级用户以及对室内绘图比较了解的设计人员，旨在帮助读者用较短的时间快速熟练地掌握使用 AutoCAD 2014 中文版绘制室内装潢及设施的各种应用技巧，并提高室内设计制图质量。

本书由三维书屋工作室策划，由胡仁喜和郭林主要编写，参加本书编写的有还郭媛媛、杨雪静、卢园、万金环、康士廷、孟培、周广芬、周冰、董伟、李瑞、王玉秋、张日晶、袁涛、王培合、李鹏、王义发、王兵学、路纯红、王敏、郑长松、王文平、王渊峰、王艳池等。

本书虽经作者几易其稿，但由于时间仓促加之水平有限，书中不足之处在所难免，望广大读者登录www.sjzsanweishuwu.com或联系 win760520@126.com批评指正，作者将不胜感激。

作　者

目　录

第1章

AutoCAD 2014 入门

在本章中，我们开始循序渐进地学习 AutoCAD 2014 绘图的有关基本知识。了解如何设置图形的系统参数、样板图，熟悉建立新的图形文件、打开已有文件的方法等。为后面进入系统学习准备必要的前提知识。

- ◉ 绘图环境、图层设置

- ◉ 操作界面

- ◉ 文件管理

- ◉ 基本输入操作

1.1 操作界面

在 AutoCAD 2014 绘图窗口标题栏的下方是菜单栏。同其他 Windows 程序一样，AutoCAD 2014 的菜单也是下拉形式的，并在菜单中包含子菜单。菜单栏中包含 12 个菜单，如图 1-1 所示。这些菜单，几乎包含了 AutoCAD 2014 的所有绘图命令，后面的章节将围绕这些菜单展开讲述。

1.1.1 标题栏

在 AutoCAD 2014 中文版绘图窗口的最上端是标题栏。在标题栏中，显示了系统当前正在运行的应用程序（AutoCAD 2014 和用户正在使用的图形文件）。在用户第一次启动 AutoCAD2014 时，在 AutoCAD 2014 绘图窗口的标题栏中，将显示 AutoCAD 2014 在启动时创建并打开的图形文件的名字 Drawing1.dwg，如图 1-1 所示。

图1-1　AutoCAD 2014中文版的操作界面

这个界面是AutoCAD 2009以后出现的新界面风格，为了便于学习和使用过AutoCAD 2014及以前版本用户学习本书，我们采用AutoCAD经典风格的界面介绍。具体的转换方法是：单击界面右下角的"切换工作空间"按钮，如图1-1所示，在弹出的菜单中选择"AutoCAD经典"选项，系统转换到AutoCAD经典界面。

1.1.2 绘图区

绘图区是指在标题栏下方的大片空白区域，绘图区是用户使用 AutoCAD 2014 绘制图形的区域，用户完成一幅设计图形的主要工作都是在绘图区中完成的。

在绘图区域中，还有一个作用类似光标的十字线，其交点反映了光标在当前坐标系中的位置。在 AutoCAD 2014 中，将该十字线称为光标，AutoCAD 通过光标显示当前点的位置。十字线的方向与当前用户坐标系的 X 轴、Y 轴方向平行，十字线的长度系统预设为屏幕大小的 5%，如图 1-2 所示。

图1-2 "选项"对话框中的"显示"选项卡

1. 修改图形窗口中十字光标的大小

可以根据绘图的实际需要更改其大小。改变光标大小的方法为：在绘图窗口中选择工具菜单中的选项命令。屏幕上将打开系统配置对话框。打开显示选项卡，在"十字光标大小"区域的编辑框中直接输入数值，或者拖动编辑框后的滑块，即可以对十字光标的大小进行调整，如图 1-2 所示。

此外，还可以通过设置系统变量 CURSORSIZE 的值，实现对其大小的更改。方法是在命令行输入：

命令：CURSORSIZE✓

输入 CURSORSIZE 的新值〈5〉：

在提示下输入新值即可。默认值为 5%。

2. 修改绘图窗口的颜色

在默认情况下，AutoCAD 2014 的绘图窗口是黑色背景、白色线条，这不符合绝大多数用户的习惯，因此修改绘图窗口颜色是大多数用户都需要进行的操作。

修改绘图窗口颜色的步骤为：

（1）在图 1-2 所示的选项卡中单击"窗口元素"区域中的"颜色"按钮，将打开图 1-3 所示的"图形窗口颜色"对话框。

（2）单击"图形窗口颜色"对话框中"颜色"字样下边的下拉箭头，在打开的下拉列表中，选择需要的窗口颜色，单击"应用并关闭"按钮，此时 AutoCAD 2014 的绘图窗口变成了窗口背景色，通常按视觉习惯选择白色为窗口颜色。

1.1.3 坐标系图标

在绘图区域的左下角，有一个箭头指向图标，称之为坐标系图标，表示用户绘图时正使用的坐标系形式，如图 1-1 所示。坐标系图标的作用是为点的坐标确定一个参照系。根据工作需要，用户可以选择将其关闭。方法是选择菜单命令：视图→显示→UCS 图标→开，如图 1-4 所示。

图1-3 "图形窗口颜色"对话框   图1-4 "视图"菜单

1.1.4 菜单栏

在 AutoCAD 2014 绘图窗口标题栏的下方，是 AutoCAD 2014 的菜单栏。同其他 Windows 程序一样，在菜单中包含子菜单。

一般来讲，AutoCAD 2014 下拉菜单中的命令有以下 3 种：

1. 带有小三角形的菜单命令

这种类型的命令后面带有子菜单。例如，单击菜单栏中的"绘图"菜单，指向其下拉菜单中的"圆"命令，屏幕上就会进一步下拉出"圆"子菜单中所包含的命令，如图1-5所示。

2．打开对话框的菜单命令

这种类型的命令，后面带有省略号。例如，单击菜单栏中的"格式"菜单，单击其下拉菜单中的"文字样式（S）..."命令，如图1-6所示。屏幕上就会打开对应的"文字样式"对话框，如图1-7所示。

3．直接操作的菜单命令

这种类型的命令将直接进行相应的绘图或其他操作。例如，单击"视图"菜单中的"重画"命令，系统将直接对屏幕图形进行重生成，如图1-8所示。

图1-5　带有子菜单的菜单命令

图1-6　激活相应对话框的菜单命令

图1-7　"文字样式"对话框

图1-8　直接执行菜单命令

1.1.5 工具栏

工具栏是一组图标型工具的集合，把光标移动到某个图标，稍停片刻即在该图标一侧显示相应的工具提示，同时在状态栏中，显示对应的说明和命令名。此时，点取图标也可以启动相应命令。

在默认情况下，可以见到绘图区顶部的"标准"工具栏、"样式"工具栏、"特性"工具栏以及"图层"工具栏（如图1-9所示）和位于绘图区左侧的"绘制"工具栏，右侧的"修改"工具栏和"绘图次序"工具栏（如图 1-10所示）。

图1-9 "标准"、"样式"、"特性"和"图层"工具栏

图1-11 工具栏标签

图1-10 "绘制"、"修改"和"绘图次序"工具栏

将光标放在任一工具栏的非标题区，单击鼠标右键，系统会自动打开单独的工具栏标签，如图1-11所示。用鼠标左键单击某一个未在界面显示的工具栏名，系统自动在截面打开该工具栏。反之，关闭工具栏。

工具栏可以在绘图区"浮动"（如图1-12所示），此时显示该工具栏标题，并可关闭该工具栏，用鼠标可以拖动"浮动"工具栏到图形区边界，使它变为"固定"工具栏，此时该工具栏标题隐藏。也可以把"固定"工具栏拖出，使它成为"浮动"工具栏。

在有些图标的右下角带有一个小三角，按住鼠标左键会打开相应的工具栏，按住鼠标左键，将光标移动到某一图标上然后松手，该图标就为当前图标。单击当前图标，执行相应命令（如图 1-13所示）。

图1-12 "浮动"工具栏

图1-13 "打开"工具栏

1.1.6 命令行窗口

命令行窗口是输入命令名和显示命令提示的区域，默认的命令行窗口布置在绘图区下方，是若干文本行，如图 1-14 所示。对命令行窗口，有以下几点需要说明：

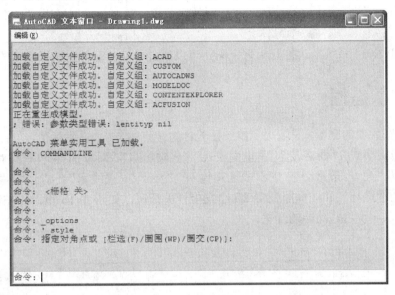

图1-14　文本窗口

（1）移动拆分条，可以扩大与缩小命令行窗口。

（2）可以拖动命令行窗口，布置在屏幕上的其他位置。默认情况下布置在图形窗口的下方。

（3）对当前命令行窗口中输入的内容，可以按 F2 键用文本编辑的方法进行编辑，如图 1-14 所示。AutoCAD 文本窗口和命令行窗口相似，它可以显示当前 AutoCAD 进程中命令的输入和执行过程，在执行 AutoCAD 某些命令行时，它会自动切换到文本窗口，列出有关信息。

（4）AutoCAD 通过命令行窗口，反馈各种信息，包括出错信息。因此，用户要时刻关注在命令行窗口中出现的信息。

1.1.7 布局标签

AutoCAD 2014 系统默认设定一个模型空间布局标签和"布局 1"、"布局 2"两个图纸空间布局标签。在这里有两个概念需要解释一下：

1. 布局

布局是系统为绘图设置的一种环境，包括图纸大小、尺寸单位、角度设定、数值精确度等，在系统预设的三个标签中，这些环境变量都按默认设置。用户根据实际需要改变这些变量的值。比如，默认的尺寸单位是米制的毫米，如果绘制的图形的单位是英制的英寸，就可以改变尺寸单位环境变量的设置，具体方法在后面章节介绍，在此暂且从略。用户也可以根据需要设置符合自己要求的新标签，具体方法也在后面章节介绍。

2. 模型

AutoCAD 的空间分为模型空间和图纸空间。模型空间是我们通常绘图的环境，而在图纸空间中，用户可以创建叫做"浮动视口"的区域，以不同视图显示所绘图形。用户可以在图纸空间中调整浮动视口并决定所包含视图的缩放比例。如果选择图纸空间，则可打印多个视图，用户可以打印任意布局的视图。在后面的章节中，将专门详细地讲解有关模型空间与图纸空间的有关知识，请注意学习体会。

AutoCAD 2014 系统默认打开模型空间，可以通过鼠标左键单击选择需要的布局。

1.1.8　状态栏

状态栏在界面的底部，左端显示绘图区光标定位点的 x、y、z 坐标值，在右侧依次有"推断约束""捕捉模式""栅格显示""正交模式""极轴追踪""对象捕捉""三维对象捕捉""对象捕捉追踪""允许/禁止动态 UCS""动态输入""显示/隐藏线宽""显示/隐藏透明度""快捷特性""选择循环"和注释监视器 15 个功能开关按钮，如图 1-15 所示。左键单击这些开关按钮，可以实现这些功能的开关。

图1-15　状态栏

1.1.9　滚动条

在 AutoCAD 2014 的绘图窗口中，在窗口的下方和右侧还提供了用来浏览图形的水平和竖直方向的滚动条。在滚动条中单击鼠标或拖动滚动条中的滚动块，用户可以在绘图窗口中按水平或竖直两个方向浏览图形。

1.1.10　状态托盘

状态托盘包括一些常见的显示工具和注释工具，包括模型空间与布局空间转换工具，如图 1-16 所示，通过这些按钮可以控制图形或绘图区的状态。

（1）模型或图纸空间按钮：在模型空间与布局空间之间进行转换。

（2）快速查看布局按钮：快速查看当前图形在布局空间的布局。

（3）快速查看图形按钮：快速查看当前图形在模型空间的图形位置。

（4）注释比例按钮：左键单击注释比例右下角小三角符号弹出注释比例列表，如图 1-17 所示，可以根据需要选择适当的注释比例。

（5）注释可见性按钮：当图标亮显时表示显示所有比例的注释性对象；当图标变暗时表示仅显示当前比例的注释性对象。

（6）自动添加注释按钮：注释比例更改时，自动将比例添加到注释对象。

图1-16　状态托盘工具　　　　　　　　　　图1-17　注释比例列表

（7）切换工作空间按钮：进行工作空间转换。

（8）锁定按钮：控制是否锁定工具栏或绘图区在操作界面中的位置。

（9）硬件加速按钮：设定图形卡的驱动程序以及设置硬件加速的选项。

（10）隔离对象按钮：当选择隔离对象时，在当前视图中显示选定对象。所有其他对象都暂时隐藏；当选择隐藏对象时，在当前视图中暂时隐藏选定对象。所有其他对象都可见。

（11）状态栏菜单下拉按钮：单击该下拉按钮，如图 1-18 所示。可以选择打开或锁定相关选项位置。

（12）全屏显示按钮：该选项可以清除 Windows 窗口中的标题栏、工具栏和选项板等界面元素，使 AutoCAD 的绘图窗口全屏显示，如图 1-19 所示。

图1-18　工具栏/窗口位置锁右键菜单

图1-19　全屏显示

1.1.11　快速访问工具栏和交互信息工具栏

1. 快速访问工具栏

该工具栏包括"新建""打开""保存""另存为""打印""放弃""重做"和"工作空间"等几个最常用的工具。用户也可以单击本工具栏后面的下拉按钮设置需要的常用工具。

2. 交互信息工具栏

该工具栏包括"搜索"、Autodesk360、Autodesk Exchange 应用程序、"保持连接"和

"帮助"等几个常用的数据交互访问工具。

1.1.12 功能区

包括"默认""插入""注释""参数化""视图""管理""输出"插件和 Autodesk 360 等几个功能区，每个功能区集成了相关的操作工具，方便了用户的使用。用户可以单击功能区选项后面的 按钮控制功能的展开与收缩。

打开或关闭功能区的操作方式如下：

命令行：RIBBON（或 RIBBONCLOSE）

菜单：工具→选项板→功能区

1.2 设置绘图环境

AutoCAD 的操作界面是 AutoCAD 显示、编辑图形的区域。

1.2.1 绘图单位设置

【执行方式】

命令行：DDUNITS（或 UNITS）

菜单：格式→单位

【操作步骤】

执行上述命令后，系统打开"图形单位"对话框，如图 1-20 所示。该对话框用于定义单位和角度格式。

【选项说明】

（1）"长度"与"角度"选项组：指定测量的长度与角度当前单位及当前单位的精度。

（2）"插入时的缩放单位"下拉列表框：控制使用工具选项板（例如 DesignCenter 或 i-drop）拖入当前图形的块的测量单位。如果块或图形创建时使用的单位与该选项指定的单位不同，则在插入这些块或图形时，将对其按比例缩放。插入比例是源块或图形使用的单位与目标图形使用的单位之比。如果插入块时不按指定单位缩放，请选择"无单位"。

（3）"方向"按钮：单击该按钮，系统显示"方向控制"对话框，如图 1-21 所示。可以在该对话框中进行方向控制设置。

图1-20 "图形单位"对话框

图1-21 "方向控制"对话框

1.2.2 图形边界设置

【执行方式】

命令行：LIMITS
菜单：格式→图形界限

【操作步骤】

命令：LIMITS✓
重新设置模型空间界限：
指定左下角点或［开(ON)/关(OFF)］<0.0000,0.0000>：（输入图形边界左下角的坐标后回车）
指定右上角点 <12.0000,9.0000>：（输入图形边界右上角的坐标后回车）

【选项说明】

（1）开(ON)：使绘图边界有效。系统将在绘图边界以外拾取的点视为无效。

（2）关（OFF）：使绘图边界无效。用户可以在绘图边界以外拾取点或实体。

（3）动态输入角点坐标：动态输入功能可以直接在屏幕上输入角点坐标，输入了横坐标值后，按下"，"键，接着输入纵坐标值，如图 1-22 所示。也可以按光标位置直接按下鼠标左键确定角点位置。

图1-22 动态输入

1.3 配置绘图系统

由于每台计算机所使用的显示器、输入设备和输出设备的类型不同，用户喜好的风格及计算机的目录设置也是不同的，所以每台计算机都是独特的。一般来讲，使用 AutoCAD 2014 的默认配置就可以绘图，但为了使用户的定点设备或打印机，以及为提高绘图的效率，AutoCAD 推荐用户在开始作图前先进行必要的配置。

【执行方式】

命令行：preferences

菜单：工具→选项

右键菜单：选项（单击鼠标右键，系统打开右键菜单，包括最常用的命令，如图 1-23 所示）

图1-23 "选项"右键菜单

【操作步骤】

执行上述命令后，系统打开"选项"对话框。用户可以在该对话框中选择有关选项，对系统进行配置。下面就其中主要几个选项卡作一下说明，其他配置选项，在后面用到时再作具体说明。

1.3.1 显示配置

在"选项"对话框中的第 2 个选项卡为"显示"，该选项卡控制 AutoCAD 窗口的外观，如图 1-24 所示。该选项卡设定屏幕菜单、滚动条显示与否、固定命令行窗口中文字行数、AutoCAD 的版面布局设置、各实体的显示分辨率以及 AutoCAD 运行时的其他各项性能参数的设定等。前面已经讲述了屏幕菜单设定、屏幕颜色、光标大小等知识，其余有关选项的设置读者可参照"帮助"文件学习。

在设置实体显示分辨率时，请务必记住，显示质量越高，即分辨率越高，计算机计算的时间越长，千万不要将其设置太高。显示质量设定在一个合理的程度上是很重要的。

图1-24 "系统"选项卡

1.3.2 系统配置

在"选项"对话框中的第5个选项卡为"系统"，如图1-24所示。该选项卡用来设置AutoCAD系统的有关特性。

（1）"三维性能"选项组 设定当前3D图形的显示特性，可以选择系统提供的3D图形显示特性配置，也可以单击"特性"按钮自行设置该特性。

（2）"当前定点设备"选项组 安装及配置定点设备，如数字化仪和鼠标。具体如何配置和安装，请参照定点设备的用户手册。

（3）"常规选项"选项组 确定是否选择系统配置的有关基本选项。

（4）"布局重生成选项"选项组 确定切换布局时是否重生成或缓存模型选项卡和布局。

（5）"数据库连接"选项组 确定数据库连接的方式。

（6）"live Enabler 选项"选项组 确定在 Web 上检查 Live Enabler 失败的次数。

1.4 文件管理

本节将介绍有关文件管理的一些基本操作方法，包括新建文件、打开已有文件、保存文件、删除文件等，这些都是进行 AutoCAD 2014 操作最基础的知识。另外，在本节中，也将介绍安全口令和数字签名等涉及文件管理操作的知识，请读者注意体会。

1.4.1 新建文件

【执行方式】

命令行：NEW

菜单：文件→新建

工具栏：标准→新建

【操作步骤】

执行上述命令后，系统打开如图 1-25 所示"选择样板"对话框，在文件类型下拉列表框中有3种格式的图形样板，分别是后缀.dwt、.dwg、.dws 的3种图形样板。

图1-25 "选择样板"对话框

在每种图形样板文件中，系统根据绘图任务的要求进行统一的图形设置，如绘图单位类型和精度要求、绘图界限、捕捉、网格与正交设置、图层、图框和标题栏、尺寸及文本格式、线型和线宽等。

使用图形样板文件进行绘图的优点在于，在完成绘图任务时不但可以保持图形设置的一致性，而且可以大大提高工作效率。用户也可以根据自己的需要设置新的样板文件。

一般情况下，.dwt 文件是标准的样板文件，通常将一些规定的标准性的样板文件设成.dwt 文件，.dwg 文件是普通的样板文件，而.dws 文件是包含标准图层、标注样式、线型和文字样式的样板文件。

快速创建图形功能，是开始创建新图形的最快捷方法。

【执行方式】

命令行：QNEW

工具栏：标准→新建

【操作步骤】

执行上述命令后，系统立即从所选的图形样板创建新图形，而不显示任何对话框或提示。

在运行快速创建图形功能之前必须进行如下设置：

（1）将FILEDIA系统变量设置为1，将STARTUP系统变量设置为0。命令行中的提示与操作如下：

命令：FILEDIA✓

输入 FILEDIA 的新值 <1>：✓

命令：STARTUP✓

输入 STARTUP 的新值 <0>：✓

（2）从"工具"→"选项"菜单中选择默认图形样板文件。方法是在"文件"选项卡下，单击标记为"样板设置"的节点，然后选择需要的样板文件路径，如图1-26所示。

图1-26　"选项"对话框的"文件"选项卡

1.4.2　打开文件

【执行方式】

命令行：OPEN

菜单：文件 → 打开

工具栏：标准 → 打开

【操作步骤】

执行上述命令后，系统打开"选择文件"对话框（如图1-27所示），在"文件类型"列

15

表框中用户可选.dwg 文件、.dwt 文件、.dxf 文件和.dws 文件。.dxf 文件是用文本形式存储的图形文件，能够被其他程序读取，许多第三方应用软件都支持.dxf 格式。

图1-27 "选择文件"对话框

1.4.3 保存文件

【执行方式】

命令名：QSAVE(或 SAVE)
菜单：文件→保存
工具栏：标准→保存

【操作步骤】

执行上述命令后，若文件已命名，则 AutoCAD 自动保存；若文件未命名（即为默认名 drawing1.dwg），则系统打开"图形另存为"对话框（如图 1-28 所示），用户可以命名保存。在"保存于"下拉列表框中可以指定保存文件的路径；在"文件类型"下拉列表框中可以指定保存文件的类型。

为了防止因意外操作或计算机系统故障导致正在绘制的图形文件的丢失，可以对当前图形文件设置自动保存。步骤如下：

（1）利用系统变量 SAVEFILEPATH 设置所有"自动保存"文件的位置，如：C:\HU\。

（2）利用系统变量 SAVEFILE 存储"自动保存"文件名。该系统变量储存的文件名文件是只读文件，用户可以从中查询自动保存的文件名。

（3）利用系统变量 SAVETIME 指定在使用"自动保存"时多长时间保存一次图形。

图1-28　"图形另存为"对话框

1.4.4　另存为

【执行方式】

命令行：SAVEAS
菜单：文件→另存为

【操作步骤】

执行上述命令后，打开"图形另存为"对话框（如图 1-28 所示），AutoCAD 用另存名保存，并把当前图形更名。

1.4.5　退出

【执行方式】

命令行：QUIT 或 EXIT
菜单：文件→退出
按钮：AutoCAD 操作界面右上角的"关闭"按钮

【操作步骤】

命令：QUIT✓（或EXIT✓）

执行上述命令后，若用户对图形所作的修改尚未保存，则会出现如图 1-29 所示的系统警告对话框。选择"是"按钮系统将保存文件，然后退出；选择"否"按钮系统将不保存文件。若用户对图形所作的修改已经保存，则直接退出。

17

图1-29 系统警告对话框

1.4.6 图形修复

【执行方式】

命令行：DRAWINGRECOVERY
菜单：文件→绘图实用工具→图形修复管理器

【操作步骤】

命令：DRAWINGRECOVERY↙

执行上述命令后，系统打开"图形修复管理器"对话框，如图 1-30 所示，打开"备份文件"列表中的文件，可以重新保存，从而进行修复。

图1-30 图形修复管理器

1.5 基本输入操作

在 AutoCAD 中，有一些基本的输入操作方法，这些基本方法是进行 AutoCAD 绘图的必备知识基础，也是深入学习 AutoCAD 功能的前提。

1.5.1　命令输入方式

AutoCAD 交互绘图必须输入必要的指令和参数。有多种 AutoCAD 命令输入方式（以画直线为例）：

1．在命令窗口输入命令名

命令字符可不区分大小写。例如：命令：LINE↙。执行命令时，在命令行提示中经常会出现命令选项。如：输入绘制直线命令"LINE"后，命令行中的提示与操作如下：

命令：LINE↙

指定第一点：（在屏幕上指定一点或输入一个点的坐标）

指定下一点或［放弃(U)］：

选项中不带括号的提示为默认选项，因此可以直接输入直线段的起点坐标或在屏幕上指定一点，如果要选择其他选项，则应该首先输入该选项的标识字符，如"放弃"选项的标识字符"U"，然后按系统提示输入数据即可。在命令选项的后面有时候还带有尖括号，尖括号内的数值为默认数值。

2．在命令窗口输入命令缩写字

如 L（Line）、C（Circle）、A（Arc）、Z（Zoom）、R（Redraw）、M（More）、CO（Copy）、PL（Pline）、E（Erase）等。

3．选取绘图菜单直线选项

选取该选项后，在状态栏中可以看到对应的命令说明及命令名。

4．选取工具栏中的对应图标

选取该图标后在状态栏中也可以看到对应的命令说明及命令名。

5．在命令行打开右键快捷菜单

如果在前面刚使用过要输入的命令，可以在命令行打开右键快捷菜单，在"最近使用的命令"子菜单中选择需要的命令，如图 1-31 所示。"最近使用的命令"子菜单中储存最近使用的 6 个命令，如果经常重复使用某个 6 次操作以内的命令，这种方法就比较快速简洁。

图1-31　命令行右键快捷菜单

6．在绘图区右击鼠标

如果要重复使用上次使用的命令，可以直接在绘图区右击鼠标，系统立即重复执行上次使用的命令，这种方法适用于重复执行某个命令。

1.5.2　命令的重复、撤消、重做

1．命令的重复

在命令窗口中键入 Enter 键可重复调用上一个命令，不管上一个命令是完成了还是被取消了。

2．命令的撤消

在命令执行的任何时刻都可以取消和终止命令的执行。

【执行方式】

命令行：UNDO

菜单：编辑→放弃

快捷键：Esc

3．命令的重做

已被撤消的命令还可以恢复重做。要恢复撤消的最后的一个命令。

【执行方式】

命令行：REDO

菜单：编辑→重做

该命令可以一次执行多重放弃和重做操作。单击 UNDO 或 REDO 列表箭头，可以选择要放弃或重做的操作，如图 1-32 所示。

图1-32　多重放弃或重做

1.5.3　透明命令

在 AutoCAD 2014 中有些命令不仅可以直接在命令行中使用，而且还可以在其他命令的执行过程中，插入并执行，待该命令执行完毕后，系统继续执行原命令，这种命令称为透明命令。透明命令一般多为修改图形设置或打开辅助绘图工具的命令。

上述 3 种命令的执行方式同样适用于透明命令的执行。命令行中的提示与操作如下：

命令：ARC↙

指定圆弧的起点或 [圆心(C)]：'ZOOM↙ (透明使用显示缩放命令ZOOM)

>>（执行ZOOM命令）

正在恢复执行 ARC 命令。

指定圆弧的起点或 [圆心(C)]：(继续执行原命令)

1.5.4 按键定义

在 AutoCAD 2014 中，除了可以通过在命令窗口输入命令、点取工具栏图标或点取菜单项来完成外，还可以使用键盘上的一组功能键或快捷键，通过这些功能键或快捷键，可以快速实现指定功能，如单击 F1 键，系统调用 AutoCAD 帮助对话框。

系统使用 AutoCAD 传统标准（Windows 之前）或 Microsoft Windows 标准解释快捷键。有些功能键或快捷键在 AutoCAD 的菜单中已经指出，如"粘贴"的快捷键为 Ctrl+V，这些只要用户在使用的过程中多加留意，就会熟练掌握。快捷键的定义见菜单命令后面的说明，如"粘贴(P) Ctrl+V"。

1.5.5 命令执行方式

有的命令有两种执行方式，通过对话框或通过命令行输入命令。如指定使用命令窗口方式，可以在命令名前加短划线来表示，如"-LAYER"表示用命令行方式执行"图层"命令。而如果在命令行输入"LAYER"，系统则会自动打开"图层特性管理器"对话框。

另外，有些命令同时存在命令行、菜单和工具栏 3 种执行方式，这时如果选择菜单或工具栏方式，命令行会显示该命令，并在前面加一下划线，如通过菜单或工具栏方式执行"直线"命令时，命令行会显示"_line"，命令的执行过程和结果与命令行方式相同。

1.5.6 坐标系与数据的输入方法

1. 坐标系

AutoCAD 采用两种坐标系：世界坐标系（WCS）与用户坐标系。用户刚进入 AutoCAD 时的坐标系就是世界坐标系，是固定的坐标系。世界坐标系也是坐标系中的基准，绘制图形时多数情况下都是在这个坐标系下进行的。

【执行方式】

命令行：UCS
菜单：工具→UCS
工具栏："标准"工具栏→坐标系

AutoCAD 有两种视图显示方式：模型空间和图纸空间。模型空间是指单一视图显示法，通常使用的都是这种显示方式；图纸空间是指在绘图区域创建图形的多视图。用户可以对其中每一个视图进行单独操作。在默认情况下，当前 UCS 与 WCS 重合。图 1-33 a 为模型空间下的 UCS 坐标系图标，通常放在绘图区左下角处；如当前 UCS 和 WCS 重合，则出现一个 W 字，如图 b；也可以指定它放在当前 UCS 的实际坐标原点位置，此时出现一个十字，如图 c。图 d 为图纸空间下的坐标系图标。

2. 数据输入方法

在 AutoCAD 2014 中，点的坐标可以用直角坐标、极坐标、球面坐标和柱面坐标表示，每一种坐标又分别具有两种坐标输入方式：绝对坐标和相对坐标。其中直角坐标和极坐标最

21

为常用，下面主要介绍一下它们的输入方式：

a)　　　　　　　　b)　　　　　　　　c)　　　　　　　d)

图1-33　坐标系图标

（1）直角坐标法：用点的 X、Y 坐标值表示的坐标。

例如：在命令行中输入点的坐标提示下，输入"15，18"，则表示输入了一个 X、Y 的坐标值分别为 15、18 的点，此为绝对坐标输入方式，表示该点的坐标是相对于当前坐标原点的坐标值，如图 1-34a 所示。如果输入"@10，20"，则为相对坐标输入方式，表示该点的坐标是相对于前一点的坐标值，如图 1-34c 所示。

（2）极坐标法：用长度和角度表示的坐标，只能用来表示二维点的坐标。

在绝对坐标输入方式下，表示为："长度<角度"，如"25<50"，其中长度表为该点到坐标原点的距离，角度为该点至原点的连线与 X 轴正向的夹角，如图 1-34b 所示。

在相对坐标输入方式下，表示为："@长度<角度"，如"@25<45"，其中长度为该点到前一点的距离，角度为该点至前一点的连线与 X 轴正向的夹角，如图 1-34d 所示。

a)　　　　　　　　b)　　　　　　　　c)　　　　　　　　d)

图1-34　数据输入方法

3．动态数据输入

按下状态栏上的"DYN"按钮，系统打开动态输入功能，可以在屏幕上动态地输入某些参数数据，例如，绘制直线时，在光标附近，会动态地显示"指定第一点"，以及后面的坐标框，当前显示的是光标所在位置，可以输入数据，两个数据之间以逗号隔开，如图 1-35 所示。指定第一点后，系统动态显示直线的角度，同时要求输入线段长度值，如图 1-36 所示，其输入效果与"@长度<角度"方式相同。

下面分别讲述点与距离值的输入方法。

（1）点的输入。绘图过程中,常需要输入点的位置,AutoCAD 提供了如下几种输入点的方式：

1）用键盘直接在命令窗口中输入点的坐标：直角坐标有两种输入方式：X，Y（点的绝对坐标值，例如：100，50）和@ X，Y（相对于上一点的相对坐标值，例如：（@ 50，-30）。坐标值均相对于当前的用户坐标系。

极坐标的输入方式为：长度 < 角度 （其中，长度为点到坐标原点的距离，角度为原点至该点连线与 X 轴的正向夹角，例如：20<45）或@长度 < 角度（相对于上一点的相对极坐标，例如 @ 50 < -30）。

2）用鼠标等定标设备移动光标单击左键在屏幕上直接取点。

3）用目标捕捉方式捕捉屏幕上已有图形的特殊点（如端点、中点、中心点、插入点、交点、切点、垂足点等）

4）直接距离输入：先用光标拖拉出橡筋线确定方向，然后用键盘输入距离。这样有利于准确控制对象的长度等参数，如要绘制一条长 10mm 的线段，命令行中的提示与操作如下：

命令:LINE ✓

指定第一点：（在屏幕上指定一点）

指定下一点或［放弃(U)］:

这时在屏幕上移动鼠标指明线段的方向，但不要单击鼠标左键确认，如图 1-37 所示，然后在命令行输入 10，这样就在指定方向上准确地绘制了长度为 10mm 的线段。

| 图1-35　动态输入坐标值 | 图1-36　动态输入长度值 | 图1-37　绘制直线 |

（2）距离值的输入。在 AutoCAD 命令中，有时需要提供高度、宽度、半径、长度等距离值。AutoCAD 提供了两种输入距离值的方式：一种是用键盘在命令窗口中直接输入数值；另一种是在屏幕上拾取两点，以两点的距离值定出所需数值。

1.6　图层设置

AutoCAD 中的图层就如同在手工绘图中使用的重叠透明图纸，如图 1-38 所示，可以使用图层来组织不同类型的信息。在 AutoCAD 中，图形的每个对象都位于一个图层上，所有图形对象都具有图层、颜色、线型和线宽这 4 个基本属性。在绘制的时候，图形对象将创建在当前的图层上。每个 CAD 文档中图层的数量是不受限制的，每个图层都有自己的名称。

图1-38　图层示意图

1.6.1　建立新图层

新建的 CAD 文档中只能自动创建一个名为 0 的特殊图层。默认情况下，图层 0 将被指定使用 7 号颜色、CONTINUOUS 线型、"默认"线宽以及 NORMAL 打印样式。不能删除或重命名图层 0 。通过创建新的图层，可以将类型相似的对象指定给同一个图层使其相关联。例如，可以将构造线、文字、标注和标题栏置于不同的图层上，并为这些图层指定通用特性。通过将对象分类放到各自的图层中，可以快速有效地控制对象的显示以及对其进行更改。

【执行方式】

命令行：LAYER

菜单：格式→图层

工具栏：图层→图层特性管理器 ，如图 1-39 所示

图1-39 "图层"工具栏

【操作步骤】

执行上述命令后，系统打开"图层特性管理器"对话框，如图 1-40 所示。

单击"图层特性管理器"对话框中"新建图层"按钮 ，建立新图层，默认的图层名为"图层 1"。可以根据绘图需要，更改图层名，例如改为实体层、中心线层或标准层等。

在一个图形中可以创建的图层数以及在每个图层中可以创建的对象数实际上是无限的。图层最长可使用 255 个字符的字母数字命名。图层特性管理器按名称的字母顺序排列图层。

 注意

如果要建立不只一个图层，无需重复单击"新建"按钮。更有效的方法是：在建立一个新的图层"图层1"后，改变图层名，在其后输入一个逗号"，"，这样就会又自动建立一个新图层"图层1"，改变图层名，再输入一个逗号，又一个新的图层建立了，依次建立各个图层。也可以按两次Enter键，建立另一个新的图层。图层的名称也可以更改，直接双击图层名称，键入新的名称。

图1-40 "图层特性管理器"对话框

在每个图层属性设置中，包括图层名称、关闭/打开图层、冻结/解冻图层、锁定/解锁图层、图层线条颜色、图层线条线型、图层线条宽度、透明度、图层打印样式以及图层是否打印 10 个参数。下面将分别讲述如何设置这些图层参数。

1. 设置图层线条颜色

在工程制图中，整个图形包含多种不同功能的图形对象，例如实体、剖面线与尺寸标注等，为了便于直观区分它们，就有必要针对不同的图形对象使用不同的颜色，例如实体层使用白色、剖面线层使用青色等。

要改变图层的颜色时，单击图层所对应的颜色图标，打开"选择颜色"对话框，如图 1-41 所示。它是一个标准的颜色设置对话框，可以使用索引颜色、真彩色和配色系统 3 个选项卡来选择颜色。系统显示的 RGB 配比，即 Red(红)、Green(绿)和 Blue(蓝)3 种颜色。

图1-41 "选择颜色"对话框

2. 设置图层线型

线型是指作为图形基本元素的线条的组成和显示方式，如实线、点画线等。在许多的绘图工作中，常常以线型划分图层，为某一个图层设置适合的线型，在绘图时，只需将该图层设为当前工作层，即可绘制出符合线型要求的图形对象，极大地提高了绘图的效率。

单击图层所对应的线型图标，系统打开"选择线型"对话框，如图 1-42 所示。默认情况下，在"已加载的线型"列表框中，系统中只添加了 Continuous 线型。单击"加载"按钮，系统打开"加载或重载线型"对话框，如图 1-43 所示，可以看到 AutoCAD 还提供许多其他的线型，用鼠标选择所需线型，单击"确定"按钮，即可把该线型加载到"已加载的线型"列表框中，可以按住 Ctrl 键选择几种线型同时加载。

图1-42 "选择线型"对话框

图1-43 "加载或重载线型"对话框

3. 设置图层线宽

线宽设置顾名思义就是改变线条的宽度。用不同宽度的线条表现图形对象的类型，也可以提高图形的表达能力和可读性，例如绘制外螺纹时大径使用粗实线，小径使用细实线。

单击图层所对应的线宽图标，系统打开"线宽"对话框，如图 1-44 所示。选择一个线宽，单击"确定"按钮完成对图层线宽的设置。

图层线宽的默认值为 0.25mm。在状态栏为"模型"状态时，显示的线宽同计算机的像素有关。线宽为零时，显示为一个像素的线宽。单击状态栏中的"线宽"按钮，屏幕上显示的图形线宽，显示的线宽与实际线宽成比例，如图 1-45 所示，但线宽不随着图形的放大和缩小而变化。"线宽"功能关闭时，不显示图形的线宽，图形的线宽均为默认值宽度值显示。可以在"线宽"对话框选择需要的线宽。

25

图1-44 "线宽"对话框

图1-45 线宽显示效果图

1.6.2 设置图层

除了上面讲述的通过图层管理器设置图层的方法外，还有几种其他的简便方法可以设置图层的颜色、线宽、线型等参数。

1. 直接设置图层

可以直接通过命令行或菜单设置图层的颜色、线宽、线型。

【执行方式】

命令行：COLOR
菜单：格式→颜色

【操作步骤】

执行上述命令后，系统打开"选择颜色"对话框，如图 1-41 所示。

【执行方式】

命令行：LINETYPE
菜单：格式→线型

【操作步骤】

执行上述命令后，系统打开"线型管理器"对话框，如图 1-46 所示。该对话框的使用方法与图 1-42 所示的"选择线型"对话框类似。

【执行方式】

命令行：LINEWEIGHT 或 LWEIGHT
菜单：格式→线宽

【操作步骤】

执行上述命令后，系统打开"线宽设置"对话框，如图 1-47 所示。该对话框的使用方法与图1-44 所示的"线宽"对话框类似。

图1-46　"线型管理器"对话框　　　　　图1-47　"线宽设置"对话框

2. 利用"特性"工具栏设置图层

AutoCAD 提供了一个"特性"工具栏，如图 1-48 所示。用户能够控制和使用工具栏上的"对象特性"工具栏快速地察看和改变所选对象的图层、颜色、线型和线宽等特性。"特性"工具栏上的图层颜色、线型、线宽和打印样式的控制增强了察看和编辑对象属性的命令。在绘图屏幕上选择任何对象都将在工具栏上自动显示它所在图层、颜色、线型等属性。

图1-48　"特性"工具栏

也可以在"特性"工具栏上的"颜色"、"线型"、"线宽"和"打印样式"下拉列表中选择需要的参数值。如果在"颜色"下拉列表中选择"选择颜色"选项，如图 1-49 所示，系统就会打开"选择颜色"对话框，如图 1-41 所示；同样，如果在"线型"下拉列表中选择"其他"选项，如图 1-50 所示，系统就会打开"线宽"对话框，如图 1-44 所示。

3. 用"特性"对话框设置图层

 【执行方式】

命令行：DDMODIFY 或 PROPERTIES

菜单：修改→特性

工具栏：标准→特性

【操作步骤】

执行上述命令后，系统打开"特性"工具板，如图 1-51 所示。在其中可以方便地设置或修改图层、颜色、线型、线宽等属性。

图1-49　"选择颜色"选项　　图1-50　"其他"选项　　图1-51　"特性"工具板

1.6.3　控制图层

1．切换当前图层

不同的图形对象需要绘制在不同的图层中，在绘制前，需要将工作图层切换到所需的图层上来。打开"图层特性管理器"对话框，选择图层，单击"置为当前" ✔ 按钮完成设置。

2．删除图层

在"图层特性管理器"对话框中的图层列表框中选择要删除的图层，单击"删除" ✘ 按钮即可删除该图层。从图形文件定义中删除选定的图层。只能删除未参照的图层。参照图层包括图层 0 及 DEFPOINTS、包含对象（包括块定义中的对象）的图层、当前图层和依赖外部参照的图层。不包含对象（包括块定义中的对象）的图层、非当前图层和不依赖外部参照的图层都可以删除。

3．关闭/打开图层

在"图层特性管理器"对话框中，单击♀图标，可以控制图层的可见性。图层打开时，图标小灯泡呈鲜艳的颜色，该图层上的图形可以显示在屏幕上或绘制在绘图仪上。当单击该属性图标后，图标小灯泡呈灰暗色时，该图层上的图形不显示在屏幕上，而且不能被打印输出，但仍然作为图形的一部分保留在文件中。

4．冻结/解冻图层

在"图层特性管理器"对话框中，单击☼图标，可以冻结图层或将图层解冻。图标呈雪花灰暗色时，该图层是冻结状态；图标呈太阳鲜艳色时，该图层是解冻状态。冻结图层上的对象不能显示，也不能打印，同时也不能编辑修改该图层上图形对象。在冻结了图层后，该图层上的对象不影响其他图层上对象的显示和打印。例如，在使用 HIDE 命令消隐的时候，被冻结图层上的对象不隐藏其他的对象。

5．锁定/解锁图层

在"图层特性管理器"对话框中，单击🔓图标，可以锁定图层或将图层解锁。锁定图层后，该图层上的图形依然显示在屏幕上并可打印输出，并可以在该图层上绘制新的图形对象，但用户不能对该图层上的图形进行编辑修改操作。

可以对当前层进行锁定，也可在对锁定图层上的图形进行查询和对象捕捉命令。锁定图层可以防止对图形的意外修改。

6．打印样式

在 AutoCAD 2014 中，可以使用一个称为"打印样式"的新的对象特性。打印样式控制对象的打印特性，包括颜色、抖动、灰度、笔号、虚拟笔、淡显、线型、线宽、线条端点样式、线条连接样式和填充样式。

使用打印样式给用户提供了很大的灵活性，因为用户可以设置打印样式来替代其他对象特性，也可以按用户需要关闭这些替代设置。

7．打印/不打印

在"图层特性管理器"对话框中，单击🖶图标，可以设定打印时该图层是否打印，以在保证图形显示可见不变的条件下，控制图形的打印特征。打印功能只对可见的图层起作用，对于已经被冻结或被关闭的图层不起作用。

8．冻结新视口

控制在当前视口中图层的冻结和解冻。不解冻图形中设置为"关"或"冻结"的图层，对于模型空间视口不可用。

1.7　绘图辅助工具

要快速顺利地完成图形绘制工作，有时要借助一些辅助工具，比如用于准确确定绘制位置的精确定位工具和调整图形显示范围与方式的显示工具等。下面简略介绍一下这两种非常重要的辅助绘图工具。

1.7.1　精确定位工具

在绘制图形时，可以使用直角坐标和极坐标精确定位点，但是有些点（如端点、中心点等）的坐标是不知道的，又想精确地指定这些点，可想而知是很难的，有时甚至是不可能的。AutoCAD 提供了辅助定位工具，使用这类工具可以很容易地在屏幕中捕捉到这些点，进行精确的绘图。

1．栅格

AutoCAD 的栅格由有规则的点的矩阵组成，延伸到指定为图形界限的整个区域。使用栅格与在坐标纸上绘图是十分相似的，利用栅格可以对齐对象并直观显示对象之间的距离。如果放大或缩小图形，可能需要调整栅格间距，使其更适合新的比例。虽然栅格在屏幕上是可见的，但它并不是图形对象，因此它不会被打印成图形中的一部分，也不会影响在何处绘图。

可以单击状态栏上的"栅格"按钮或 F7 键打开或关闭栅格。启用栅格并设置栅格在 X 轴方向和 Y 轴方向上的间距的方法如下：

【执行方式】

命令行：DSETTINGS（或 DS，S E 或 DDRMODES）
菜单：工具→绘图设置
快捷菜单："栅格"按钮处右击→设置

【操作步骤】

执行上述命令，系统打开"草图设置"对话框，如图 1-52 所示。

如果需要显示栅格，选择"启用栅格"复选框。在"栅格 X 轴间距"文本框中，输入栅格点之间的水平距离，单位为毫米。如果使用相同的间距设置垂直和水平分布的栅格点，则按 Tab 键。否则，在"栅格 Y 轴间距"文本框中输入栅格点之间的垂直距离。

用户可改变栅格与图形界限的相对位置。默认情况下，栅格以图形界限的左下角为起点，沿着与坐标轴平行的方向填充整个由图形界限所确定的区域。

捕捉可以使用户直接使用鼠标快速地定位目标点。捕捉模式有几种不同的形式：栅格捕捉、对象捕捉、极轴捕捉和自动捕捉。

另外，可以使用 GRID 命令通过命令行方式设置栅格，功能与"草图设置"对话框类似，不再赘述。

 注意

如果栅格的间距设置得太小，当进行"打开栅格"操作时，AutoCAD将在文本窗口中显示"栅格太密，无法显示"的信息，而不在屏幕上显示栅格点。或者使用"缩放"命令时，将图形缩放很小，也会出现同样提示，不显示栅格。

2. 捕捉

捕捉是指 AutoCAD 可以生成一个隐含分布于屏幕上的栅格，这种栅格能够捕捉光标，使得光标只能落到其中的一个栅格点上。捕捉可分为"矩形捕捉"和"等轴测捕捉"两种类型。默认设置为"矩形捕捉"，即捕捉点的阵列类似于栅格，如图 1-53 所示，用户可以指定捕捉模式在 X 轴方向和 Y 轴方向上的间距，也可改变捕捉模式与图形界限的相对位置。与栅格不同之处在于：捕捉间距的值必须为正实数；另外捕捉模式不受图形界限的约束。"等轴测捕捉"表示捕捉模式为等轴测模式，此模式是绘制正等轴测图时的工作环境，如图 1-54 所示。在"等轴测捕捉"模式下，栅格和光标十字线成绘制等轴测图时的特定角度。

在绘制图 1-53 和图 1-54 中的图形时，输入参数点时光标只能落在栅格点上。两种模式切换方法：打开"草图设置"对话框，进入"捕捉和栅格"选项卡，在"捕捉类型和样式"选项区中，通过单选框可以切换"矩阵捕捉"模式与"等轴测捕捉"模式。

3. 极轴捕捉

极轴捕捉是在创建或修改对象时，按事先给定的角度增量和距离增量来追踪特征点，即捕捉相对于初始点、且满足指定极轴距离和极轴角的目标点。

图1-52 "草图设置"对话框　　图1-53 "矩形捕捉"实例　　图1-54 "等轴测捕捉"

极轴追踪设置主要是设置追踪的距离增量和角度增量，以及与之相关联的捕捉模式。这些设置可以通过"草图设置"对话框的"捕捉和栅格"选项卡与"极轴追踪"选项卡来实现，如图1-55和图1-56所示。

图1-55 "捕捉和栅格"选项　　　　　图1-56 "极轴追踪"选项卡

（1）设置极轴距离。在"草图设置"对话框的"捕捉和栅格"选项卡中，可以设置极轴距离，单位为毫米。绘图时，光标将按指定的极轴距离增量进行移动。

（2）设置极轴角度。在"草图设置"对话框的"极轴追踪"选项卡中，可以设置极轴角增量角度。设置时，可以使用向下箭头所打开的下拉选择框中的90、45、30、22.5、18、15、10和5的极轴角增量，也可以直接输入指定其他任意角度。光标移动时，如果接近极轴角，将显示对齐路径和工具栏提示。例如，图1-57所示为当极轴角增量设置为30，光标移动90时显示的对齐路径。

"附加角"用于设置极轴追踪时是否采用附加角度追踪。选中"附加角"复选框，通过"增加"按钮或者"删除"按钮来增加、删除附加角度值。

（3）对象捕捉追踪设置。用于设置对象捕捉追踪的模式。如果选择"仅正交追踪"选项，则当采用追踪功能时，系统仅在水平和垂直方向上显示追踪数据；如果选择"用所有极轴角设置追踪"选项，则当采用追踪功能时，系统不仅可以在水平和垂直方向显示追踪数据，还可以在设置的极轴追踪角度与附加角度所确定的一系列方向上显示追踪数据。

图1-57　设置极轴角度

（4）　极轴角测量。用于设置极轴角的角度测量采用的参考基准，"绝对"则是相对水平方向逆时针测量，"相对上一段"则是以上一段对象为基准进行测量。

4．对象捕捉

AutoCAD 给所有的图形对象都定义了特征点，对象捕捉则是指在绘图过程中，通过捕捉这些特征点，迅速准确将新的图形对象定位在现有对象的确切位置上，例如圆的圆心、线段中点或两个对象的交点等。在 AutoCAD 2014 中，可以通过单击状态栏中"对象捕捉"选项，或是在"草图设置"对话框的"对象捕捉"选项卡中选择"启用对象捕捉"单选框，来完成启用对象捕捉功能。在绘图过程中，对象捕捉功能的调用可以通过以下方式完成。

"对象捕捉"工具栏：如图 1-58 所示，在绘图过程中，当系统提示需要指定点位置时，可以单击"对象捕捉"工具栏中相应的特征点按钮，再把光标移动到要捕捉的对象上的特征点附近，AutoCAD 会自动提示并捕捉到这些特征点。例如，如果需要用直线连接一系列圆的圆心，可以将"圆心"设置为执行对象捕捉。如果有两个可能的捕捉点落在选择区域，AutoCAD 将捕捉离光标中心最近的符合条件的点。还有可能指定点时需要检查哪一个对象捕捉有效，例如在指定位置有多个对象捕捉符合条件，在指定点之前，按 Tab 键可以遍历所有可能的点。

对象捕捉快捷菜单：在需要指定点位置时，还可以按住 Ctrl 键或 Shift 键，单击鼠标右键，弹出对象捕捉快捷菜单，如图 1-59 所示。从该菜单上一样可以选择某一种特征点执行对象捕捉，把光标移动到要捕捉对象上的特征点附近，即可捕捉到这些特征点。

 注意

> 1.对象捕捉不可单独使用，必须配合别的绘图命令一起使用。仅当AutoCAD 提示输入点时，对象捕捉才生效。如果试图在命令提示下使用对象捕捉，AutoCAD 将显示错误信息。
>
> 2.对象捕捉只影响屏幕上可见的对象，包括锁定图层、布局视口边界和多段线上的对象。不能捕捉不可见的对象，如未显示的对象、关闭或冻结图层上的对象或虚线的空白部分。

使用命令行：当需要指定点位置时，在命令行中输入相应特征点的关键字把光标移动到要捕捉对象上的特征点附近，即可捕捉到这些特征点。对象捕捉特征点的关键字见表 1-1。

5．自动对象捕捉

在绘制图形的过程中，使用对象捕捉的频率非常高，如果每次在捕捉时都要先选择捕捉模式，将使工作效率大大降低。出于此种考虑，AutoCAD 提供了自动对象捕捉模式。如果启用自动捕捉功能，当光标距指定的捕捉点较近时，系统会自动精确地捕捉这些特征点，并显示出相应的标记以及该捕捉的提示。设置"草图设置"对话框中的"对象捕捉"选项卡，选中"启用对象捕捉追踪"复选框，可以调用自动捕捉，如图 1-60 所示。

图1-58　"对象捕捉"工具栏　　　　　　图1-59　"对象捕捉"快捷菜单

表1-1　对象捕捉模式

模式	关键字	模式	关键字	模式	关键字
临时追踪点	TT	捕捉自	FROM	端点	END
中点	MID	交点	INT	外观交点	APP
延长线	EXT	圆心	CEN	象限点	QUA
切点	TAN	垂足	PER	平行线	PAR
节点	NOD	最近点	NEA	无捕捉	NON

图1-60　"对象捕捉"选项卡

注意

> 可以设置自己经常要用的捕捉方式。一旦设置了运行捕捉方式后，在每次运行时，所设定的目标捕捉方式就会被激活，而不是仅对一次选择有效。当同时使用多种方式时，系统将捕捉距光标最近、同时又是满足多种目标捕捉方式之一的点。当光标距要获取的点非常近时，按下 Shift 键将暂时不获取对象。

6. 正交绘图

正交绘图模式，即在命令的执行过程中，光标只能沿 X 轴或者 Y 轴移动。所有绘制的线段和构造线都将平行于 X 轴或 Y 轴，因此它们相互垂直成 90° 相交，即正交。使用正交绘图，对于绘制水平和垂直线非常有用，特别是当绘制构造线时经常使用。而且当捕捉模式为等轴测模式时，它还迫使直线平行于 3 个等轴测中的一个。

设置正交绘图可以直接单击状态栏中"正交"按钮，或 F8 键，相应的会在文本窗口中显示开/关提示信息。也可以在命令行中输入"ORTHO"命令，执行开启或关闭正交绘图。

 注意

> "正交"模式将光标限制在水平或垂直（正交）轴上。因为不能同时打开"正交"模式和极轴追踪，因此"正交"模式打开时，AutoCAD 会关闭极轴追踪。如果再次打开极轴追踪，AutoCAD 将关闭"正交"模式。

1.7.2 图形显示工具

对于一个较为复杂的图形来说，在观察整幅图形时往往无法对其局部细节进行查看和操作，而当在屏幕上显示一个细部时又看不到其他部分，为解决这类问题，AutoCAD 提供了缩放、平移、视图、鸟瞰视图和视口命令等一系列图形显示控制命令，可以用来任意地放大、缩小或移动屏幕上的图形显示，或者同时从不同的角度、不同的部位来显示图形。AutoCAD 还提供了重画和重新生成命令来刷新屏幕、重新生成图形。

1. 图形缩放

图形缩放命令类似于照相机的镜头，可以放大或缩小屏幕所显示的范围，只改变视图的比例，但是对象的实际尺寸并不发生变化。当放大图形一部分的显示尺寸时，可以更清楚地查看这个区域的细节；相反，如果缩小图形的显示尺寸，则可以查看更大的区域，如整体浏览。

图形缩放功能在绘制大幅面机械图，尤其是装配图时非常有用，是使用频率最高的命令之一。这个命令可以透明地使用，也就是说，该命令可以在其他命令执行时运行。用户完成涉及到透明命令的过程时，AutoCAD会自动地返回到在用户调用透明命令前正在运行的命令。

【执行方式】

　　命令行：ZOOM
　　菜单：视图→缩放
　　工具栏：标准→缩放□（如图1-61所示）

图1-61　"缩放"工具栏

【操作步骤】

　　执行上述命令后，系统提示：
　　指定窗口的角点，输入比例因子（nX 或 nXP），或者
　　[全部(A)/中心(C)/动态(D)/范围(E)/上一个(P)/比例(S)/窗口(W)/对象(O)]〈实时〉：

【选项说明】

　　（1）实时：这是"缩放"命令的默认操作，即在输入"ZOOM"命令后，直接按 Enter 键，将自动调用实时缩放操作。实时缩放就是可以通过上下移动鼠标交替进行放大和缩小。在使用实时缩放时，系统会显示一个"+"号或"—"号。当缩放比例接近极限时，AutoCAD 将不再与光标一起显示"+"号或"—"号。需要从实时缩放操作中退出时，可按Enter键、Esc 键或是从菜单中选择 Exit 退出。

　　（2）全部(A)：执行"ZOOM"命令后，在提示文字后键入"A"，即可执行"全部(A)"缩放操作。不论图形有多大，该操作都将显示图形的边界或范围，即使对象不包括在边界以内，它们也将被显示。因此，使用"全部(A)"缩放选项，可查看当前视口中的整个图形。

　　（3）中心(C)：通过确定一个中心点，该选项可以定义一个新的显示窗口。操作过程中需要指定中心点以及输入比例或高度。默认新的中心点就是视图的中心点，默认的输入高度就是当前视图的高度，直接按 Enter 键后，图形将不会被放大。输入比例，则数值越大，图形放大倍数也将越大。也可以在数值后面紧跟一个 X，如 3X，表示在放大时不是按照绝对值变化，而是按相对于当前视图的相对值缩放。

　　（4）动态(D)：通过操作一个表示视口的视图框，可以确定所需显示的区域。选择该选项，在绘图窗口中出现一个小的视图框，按住鼠标左键左右移动可以改变该视图框的大小，定形后放开左键，再按下鼠标左键移动视图框，确定图形中的放大位置，系统将清除当前视口并显示一个特定的视图选择屏幕。这个特定屏幕，由有关当前视图及有效视图的信息构成。

　　（5）范围(E)：可以使图形缩放至整个显示范围。图形的范围由图形所在的区域构成，剩余的空白区域将被忽略。应用这个选项，图形中所有的对象都尽可能地被放大。

　　（6）上一个(P)：在绘制一幅复杂的图形时，有时需要放大图形的一部分以进行细节的编辑。当编辑完成后，有时希望回到前一个视图。这种操作可以使用"上一个(P)"选项来实现。当前视口由"缩放"命令的各种选项或"移动"视图、视图恢复、平行投影或透视

命令引起的任何变化，系统都将做保存。每一个视口最多可以保存 10 个视图。连续使用"上一个(P)"选项可以恢复前 10 个视图。

（7）比例(S)：提供了 3 种使用方法。在提示信息下，直接输入比例系数，AutoCAD 将按照此比例因子放大或缩小图形的尺寸。如果在比例系数后面加一"X"，则表示相对于当前视图计算的比例因子。使用比例因子的第三种方法就是相对于图形空间，例如，可以在图纸空间阵列布排或打印出模型的不同视图。为了使每一张视图都与图纸空间单位成比例，可以使用"比例(S)"选项，每一个视图可以有单独的比例。

（8）窗口(W)：是最常使用的选项。通过确定一个矩形窗口的两个对角来指定所需缩放的区域，对角点可以由鼠标指定，也可以输入坐标确定。指定窗口的中心点将成为新的显示屏幕的中心点。窗口中的区域将被放大或者缩小。调用"ZOOM"命令时，可以在没有选择任何选项的情况下，利用鼠标在绘图窗口中直接指定缩放窗口的两个对角点。

（9）对象（O）：缩放以便尽可能大地显示一个或多个选定的对象并使其位于视图的中心。可以在启动 ZOOM 命令前后选择对象。

 注意

这里所提到了诸如放大、缩小或移动的操作，仅仅是对图形在屏幕上的显示进行控制，图形本身并没有任何改变。

2. 图形平移

当图形幅面大于当前视口时，例如使用图形缩放命令将图形放大，如果需要在当前视口之外观察或绘制一个特定区域时，可以使用图形平移命令来实现。平移命令能将在当前视口以外的图形的一部分移动进来查看或编辑，但不会改变图形的缩放比例。

【执行方式】

命令行：PAN

菜单：视图→平移

工具栏：标准→平移

快捷菜单：绘图窗口中单击右键，选择"平移"选项

激活平移命令之后，光标将变成一只"小手"，可以在绘图窗口中任意移动，以示当前正处于平移模式。单击并按住鼠标左键将光标锁定在当前位置，即"小手"已经抓住图形，然后，拖动图形使其移动到所需位置上。松开鼠标左键将停止平移图形。可以反复按下鼠标左键，拖动，松开，将图形平移到其他位置上。

平移命令预先定义了一些不同的菜单选项与按钮，它们可用于在特定方向上平移图形，在激活平移命令后，这些选项可以从菜单"视图"→"平移"→"*"中调用。

（1）实时：是平移命令中最常用的选项，也是默认选项，前面提到的平移操作都是指实时平移，通过鼠标的拖动来实现任意方向上的平移。

（2）点：这个选项要求确定位移量，这就需要确定图形移动的方向和距离。可以通过输入点的坐标或用鼠标指定点的坐标来确定位移。

（3）左：该选项移动图形使屏幕左部的图形进入显示窗口。

（4）右：该选项移动图形使屏幕右部的图形进入显示窗口。

（5）上：该选项向底部平移图形后，使屏幕顶部的图形进入显示窗口。

（6）下：该选项向顶部平移图形后，使屏幕底部的图形进入显示窗口。

第2章

二维绘图命令

二维图形是指在二维平面空间绘制的图形，AutoCAD 提供了大量的绘图工具，可以帮助用户完成二维图形的绘制。AutoCAD 提供了许多的二维绘图命令，利用这些命令可以快速方便地完成某些图形的绘制。本章主要包括下述内容：点、直线、圆和圆弧、椭圆和椭圆弧、平面图形、图案填充、多段线、样条曲线和多线的绘制与编辑。

- ◉ 线类、圆类、平面图形命令
- ◉ 多段线与样条曲线
- ◉ 多线

2.1 直线类命令

直线类命令包括直线段、射线和构造线。这几个命令是 AutoCAD 中最简单的绘图命令。

2.1.1 点

【执行方式】

命令行：POINT
菜单：绘图→点→单点或多点
工具栏：绘图→点

【操作步骤】

命令：POINT✓
当前点模式：PDMODE=0 PDSIZE=0.0000
指定点：（指定点所在的位置）

【选项说明】

（1）通过菜单方法操作时（如图 2-1 所示），"单点"选项表示只输入一个点，"多点"选项表示可输入多个点。

（2）可以打开状态栏中的"对象捕捉"开关设置点捕捉模式，帮助用户拾取点。

（3）点在图形中的表示样式共有 20 种。可通过"DDPTYPE"命令或拾取菜单：格式→点样式，打开"点样式"对话框来设置，如图 2-2 所示。

图2-1 "点"子菜单

图2-2 "点样式"对话框

2.1.2 直线

【执行方式】

命令行：LINE
菜单：绘图→直线
工具栏：绘图→直线

【操作步骤】

命令行提示与操作如下：

命令：LINE✓

指定第一点：（输入直线段的起点，用鼠标指定点或者给定点的坐标）

指定下一点或 [放弃(U)]：（输入直线段的端点，也可以用鼠标指定一定角度后，直接输入直线的长度）

指定下一点或 [放弃(U)]：（输入下一直线段的端点，输入选项"U"表示放弃前面的输入；单击鼠标右键或按Enter键，结束命令）

指定下一点或 [闭合(C)/放弃(U)]：（输入下一直线段的端点，或输入选项"C"使图形闭合，结束命令

【选项说明】

（1）若采用按Enter键响应"指定第一点："提示，系统会把上次绘线（或弧）的终点作为本次操作的起始点。特别地，若上次操作为绘制圆弧，按Enter键响应后绘出通过圆弧终点的与该圆弧相切的直线段，该线段的长度由鼠标在屏幕上指定的一点与切点之间线段的长度确定。

（2）在"指定下一点"提示下，用户可以指定多个端点，从而绘出多条直线段。但是，每一段直线是一个独立的对象，可以进行单独的编辑操作。

（3）绘制两条以上直线段后，若采用输入选项"C"响应"指定下一点"提示，系统会自动链接起始点和最后一个端点，从而绘出封闭的图形。

（4）若采用输入选项"U"响应提示，则擦除最近一次绘制的直线段。

（5）若设置正交方式（按下状态栏上"正交"按钮），只能绘制水平直线或垂直线段。

（6）若设置动态数据输入方式（按下状态栏上"DYN"按钮），则可以动态输入坐标或长度值。下面的命令同样可以设置动态数据输入方式，效果与非动态数据输入方式类似。除了特别需要，以后不再强调，而只按非动态数据输入方式输入相关数据。

2.1.3 实例——五角星

绘制如图2-3所示的五角星。

命令行中的提示与操作如下：

命令：LINE✓（或选择菜单栏中的"绘图"→"直线"命令，或者单击"绘图"工具栏中的命令图标，下同）

实讲实训
多媒体演示

多媒体演示参见配套光盘中的\\动画演示\第2章\五角星.avi。

指定第一点:120，120↙　　（P1点）

指定下一点或 ［放弃(U)］: @ 80＜252↙　（P2点，也可以单击DYN按钮，在鼠标位置为108°时，动态输入80，如图2-4所示）

图2-3　五角星　　　　　　　　　　　图2-4　动态输入

指定下一点或 ［放弃(U)］:　159.091，90.870↙　　（P3点）

指定下一点或 ［闭合(C)/放弃(U)］:@ 80，0↙　　（错位的P4点，也可单击状态栏上的 按钮，在鼠标位置为0°时，动态输入80）

指定下一点或 ［闭合(C)/放弃(U)］:U↙　（取消对P4点的输入）

指定下一点或 ［闭合(C)/放弃(U)］:@-80，0 ↙　（P4点，也可以单击 DYN按钮，在鼠标位置为180°时，动态输入80）

指定下一点或 ［闭合(C)/放弃(U)］:　144.721，43.916↙（P5点）

指定下一点或 ［闭合(C)/放弃(U)］:C↙　（封闭五角星并结束命令）

最后完成图形，如图 2-3 所示。

> 📖 **说　明**
>
> 　　一般每个命令有三种执行方式，这里只给出了命令行执行方式，其他两种执行方式的操作方法与命令行执行方式相同。

2.2　圆类图形命令

　　圆类命令主要包括"圆""圆弧""椭圆""椭圆弧"以及"圆环"等命令，这几个命令是AutoCAD中最简单的曲线命令。

2.2.1　圆

【执行方式】

　　命令行：CIRCLE

　　菜单：绘图→圆

工具栏：绘图→圆 ⊙

 【操作步骤】

命令：CIRCLE↙

指定圆的圆心或 [三点(3P)/两点(2P)/ 切点、切点、半径(T)]：(指定圆心)

指定圆的半径或 [直径(D)]：(直接输入半径数值或用鼠标指定半径长度)

指定圆的直径 〈默认值〉：(输入直径数值或用鼠标指定直径长度)

【选项说明】

（1）三点(3P)：用指定圆周上三点的方法画圆。

（2）两点(2P)：指定直径的两端点画圆。

（3）切点、切点、半径(T)：按先指定两个相切对象，后给出半径的方法画圆。如图 2-5 所示给出了以"相切、相切、半径"方式绘制圆的各种情形（其中加黑的圆为最后绘制的圆）。

图 2-5　圆与另外两个对象相切的各种情形

单击"绘图"工具栏中的"圆"按钮 ⊙，菜单中多了一种"相切、相切、相切"的方法，当选择此方式时（如图 2-6 所示），系统提示：

指定圆上的第一个点：_tan 到：(指定相切的第一个圆弧)

指定圆上的第二个点：_tan 到：(指定相切的第二个圆弧)

指定圆上的第三个点：_tan 到：(指定相切的第三个圆弧)

图2-6　绘制圆的菜单方法

2.2.2 实例——圆餐桌

绘制如图 2-7 所示的圆餐桌。

01 设置绘图环境。在命令行中输入"LIMITS"命令，设置图幅：297×210。

02 单击"绘图"工具栏中的"圆"按钮⊙，绘制圆。命令行中的提示与操作如下：

命令：CIRCLE✓
指定圆的圆心或 [三点(3P)/两点(2P)/ 切点、切点、半径(T)]：100,100✓
指定圆的半径或 [直径(D)]：50✓

结果如图2-8所示。

重复"圆"命令，以(100,100)为圆心，绘制半径为40的圆。结果如图2-7所示。

图2-7 圆餐桌   图2-8 绘制圆

03 单击"快速访问"工具栏中的"保存"按钮🖫，保存图形。命令行中提示与操作如下：

命令：SAVEAS✓ （将绘制完成的图形以"圆餐桌.dwg"为文件名保存在指定的路径中）

2.2.3 圆弧

【执行方式】

命令行：ARC（缩写名：A）
菜单：绘图→弧
工具栏：绘图→圆弧

【操作步骤】

命令：ARC✓
指定圆弧的起点或 [圆心(C)]：（指定起点）
指定圆弧的第二点或 [圆心(C)/端点(E)]：（指定第二点）
指定圆弧的端点：（指定端点）

【选项说明】

（1）用命令行方式画圆弧时，可以根据系统提示选择不同的选项，具体功能和单击菜单栏中的"绘图"→"圆弧"中子菜单提供的11种方式相似。这11种方式如图 2-9 所示。

（2）需要强调的是"继续"方式，绘制的圆弧与上一线段或圆弧相切，继续画圆弧段，

实讲实训
多媒体演示

多媒体演示参见配套光盘中的\\动画演示\第2章\圆餐桌.avi。

因此提供端点即可。

图2-9 11种画圆弧的方法

2.2.4 实例——椅子

绘制如图 2-10 所示的椅子。

图2-10 椅子图案

01 单击"绘图"工具栏中的"直线"按钮 ，绘制初步轮廓结果如图 2-11 所示。

02 单击"绘图"工具栏中的"圆弧"按钮 ，绘制弧线。命令行中的提示与操作如下：

命令：ARC✓
指定圆弧的起点或 [圆心(C)]：（用鼠标指定左上方竖线段端点1，如图2-11所示）
指定圆弧的第二点或 [圆心(C)/端点(E)]：（用鼠标在上方两竖线段正中间指定一点2）
指定圆弧的端点：（用鼠标指定右上方竖线段端点3）

03 单击"绘图"工具栏中的"直线"按钮 ，绘制直线。

同样方法圆弧上指定一点为起点向下绘制另一条竖线段。再以图 2-11 中 1、3 两点下面的水平线段的端点为起点各向下适当距离绘制两条竖直线段。

同样方法绘制扶手位置另外三段圆弧，如图 2-12 所示。最后完成图形如图 2-10 所示。

图2-11 椅子初步轮廓

图2-12 绘制过程

04 保存图形。

命令：SAVEAS✓ （将绘制完成的图形以"椅子.dwg"为文件名保存在指定的路径中）

2.2.5 圆环

【执行方式】

命令行：DONUT
菜单：绘图→圆环

【操作步骤】

命令：DONUT✓
指定圆环的内径 〈默认值〉：（指定圆环内径）
指定圆环的外径〈默认值〉：（指定圆环外径）
指定圆环的中心点或〈退出〉：（指定圆环的中心点）
指定圆环的中心点或〈退出〉：（继续指定圆环的中心点，则继续绘制相同内外径的圆环。用回车、空格键或鼠标右键结束命令，如图2-13a所示。

【选项说明】

（1）若指定内径为零，则画出实心填充圆，如图 2-13b 所示。
（2）用 "FILL" 命令可以控制圆环是否填充，具体方法是：
命令：FILL✓
输入模式［开(ON)/关(OFF)］〈开〉:选择ON表示填充，选择OFF表示不填充，如图2-13c所示。

a) b) c)

图2-13 绘制圆环

2.2.6 椭圆与椭圆弧

【执行方式】

命令行：ELLIPSE

菜单：绘图→椭圆→圆弧

工具栏：绘图→椭圆 ⬭ 或 绘图→椭圆弧 ⌒

【操作步骤】

命令：ELLIPSE✓

指定椭圆的轴端点或〔圆弧(A)/中心点(C)〕:指定轴端点1，如图2-14a所示。

指定轴的另一个端点:指定轴端点2，如图2-14a所示。

指定另一条半轴长度或〔旋转(R)〕:

【选项说明】

（1）指定椭圆的轴端点：根据两个端点定义椭圆的第一条轴。第一条轴的角度确定了整个椭圆的角度。第一条轴既可定义椭圆的长轴也可定义短轴。

（2）旋转(R)：通过绕第一条轴旋转圆来创建椭圆。相当于将一个圆绕椭圆轴翻转一个角度后的投影视图。

（3）中心点(C)：通过指定的中心点创建椭圆。

（4）圆弧(A)：该选项用于创建一段椭圆弧。与"工具栏：绘制 → 椭圆弧"功能相同。其中第一条轴的角度确定了椭圆弧的角度。第一条轴既可定义椭圆弧长轴也可定义椭圆弧短轴。选择该项，系统继续提示：

指定椭圆弧的轴端点或〔中心点(C)〕:（指定端点或输入C）

指定轴的另一个端点:（指定另一端点）

指定另一条半轴长度或〔旋转(R)〕:（指定另一条半轴长度或输入R）

指定起始角度或〔参数(P)〕:（指定起始角度或输入P）

指定终止角度或〔参数(P)/包含角度(I)〕:

其中各选项含义如下：

1）角度：指定椭圆弧端点的两种方式之一，光标与椭圆中心点连线的夹角为椭圆端点位置的角度,如图 2-14b 所示。

a）椭圆　　　　　　　　　　　　　　　　　　b）椭圆弧

图2-14 椭圆和椭圆弧

2）参数(P)：指定椭圆弧端点的另一种方式，该方式同样是指定椭圆弧端点的角度，但通过以下矢量参数方程式创建椭圆弧：

$$p(u) = c + a* \cos(u) + b* \sin(u)$$

式中，c 是椭圆的中心点，a 和 b 分别是椭圆的长轴和短轴；u 为光标与椭圆中心点连线的夹角。

3）包含角度(I)：定义从起始角度开始的包含角度。

2.2.7 实例——洗脸盆

绘制如图 2-15 所示的洗脸盆。

实讲实训
多媒体演示

多媒体演示参见配套光盘中的\\动画演示\第2章\洗脸盆.avi。

图2-15 浴室洗脸盆图形

01 单击"绘图"工具栏中的"直线"按钮，绘制水龙头图形，结果如图 2-16 所示。

02 单击"绘图"工具栏中的"圆"按钮，绘制两个水龙头旋钮，结果如图 2-17 所示。

图2-16 绘制水龙头　　　　　　图2-17 绘制旋钮

03 单击"绘图"工具栏中的"椭圆"按钮，绘制脸盆外沿，命令行中的提示与操作如下：

命令：_ellipse✓
指定椭圆的轴端点或 [圆弧(A)/中心点(C)]：(用鼠标指定椭圆轴端点)
指定轴的另一个端点：(用鼠标指定另一端点)
指定另一条半轴长度或 [旋转(R)]：(用鼠标在屏幕上拉出另一半轴长度)
结果如图 2-18 所示。

04 单击"绘图"工具栏中"椭圆"按钮，绘制脸盆部分内沿，命令行中提示与操作如下：

命令：_ellipse✓
指定椭圆的轴端点或 [圆弧(A)/中心点(C)]：-a✓
指定椭圆弧的轴端点或 [中心点(C)]：C✓
指定椭圆弧的中心点：(捕捉上步绘制的椭圆中心点)
指定轴的端点：(适当指定一点)

指定另一条半轴长度或 [旋转(R)]：R✓

指定绕长轴旋转的角度：（用鼠标指定椭圆轴端点）

指定起始角度或 [参数(P)]：（用鼠标拉出起始角度）

指定终止角度或 [参数(P)/包含角度(I)]：（用鼠标拉出终止角度）

结果如图 2-19 所示。

05 单击"绘图"工具栏中"圆弧"按钮，绘制脸盆内沿其他部分，结果如图 2-15 所示。

图2-18　绘制脸盆外沿

图2-19　绘制脸盆部分内沿

06 单击"快速访问"工具栏中的"保存"按钮，保存图形。命令行中的提示与操作如下：

命令：SAVEAS✓（将绘制完成的图形以"浴室洗脸盆.dwg"为文件名保存在指定的路径中）

2.3　平面图形

平面图形命令包括矩形命令和多边形命令。

2.3.1　矩形

【执行方式】

命令行：RECTANG（缩写名：REC）

菜单：绘图→矩形

工具栏：绘图→矩形

【操作步骤】

命令：RECTANG✓

指定第一个角点或 [倒角(C)/标高(E)/圆角(F)/厚度(T)/宽度(W)]：

指定另一个角点或 [面积(A)/尺寸(D)/旋转(R)]：

【选项说明】

（1）第一个角点：通过指定两个角点确定矩形，如图 2-20a 所示。

（2）倒角(C)：指定倒角距离，绘制带倒角的矩形（如图 2-20b 所示），每一个角点的逆时针和顺时针方向的倒角可以相同，也可以不同，其中第一个倒角距离是指角点逆时针方向倒角距离，第二个倒角距离是指角点顺时针方向倒角距离。

（3）标高(E)：指定矩形标高（Z 坐标），即把矩形画在标高为 Z，和 XOY 坐标面平行的平面上，并作为后续矩形的标高值。

（4）圆角(F)：指定圆角半径，绘制带圆角的矩形，如图 2-20c 所示。

（5）厚度(T)：指定矩形的厚度，如图 2-20d 所示。

（6）宽度(W)：指定线宽，如图 2-20e 所示。

图2-20　绘制矩形

（7）尺寸(D)：使用长和宽创建矩形。第二个指定点将矩形定位在与第一角点相关的 4 个位置之一内。

（8）面积（A）：指定面积和长或宽创建矩形。选择该项，系统提示：

输入以当前单位计算的矩形面积 <20.0000>：　（输入面积值）

计算矩形标注时依据 [长度(L)/宽度(W)] <长度>：（回车或输入W）

输入矩形长度 <4.0000>：（指定长度或宽度）

指定长度或宽度后，系统自动计算另一个维度后绘制出矩形。如果矩形被倒角或圆角，则长度或宽度计算中会考虑此设置，如图 2-21 所示。

（9）旋转（R）：旋转所绘制的矩形的角度。选择该项，系统提示：

指定旋转角度或 [拾取点(P)] <135>：　（指定角度）

指定另一个角点或 [面积(A)/尺寸(D)/旋转(R)]：（指定另一个角点或选择其他选项）如图2-22所示。

倒角距离（1,1）面积　　圆角半径：1.0 面
：20 长度：6　　　积：20 宽度：6

图2-21　按面积绘制矩形　　　　　图2-22　按指定旋转角度创建矩形

2.3.2　实例——办公桌

绘制如图 2-23 所示的办公桌。

01 在命令行中输入"LIMITS"命令，设置图幅。命令行中的提示与操作如下：

命令：LIMITS↙

重新设置模型空间界限：

指定左下角点或［开(ON)/关(OFF)］〈0.0000, 0.0000〉： 0, 0✓

指定右上角点〈420.0000, 297.0000〉： 297, 210✓

02 单击"绘图"工具栏中的"直线"按钮，指定坐标点（0, 0）（@150, 0）（@0, 70）（@-150, 0）和 C，绘制外轮廓线，结果如图 2-24 所示。

03 单击"绘图"工具栏中的"矩形"按钮□，绘制内轮廓线。命令行中的提示与操作如下：

命令：RECTANG✓

指定第一个角点或［倒角(C)/标高(E)/圆角(F)/厚度(T)/宽度(W)］： 2, 2✓

指定另一个角点或［面积(A)/尺寸(D)/旋转(R)］： @146, 66✓

结果如图 2-23 所示。

04 单击"快速访问"工具栏中的"保存"按钮，保存图形。命令行提示如下：

命令：SAVEAS✓ （将绘制完成的图形以"办公桌.dwg"为文件名保存在指定的路径中）

> **实讲实训**
> **多媒体演示**
>
> 多媒体演示参见配套光盘中的\\动画演示\第2章\办公桌.avi。

图2-23 办公桌

图2-24 绘制轮廓线

2.3.3 多边形

 【执行方式】

命令行：POLYGON

菜单：绘图→多边形

工具栏：绘图→多边形⬠

 【操作步骤】

命令：POLYGON✓

输入侧边数〈4〉：（指定多边形的边数，默认值为4）

指定正多边形的中心点或［边(E)］： （指定中心点）

输入选项［内接于圆(I)/外切于圆(C)]〈I〉：（指定是内接于圆或外切于圆，I表示内接如图2-25a，C表示外切如图2-25b。

指定圆的半径：（指定外接圆或内切圆的半径）

 【选项说明】

如果选择"边"选项，则只要指定多边形的一条边，系统就会按逆时针方向创建该正多边形如图 2-25c。

a)   b)   c)

图2-25 画正多边形

2.3.4 实例——卡通造型

绘制如图 2-26 所示的卡通造型。

图2-26 卡通造型

实讲实训

多媒体演示

多媒体演示参见配套光盘中的\\动画演示\第2章\卡通造型.avi。

01 单击"绘图"工具栏中的"圆"按钮 ⊙，在左边绘制圆心坐标为（230，210），圆半径为 30 的小圆；选择菜单栏中的"绘图"→"圆环"命令，绘制内径为 5，外径为 15，中心点坐标为（230，210）的圆环。

02 单击"绘图"工具栏中的"矩形"按钮 ▭，绘制矩形。命令行中的提示和操作如下：

命令：RECTANG↙
指定第一个角点或 [倒角(C)/标高(E)/圆角(F)/厚度(T)/宽度(W)]：200，122↙   （矩形左上角点坐标值）
指定另一个角点：420，88↙（矩形右上角点的坐标值）

03 单击"绘图"工具栏中的"圆"按钮 ⊙，采用"切点、切点、半径"方式，绘制与图 2-27 中点 1，点 2 相切，半径为 70 大圆；单击"绘图"工具栏中的"椭圆"按钮 ⬭，绘制中心点坐标为（330，222），长轴的右端点坐标为（360，222），短轴的长度为 20 的小椭圆；单击"绘图"工具栏中的"多边形"按钮 ⬠，绘制中心点坐标为（330，165），内接圆半径为 30 的正六边形。

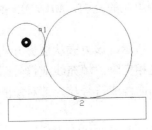

图2-27 步骤图

04 单击"绘图"工具栏中的"直线"按钮 ，绘制端点坐标分别为（202，221），（@30<-150），(@30<-20)的折线；单击"绘图"工具栏中的"圆弧"按钮 ，绘制起点坐标为（200，122），端点坐标为（210，188），半径为45的圆弧。

05 单击"绘图"工具栏中的"直线"按钮 ，绘制端点坐标为（420，122），(@68<90)，(@23<180)的折线。结果如图2-26所示。

2.4 图案填充

当需要用一个重复的图案(pattern)填充一个区域时，可以使用 BHATCH 命令建立一个相关联的填充阴影对象，即所谓的图案填充。

2.4.1 基本概念

1. 图案边界

当进行图案填充时，首先要确定填充图案的边界。定义边界的对象只能是直线、双向射线、单向射线、多义线、样条曲线、圆弧、圆、椭圆、椭圆弧、面域等对象或用这些对象定义的块，而且作为边界的对象在当前屏幕上必须全部可见。

2. 孤岛

在进行图案填充时，我们把位于总填充域内的封闭区域称为孤岛，如图 2-28 所示。在用 BHATCH 命令填充时，AutoCAD 允许用户以 点取点的方式确定填充边界，即在希望填充的区域内任意点取一点，AutoCAD 会自动确定出填充边界，同时也确定该边界内的岛。如果用户是以点取对象的方式确定填充边界的，则必须确切地点取这些岛，有关知识将在下一节中介绍。

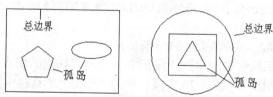

图2-28 孤岛

3. 填充方式

在进行图案填充时，需要控制填充的范围，AutoCAD 系统为用户设置了以下三种填充方式实现对填充范围的控制。

（1）普通方式：如图 2-29a 所示，该方式从边界开始，由每条填充线或每个填充符号的两端向里画，遇到内部对象与之相交时，填充线或符号断开，直到遇到下一次相交时再继续画。采用这种方式时，要避免剖面线或符号与内部对象的相交次数为奇数。该方式为系统内部的默认方式。

（2）最外层方式：如图 2-29b 所示，该方式从边界向里画剖面符号，只要在边界内部与对象相交，剖面符号由此断开，而不再继续画。

（3）忽略方式：如图 2-29c 所示，该方式忽略边界内的对象，所有内部结构都被剖面符号覆盖。

a)   b)   c)

图2-29　填充方式

2.4.2　图案填充的操作

【执行方式】

命令行：BHATCH

菜单：绘图→图案填充

工具栏：绘图→图案填充 或绘图→渐变色

【操作步骤】

执行上述命令后，系统打开图 2-30 所示的"图案填充和渐变色"对话框，各选项组和按钮含义。

1."图案填充"标签

此标签下各选项用来确定图案及其参数。选取此标签后，打开图 2-30 左边选项组。其中各选项含义如下：

图2-30　"图案填充和渐变色"对话框

（1）类型：此选项组用于确定填充图案的类型及图案。点取设置区中的小箭头，打开一个下拉列表，在该列表中，"用户定义"选项表示用户要临时定义填充图案，与命令行方式中的"U"选项作用一样；"自定义"选项表示选用 ACAD.PAT 图案文件或其他图案文件（.PAT文件）中的图案填充；"预定义"选项表示用 AutoCAD 标准图案文件（ACAD.PAT 文件）中的图案填充。

（2）图案：此按钮用于确定标准图案文件中的填充图案。在打开的下拉列表中，用户可从中选取填充图案。选取所需要的填充图案后，在"样例"中的图像框内会显示出该图案。只有用户在"类型"中选择了"预定义"，此项才以正常亮度显示，即允许用户从自己定义的图案文件中选取填充图案。

（3）颜色：使用填充图案和实体填充的指定颜色替代当前颜色。

（4）样例：此选项用来给出一个样本图案。在其右面有一方形图像框，显示出当前用户所选用的填充图案。可以单击该图像迅速查看或选取已有的填充图案（如图 2-31 所示）。

图2-31　图案列表

（5）自定义图案：此下拉列表框用于从用户定义的填充图案。只有在"类型"下拉列表框中选用"自定义"项后，该项才以正常亮度显示，即允许用户从自己定义的图案文件中选取填充图案。

（6）角度：此下拉列表框用于确定填充图案时的旋转角度。每种图案在定义时的旋转角度为零，用户可在"角度"编辑框内输入所希望的旋转角度。

（7）比例：此下拉列表框用于确定填充图案的比例值。每种图案在定义时的初始比例为1，用户可以根据需要放大或缩小，方法是在"比例"编辑框内输入相应的比例值。

（8）双向：用于确定用户临时定义的填充线是一组平行线，还是相互垂直的两组平行线。只有当在"类型"下拉列表框中选用"用户定义"选项，该项才可以使用。

（9）相对于图纸空间：确定是否相对于图纸空间单位确定填充图案的比例值。选择此选项，可以按适合于版面布局的比例方便地显示填充图案。该选项仅仅适用于图形版面编排。

（10）间距：指定线之间的间距，在"间距"文本框内输入值即可。只有当在"类型"下拉列表框中选用"用户定义"选项，该项才可以使用。

（11）ISO 笔宽：此下拉列表框告诉用户根据所选择的笔宽确定与 ISO 有关的图案比例。只有选择了已定义的 ISO 填充图案后，才可确定它的内容。

（12）图案填充原点：控制填充图案生成的起始位置。些图案填充（例如砖块图案）需要与图案填充边界上的一点对齐。默认情况下，所有图案填充原点都对应于当前的 UCS 原点。也可以选择"指定的原点"及下面一级的选项重新指定原点。

2．"渐变色"标签

渐变色是指从一种颜色到另一种颜色的平滑过渡。渐变色能产生光的效果，可为图形添加视觉效果。点取该标签，AutoCAD 打开图 2-32 所示的对话框，其中各选项含义如下：

（1）"单色"单选钮：应用单色对所选择的对象进行渐变填充。其右边上面的显示框显示用户所选择的真彩色，单击右边的小方钮，系统打开"选择颜色"对话框，如图 2-33 所示。该对话框在后面将详细介绍，这里不再赘述。

图2-32　"渐变色"标签

图2-33　"选择颜色"对话框

（2）"双色"单选钮：应用双色对所选择的对象进行渐变填充。填充颜色将从颜色1渐变到颜色2。颜色1和颜色2的选取与单色选取类似。

（3）"渐变方式"样板：在"渐变色"标签的下方有九个"渐变方式"样板，分别表示不同的渐变方式，包括线形、球形和抛物线形等方式。

（4）"居中"复选框：该复选框决定渐变填充是否居中。

（5）"角度"下拉列表框：在该下拉列表框中选择角度，此角度为渐变色倾斜的角度。

3．边界

（1）添加：拾取点：以点取点的形式自动确定填充区域的边界。在填充的区域内任意点取一点，系统会自动确定出包围该点的封闭填充边界，并且高亮度显示（如图 2-34 所示）。

（2）添加：选择对象：以选取对象的方式确定填充区域的边界。可以根据需要选取构成填充区域的边界。同样，被选择的边界也会以高亮度显示（如图 2-35 所示）。

（3）删除边界：从边界定义中删除以前添加的任何对象（如图 2-36 所示）。

（4）重新创建边界：围绕选定的图案填充或填充对象创建多段线或面域。

（5）查看选择集：观看填充区域的边界。点取该按钮，AutoCAD 临时切换到作图屏幕，将所选择的作为填充边界的对象以高亮度方式显示。只有通过"拾取点"按钮或"选择对象"按钮选取了填充边界,"查看选择集"按钮才可以使用。

选择一点　　　　填充区域　　　　填充结果

图2-34　边界确定

原始图形　　　选取边界对象　　　填充结果

图2-35　选取边界对象

选取边界对象　　　删除边界　　　填充结果

图2-36　废除"岛"后的边界

4．选项

（1）"注释性"复选框：指定图案填充为注释性。此特性会自动完成缩放注释过程，从而使注释能够以正确的大小在图纸上打印或显示。

（2）"关联"复选框：此单选钮用于确定填充图案与边界的关系。若选择此单选钮，那么填充的图案与填充边界保持着关联关系，即图案填充后，当用钳夹（Grips）功能对边界进行拉伸等编辑操作时，AutoCAD会根据边界的新位置重新生成填充图案。

（3）"创建独立的图案填充"复选框：控制当指定了几个独立的闭合边界时，是创建单个图案填充对象，还是创建多个图案填充对象，如图2-37所示。

不独立，选中时是一个整体　　　　独立，选中时不是一个整体

图2-37　独立与不独立

（4）"绘图次序"下拉列表框：指定图案填充的绘图顺序。图案填充可以放在所有其他对象之后、所有其他对象之前、图案填充边界之后或图案填充边界之前。

（5）"图层"下拉列表框：为指定的图层指定新图案填充对象，替代当前图层。选择"使用当前值"可使用当前图层。

（6）"透明度"下拉列表框：设定新图案填充或填充的透明度，替代当前对象的透明度。选择"使用当前值"可使用当前对象的透明度设置。

5. 继承特性

此按钮的作用是继承特性，即选用图中已有的填充图案作为当前的填充图案。

6. 孤岛

（1）"孤岛显示样式"列表：该选项组用于确定图案的填充方式。用户可以从中选取所要的填充方式。默认的填充方式为"普通"。用户也可以在右键快捷菜单中选择填充方式。

（2）"孤岛检测"复选框：确定是否检测孤岛。

7. 边界保留

指定是否将边界保留为对象，并确定应用于这些对象的对象类型是多段线还是面域。

8. 边界集

此选项组用于定义边界集。当点取"添加：拾取点"按钮以根据一指定点的方式确定填充区域时，有两种定义边界集的方式：一种是将包围所指定点的最近的有效对象作为填充边界，即"当前视口"选项，该项是系统的默认方式；另一种方式是用户自己选定一组对象来构造边界，即"现有集合"选项，选定对象通过其上面的"新建"按钮实现，按下该按钮后，AutoCAD 临时切换到作图屏幕，并提示行用户选取作为构造边界集的对象。此时若选取"现有集合"选项，AutoCAD 会根据用户指定的边界集中的对象来构造一封闭边界。

9. 允许的间隙

设置将对象用作图案填充边界时可以忽略的最大间隙。 默认值为 0，此值指定对象必须封闭区域而没有间隙。

10. 继承选项

使用"继承特性"创建图案填充时，控制图案填充原点的位置。

2.4.3 编辑填充的图案

利用 HATCHEDIT 命令可以编辑已经填充的图案。

【执行方式】

命令行：HATCHEDIT

菜单：修改→对象→图案填充

工具栏：修改 II→编辑图案填充

【操作步骤】

执行上述命令后，AutoCAD 会给出下面提示：

选择关联填充对象：

选取关联填充物体后，系统打开如图 2-38 所示的"图案填充编辑"对话框。

图2-38 "图案填充编辑"对话框

在图 2-38 中只有正常显示的选项才可以对其进行操作。该对话框中各项的含义与 "图案填充和渐变色"对话框中各项的含义相同。利用该对话框，可以对已打开的图案进行一系列的编辑修改。

2.4.4 实例——小屋

绘制如图 2-39 所示的小屋。

图2-39 田间小屋

> **实讲实训**
> **多媒体演示**
>
> 多媒体演示参见配套光盘中的\\动画演示\第2章\小屋.avi。

01 绘制房屋外框：单击"绘图"工具栏中的"矩形"按钮 ，先绘制一个角点坐标为（210,160）和（400,25）的矩形。

单击"绘图"工具栏中的"直线"按钮 ，以 {（210,160）、（@80<45）、（@190<0）、（@135<-90）、

（400, 25）｝为坐标点绘制直线。重复"直线"命令以｛（400, 160）、（@80<45）｝为坐标点绘制另一条直线。

02 绘制窗户。单击"绘图"工具栏中的"矩形"按钮□，绘制两个角点坐标为（230, 125）和（275, 90）的矩形。重复"矩形"命令，绘制两个角点坐标为（335, 125）和（380, 90）的另一个矩形。

03 绘制门。单击"绘图"工具栏中的"多段线"按钮⌐ↄ，绘制门。命令行中的提示与操作如下：

命令：PL✓

指定起点：288, 25✓

当前线宽为 0.0000

指定下一点或［圆弧(A)/闭合(C)/半宽(H)/长度(L)/放弃(U)/宽度(W)］：288, 76✓

指定下一点或［圆弧(A)/闭合(C)/半宽(H)/长度(L)/放弃(U)/宽度(W)］：a✓

指定圆弧的端点或［角度(A)/圆心(CE)/闭合(CL)/方向(D)/半宽(H)/直线(L)/半径(R)/第二点(S)/

放弃(U)/宽度(W)］：a✓ （用给定圆弧的包角方式画圆弧）

指定包含角：-180✓（包角值为负，则顺时针画圆弧；反之，则逆时针画圆弧）

指定圆弧的端点或［圆心(CE)/半径(R)］：322, 76✓（给出圆弧端点的坐标值）

指定圆弧的端点或［角度(A)/圆心(CE)/闭合(CL)/方向(D)/半宽(H)/直线(L)/半径(R)/第二点(S)/

放弃(U)/宽度(W)］：l✓

指定下一点或［圆弧(A)/闭合(C)/半宽(H)/长度(L)/放弃(U)/宽度(W)］：@51<-90✓

指定下一点或［圆弧(A)/闭合(C)/半宽(H)/长度(L)/放弃(U)/宽度(W)］：✓

04 单击"绘图"工具栏中的"图案填充"按钮▢，进行图案填充。命令行中的提示与操作如下：

命令：BHATCH✓ （图案填充命令，输入该命令后将出现"图案填充和渐变色"对话框，选择预定义的"GRASS"图案，角度为0，比例为1，填充屋顶小草，如图2-40所示）

选择内部点：（点按"拾取点"按钮，用鼠标在屋顶内拾取一点，如图2-41所示点1）

图2-40 图案填充设置

图2-41 拾取点1

返回"图案填充和渐变色"对话框,选择"确定"按钮,系统以选定的图案进行填充。

重复"图案填充"命令,选择预定义的"ANGLE"图案,角度为0,比例为1,拾取如图2-42所示2、3两个位置的点填充窗户。

05 单击"绘图"工具栏中的"图案填充"按钮📄,选择预定义的"BRSTONE"图案,角度为0,比例为0.25,拾取如图2-43所示4位置的点填充小屋前面的砖墙。

图2-42 拾取点2、点3   图2-43 拾取点4

06 单击"绘图"工具栏中的"图案填充"按钮📄,按照图2-44所示进行设置,拾取如图2-45所示5位置的点填充小屋前面的砖墙。最终结果如图2-39所示。

图2-44 "渐变色"选项卡   图2-45 拾取点5

07 单击"快速访问"工具栏中的"保存"按钮💾,将文件进行保存,命令行中的提示与操作如下:

命令:SAVEAS✓   (将绘制完成的图形以"田间小屋.dwg"为文件名保存在指定的路径中)

2.5 多段线与样条曲线

多段线是一种由线段和圆弧组合而成的，不同线宽的多线，这种线由于其组合形式多样，线宽变化，弥补了直线或圆弧功能的不足，适合绘制各种复杂的图形轮廓，因而得到广泛的应用。

2.5.1 绘制多段线

 【执行方式】

命令行：PLINE（缩写名：PL）

菜单：绘图→多段线

工具栏：绘图→多段线

 【操作步骤】

命令：PLINE↙

指定起点：（指定多段线的起点）

当前线宽为 0.0000

指定下一个点或 [圆弧(A)/半宽(H)/长度(L)/放弃(U)/宽度(W)]：（指定多段线的下一点）

 【选项说明】

多段线主要由连续的不同宽度的线段或圆弧组成，如果在上述提示中选"圆弧"，则命令行提示：

指定圆弧的端点或[角度(A)/圆心(CE)/闭合(CL)/方向(D)/半宽(H)/直线(L)/半径(R)/第二个点(S)/放弃(U)/宽度(W)]：

绘制圆弧的方法与"圆弧"命令相似。

2.5.2 实例——酒杯

本例绘制如图 2-46 所示的酒杯图案。

图2-46 酒杯图案

实讲实训
多媒体演示

多媒体演示参见配套光盘中的\\动画演示\第2章\酒杯.avi。

01 单击"绘图"工具栏中的"多段线"按钮 ，绘制外部轮廓，命令行中的提示与操作如下：

命令: _pline↙

指定起点: 0,0

当前线宽为 0.0000

指定下一个点或 [圆弧(A)/半宽(H)/长度(L)/放弃(U)/宽度(W)]: a↙

指定圆弧的端点或[角度(A)/圆心(CE)/方向(D)/半宽(H)/直线(L)/半径(R)/第二个点(S)/放弃(U)/宽度(W)]: s↙

指定圆弧上的第二个点: -1,5↙

指定圆弧的端点: 0,10↙

指定圆弧的端点或[角度(A)/圆心(CE)/闭合(CL)/方向(D)/半宽(H)/直线(L)/半径(R)/第二个点(S)/放弃(U)/宽度(W)]: s↙

指定圆弧上的第二个点: 9,80↙

指定圆弧的端点: 12.5,143↙

指定圆弧的端点或[角度(A)/圆心(CE)/闭合(CL)/方向(D)/半宽(H)/直线(L)/半径(R)/第二个点(S)/放弃(U)/宽度(W)]: s↙

指定圆弧上的第二个点: -21.7,161.9↙

指定圆弧的端点: -58.9,173↙

指定圆弧的端点或[角度(A)/圆心(CE)/闭合(CL)/方向(D)/半宽(H)/直线(L)/半径(R)/第二个点(S)/放弃(U)/宽度(W)]: s↙

指定圆弧上的第二个点: -61,177.7↙

指定圆弧的端点: -58.3,182↙

指定圆弧的端点或[角度(A)/圆心(CE)/闭合(CL)/方向(D)/半宽(H)/直线(L)/半径(R)/第二个点(S)/放弃(U)/宽度(W)]: 1↙

指定下一点或 [圆弧(A)/闭合(C)/半宽(H)/长度(L)/放弃(U)/宽度(W)]: 100.5,182↙

指定下一点或 [圆弧(A)/闭合(C)/半宽(H)/长度(L)/放弃(U)/宽度(W)]: a↙

指定圆弧的端点或[角度(A)/圆心(CE)/闭合(CL)/方向(D)/半宽(H)/直线(L)/半径(R)/第二个点(S)/放弃(U)/宽度(W)]: s↙

指定圆弧上的第二个点: 102.3,179↙

指定圆弧的端点: 100.5,176↙

指定圆弧的端点或[角度(A)/圆心(CE)/闭合(CL)/方向(D)/半宽(H)/直线(L)/半径(R)/第二个点(S)/放弃(U)/宽度(W)]: 1↙

指定下一点或 [圆弧(A)/闭合(C)/半宽(H)/长度(L)/放弃(U)/宽度(W)]: 129.7,176↙

指定下一点或 [圆弧(A)/闭合(C)/半宽(H)/长度(L)/放弃(U)/宽度(W)]: 125,186.7↙

指定下一点或 [圆弧(A)/闭合(C)/半宽(H)/长度(L)/放弃(U)/宽度(W)]: 132,190.4↙

指定下一点或 [圆弧(A)/闭合(C)/半宽(H)/长度(L)/放弃(U)/宽度(W)]: a↙

指定圆弧的端点或[角度(A)/圆心(CE)/闭合(CL)/方向(D)/半宽(H)/直线(L)/半径(R)/第二个点(S)/放弃(U)/宽度(W)]: s↙

指定圆弧上的第二个点: 141.3,149.3↙

指定圆弧的端点: 127,109.8↙

指定圆弧的端点或 [角度(A)/圆心(CE)/闭合(CL)/方向(D)/半宽(H)/直线(L)/半径(R)/第二个点(S)/放弃(U)/宽度(W)]: s↙

指定圆弧上的第二个点: 110.7,99.8↙

指定圆弧的端点：91.6,97.5↙

指定圆弧的端点或[角度(A)/圆心(CE)/闭合(CL)/方向(D)/半宽(H)/直线(L)/半径(R)/第二个点(S)/放弃(U)/宽度(W)]：s↙

指定圆弧上的第二个点：93.8,51.2↙

指定圆弧的端点：110,3.6↙

指定圆弧的端点或

[角度(A)/圆心(CE)/闭合(CL)/方向(D)/半宽(H)/直线(L)/半径(R)/第二个点(S)/放弃(U)/宽度(W)]：s↙

指定圆弧上的第二个点：109.4,1.9↙

指定圆弧的端点：108.3,0↙

指定圆弧的端点或[角度(A)/圆心(CE)/闭合(CL)/方向(D)/半宽(H)/直线(L)/半径(R)/第二个点(S)/放弃(U)/宽度(W)]：l↙

指定下一点或 [圆弧(A)/闭合(C)/半宽(H)/长度(L)/放弃(U)/宽度(W)]：c↙

绘制结果如图 2-47 所示。

02 单击"绘图"工具栏中的"多段线"按钮，绘制把手，如图 2-48 所示。命令行中的提示与操作如下：

命令：_pline↙

指定起点：97.3,169.8↙

当前线宽为 0.0000

指定下一个点或 [圆弧(A)/半宽(H)/长度(L)/放弃(U)/宽度(W)]：127.6,169.8↙

指定下一点或 [圆弧(A)/闭合(C)/半宽(H)/长度(L)/放弃(U)/宽度(W)]：a↙

指定圆弧的端点或[角度(A)/圆心(CE)/闭合(CL)/方向(D)/半宽(H)/直线(L)/半径(R)/第二个点(S)/放弃(U)/宽度(W)]：s↙

指定圆弧上的第二个点：131,155.3↙

指定圆弧的端点：130.1,142.2↙

指定圆弧的端点或[角度(A)/圆心(CE)/闭合(CL)/方向(D)/半宽(H)/直线(L)/半径(R)/第二个点(S)/放弃(U)/宽度(W)]：s↙

指定圆弧上的第二个点：119.5,117.9↙

指定圆弧的端点：94.9,107.8

指定圆弧的端点或[角度(A)/圆心(CE)/闭合(CL)/方向(D)/半宽(H)/直线(L)/半径(R)/第二个点(S)/放弃(U)/宽度(W)]：s↙

指定圆弧上的第二个点：92.7,107.8

指定圆弧的端点：90.8,109.1

指定圆弧的端点或[角度(A)/圆心(CE)/闭合(CL)/方向(D)/半宽(H)/直线(L)/半径(R)/第二个点(S)/放弃(U)/宽度(W)]：s↙

指定圆弧上的第二个点：88.3,136.3

指定圆弧的端点：91.4,163.3

指定圆弧的端点或[角度(A)/圆心(CE)/闭合(CL)/方向(D)/半宽(H)/直线(L)/半径(R)/第二个点(S)/放弃(U)/宽度(W)]：s↙

指定圆弧上的第二个点：93,167.8

指定圆弧的端点：97.3,169.8

指定圆弧的端点或[角度(A)/圆心(CE)/闭合(CL)/方向(D)/半宽(H)/直线(L)/半径(R)/第二个点

(S)/放弃(U)/宽度(W)]：✓

03 用户可以根据自己的喜好，在酒杯上加上自己喜欢的图案，如图 2-49 所示。

图2-47　绘制外部轮廓

图2-48　绘制把手

图2-49　酒杯

2.5.3　绘制样条曲线

AutoCAD 使用一种称为非一致有理 B 样条（NURBS）曲线的特殊样条曲线类型。NURBS 曲线在控制点之间产生一条光滑的曲线如图 2-50 所示。样条曲线可用于创建形状不规则的曲线，例如为地理信息系统（GIS）应用或汽车设计绘制轮廓线。

样条曲线

图2-50　样条曲线

【执行方式】

命令行：SPLINE
菜单：绘图→样条曲线
工具栏：绘图→样条曲线〜

【操作步骤】

命令：SPLINE✓
当前设置：方式=拟合　节点=弦
指定第一个点或 [方式(M)/节点(K)/对象(O)]：（指定样条曲线的起点）
输入下一个点或 [起点切向(T)/公差(L)]：（输入下一个点）
输入下一个点或 [端点相切(T)/公差(L)/放弃(U)]：（输入下一个点）
输入下一个点或 [端点相切(T)/公差(L)/放弃(U)/闭合(C)]：

【选项说明】

（1）方式(M)：控制是使用拟合点还是使用控制点来创建样条曲线。选项会因您选择的是使用拟合点创建样条曲线的选项还是使用控制点创建样条曲线的选项而异。

1）拟合(F)：通过指定拟合点来绘制样条曲线。更改"方式"将更新 SPLMETHOD 系统变量。

2）控制点(CV)：通过指定控制点来绘制样条曲线。如果要创建与三维 NURBS 曲面配合使用的几何图形，此方法为首选方法。更改"方式"将更新 SPLMETHOD 系统变量。

（2）节点(K)：指定节点参数化，它会影响曲线在通过拟合点时的形状（SPLKNOTS 系统变量）。

1）弦：使用代表编辑点在曲线上位置的十进制数点进行编号。

2）平方根：根据连续节点间弦长的平方根对编辑点进行编号。

3）统一：使用连续的整数对编辑点进行编号。

（3）对象(O)：将二维或三维的二次或三次样条曲线拟合多段线转换为等价的样条曲线，然后（根据 DELOBJ 系统变量的设置）删除该多段线。

（4）起点切向(T)：定义样条曲线的第一点和最后一点的切向。如果在样条曲线的两端都指定切向，可以输入一个点或者使用"切点"和"垂足"对象捕捉模式使样条曲线与已有的对象相切或垂直。如果按 Enter 键，AutoCAD 将计算默认切向。

（5）公差(L)：指定距样条曲线必须经过的指定拟合点的距离，公差应用于除起点和端点外的所有拟合点。

（6）端点相切(T)：停止基于切向创建曲线，可通过指定拟合点继续创建样条曲线，选择"端点相切"后，将提示您指定最后一个输入拟合点的最后一个切点。

（7）放弃(U)：删除最后一个指定点。

（8）闭合(C)：通过将最后一个点定义为与第一个点重合并使其在连接处相切，闭合样条曲线。指定一点来定义切向矢量，或者使用"切点"和"垂足"对象捕捉模式使样条曲线与现有对象相切或垂直。

2.5.4 实例——雨伞

绘制如图 2-51 所示的雨伞图形。

实讲实训
多媒体演示

多媒体演示参见配套光盘中的\\动画演示\第2章\雨伞.avi。

图2-51 雨伞

01 单击"绘图"工具栏中的"圆弧"按钮 ⌒，绘制伞的外框，命令行中的提示与操作如下：

命令：ARC✓

指定圆弧的起点或［圆心（C）］：C↙

指定圆弧的圆心：（在屏幕上指定圆心）

指定圆弧的起点：（在屏幕上圆心位置右边指定圆弧的起点）

指定圆弧的端点或［角度（A）/弦长（L）］：A↙

指定包含角：180↙（注意角度的逆时针转向）

02 单击"绘图"工具栏中的"样条曲线"按钮～，绘制伞的底边，命令行中的提示与操作如下：

命令：SPLINE↙

当前设置：方式=拟合　节点=弦

指定第一个点或［方式(M)/节点(K)/对象(O)］：（指定样条曲线的起点）

输入下一个点或：［起点切向(T)/公差(L)］：（输入下一个点）

输入下一个点或［端点相切(T)/公差(L)/放弃(U)/闭合(C)］：（指定样条曲线的下一个点）

输入下一个点或［端点相切(T)/公差(L)/放弃(U)/闭合(C)］：（指定样条曲线的下一个点）

输入下一个点或［端点相切(T)/公差(L)/放弃(U)/闭合(C)］：（指定样条曲线的下一个点）

输入下一个点或［端点相切(T)/公差(L)/放弃(U)/闭合(C)］：（指定样条曲线的下一个点）

输入下一个点或［端点相切(T)/公差(L)/放弃(U)/闭合(C)］：（指定样条曲线的下一个点）

输入下一个点或［端点相切(T)/公差(L)/放弃(U)/闭合(C)］：↙

指定起点切向：（指定一点并右击鼠标确认）

指定端点切向：（指定一点并右击鼠标确认）

03 单击"绘图"工具栏中的"圆弧"按钮／，绘制伞面，命令行中的提示与操作如下：

命令：ARC↙

指定圆弧的起点或［圆心（C）］：（指定圆弧的起点）

指定圆弧的第二个点或［圆心（C）/端点（E）］：（指定圆弧的第二个点）

图 2-52　绘制伞面

指定圆弧的端点：（指定圆弧的端点）

重复"圆弧"命令，绘制另外4段圆弧，结果如图2-52所示。

04 单击"绘图"工具栏中的"多段线"按钮 ，绘制伞顶和伞把，命令行中的提示与操作如下：

命令：PLINE↙

指定起点：（指定伞顶起点）

当前线宽为 3.0000

指定下一个点或［圆弧（A）/半宽（H）/长度（L）/放弃（U）/宽度（W）］：W↙

指定起点宽度 <3.0000>:4↙

指定端点宽度 <4.0000>:2↙

指定下一个点或［圆弧（A）/半宽（H）/长度（L）/放弃（U）/宽度（W）］：（指定伞顶终点）

指定下一点或［圆弧（A）/闭合（C）/半宽（H）/长度（L）/放弃（U）/宽度（W）]:U↙（觉得位置不合适，取消）

指定下一个点或［圆弧（A）/半宽（H）/长度（L）/放弃（U）/宽度（W）］：（重新指定伞顶终点）

指定下一点或［圆弧（A）/闭合（C）/半宽（H）/长度（L）/放弃（U）/宽度（W）］：（右击鼠标确认）

命令：PLINE↙

指定起点：（指定伞把起点）

当前线宽为2.0000

指定下一个点或 [圆弧（A）/半宽（H）/长度（L）/放弃（U）/宽度（W）]：H↙

指定起点半宽 〈1.0000〉: 1.5↙

指定端点半宽 〈1.5000〉: ↙

指定下一个点或 [圆弧（A）/半宽（H）/长度（L）/放弃（U）/宽度（W）]：（指定下一点）

指定下一点或 [圆弧（A）/闭合（C）/半宽（H）/长度（L）/放弃（U）/宽度（W）]:A↙

指定圆弧的端点或[角度（A）/圆心（CE）/闭合（CL）/方向（D）/半宽（H）/直线（L）/半径（R）/第二个点（S）放弃（U）/宽度（W）]：（指定圆弧的端点）

指定圆弧的端点或[角度（A）/圆心（CE）/闭合（CL）/方向（D）/半宽（H）/直线（L）/半径（R）/第二个点（S）/放弃（U）/宽度（W）]：（右击鼠标确认）

最终绘制的图形如图2-51所示。

2.6 多线

多线是一种复合线，由连续的直线段复合组成。这种线的一个突出的优点的能够提高绘图效率，保证图线之间的统一性。

2.6.1 绘制多线

【执行方式】

命令行：MLINE

菜单：绘图→多线

【操作步骤】

命令：MLINE↙

当前设置：对正 = 上，比例 = 20.00，样式 = STANDARD

指定起点或 [对正(J)/比例(S)/样式(ST)]：（指定起点）

指定下一点：（给定下一点）

指定下一点或 [放弃(U)]：（继续给定下一点绘制线段。输入"U"，则放弃前一段的绘制；单击鼠标右键或按回车键，结束命令）

指定下一点或 [闭合(C)/放弃(U)]：（继续给定下一点绘制线段。输入"C"，则闭合线段，结束命令）

【选项说明】

（1）对正（J）：该项用于给定绘制多线的基准。共有三种对正类型"上"、"无"和"下"。其中，"上（T）"表示以多线上侧的线为基准，依次类推。

（2）比例（S）：选择该项，要求用户设置平行线的间距。输入值为零时平行线重合，值为负时多线的排列倒置。

（3）样式（ST）：该项用于设置当前使用的多线样式。

2.6.2 编辑多线

【执行方式】

命令行：MLEDIT

菜单：修改→对象 →多线

【操作步骤】

执行上述命令后，打开"多线编辑工具"对话框，如图2-53所示。

图2-53 "多线编辑工具"对话框

利用该对话框，可以创建或修改多线的模式。对话框中分4列显示了示例图形。其中，第一列管理十字交叉形式的多线，第二列管理T形多线，第三列管理拐角接合点和节点，第四列管理多线被剪切或连接的形式。

单击选择某个示例图形，然后单击"确定"按钮，就可以调用该项编辑功能。

下面以"十字打开"为例介绍多线编辑方法：把选择的两条多线进行打开交叉。选择该选项后，出现如下提示：

选择第一条多线：（选择第一条多线）

选择第二条多线：（选择第二条多线）

选择完毕后，第二条多线被第一条多线横断交叉。系统继续提示：

选择第一条多线：

可以继续选择多线进行操作。选择"放弃（U）"功能会撤消前次操作。操作过程和执行结果如图 2-54 所示。

| 选择第一条多线 | 选择第二条多线 | 执行结果 |

图2-54　多线编辑过程

2.6.3　实例——墙体

绘制如图 2-55 所示的墙体图形。

图2-55　墙体

01 单击"绘图"工具栏中的"构造线"按钮，绘制出一条水平构造线和一条竖直构造线，组成"十"字构造线，如图 2-56 所示。继续绘制辅助线，命令行中的提示与操作如下：

命令：XLINE↙
指定点或 ［水平(H)/垂直(V)/角度(A)/二等分(B)/偏移(O)］：O↙
指定偏移距离或 ［通过(T)］〈1.0000〉：
选择直线对象：(选择刚绘制的水平构造线)
指定向哪侧偏移：(指定右边一点)
选择直线对象：(继续选择刚绘制的水平构造线)

重复"构造线"命令绘制水平构造线，单击"修改"工具栏中的"偏移"按钮，将偏移得到的水平构造线依次向上偏移 5100、1800 和 3000，绘制的水平构造线如图 2-57 所示。重复"构造线"命令绘制垂直构造线，单击"修改"工具栏中的"偏移"按钮，向右偏移依次是 3900、1800、2100 和 4500，结果如图 2-58 所示。

02 选择菜单栏中的"格式"→"多线样式"命令，系统打开"多线样式"对话框，在该对话框中单击"新建"按钮，系统打开"创建新的多线样式"对话框，在该对话框的"新样式名"文本框中键入"墙体线"，单击"继续"按钮。系统打开"新建的多线样式"对话框，进行如图 2-59 所示的设置。

图 2-56 "十"字构造线　　　　　　　　图 2-57 水平方向的主要辅助线

图2-58 居室的辅助线网格

03 选择菜单栏中的"绘图"→"多线"命令，绘制多线墙体。命令行中的提示与操作如下：

图2-59 设置多线样式

命令: MLINE↙

当前设置: 对正 = 上, 比例 = 20.00, 样式 = STANDARD

指定起点或 [对正(J)/比例(S)/样式(ST)]: S↙

输入多线比例 〈20.00〉: 1↙

当前设置: 对正 = 上, 比例 = 1.00, 样式 = STANDARD

指定起点或 [对正(J)/比例(S)/样式(ST)]: J↙

输入对正类型 [上(T)/无(Z)/下(B)] 〈上〉: Z↙

当前设置: 对正 = 无, 比例 = 1.00, 样式 = STANDARD

指定起点或 [对正(J)/比例(S)/样式(ST)]: (在绘制的辅助线交点上指定一点)

指定下一点: (在绘制的辅助线交点上指定下一点)

指定下一点或 [放弃(U)]: (在绘制的辅助线交点上指定下一点)

指定下一点或 [闭合(C)/放弃(U)]: (在绘制的辅助线交点上指定下一点)

指定下一点或 [闭合(C)/放弃(U)]:C↙

重复"多线"命令,根据辅助线网格绘制多线,绘制结果如图 2-60 所示。

04 选择菜单栏中的"修改"→"对象"→"多线"命令,系统打开"多线编辑工具"对话框,编辑多线如图 2-61 所示。选择其中的"T 形合并"选项,确认后,命令行提示如下:

命令: MLEDIT↙

选择第一条多线: (选择多线)

选择第二条多线: (选择多线)

选择第一条多线或 [放弃(U)]: (选择多线)

选择第一条多线或 [放弃(U)]: ↙

重复"多线编辑"命令,继续进行多线编辑,编辑的最终结果如图 2-55 所示。

05 单击"快速访问"工具栏中的"保存"按钮▣,保存图形。命令行中的提示与操作如下:

命令: SAVEAS↙ (将绘制完成的图形以"墙体.dwg"为文件名保存在指定的路径中)

图2-60　全部多线绘制结果

图2-61　"多线编辑工具"对话框

第3章

编辑命令

二维图形编辑操作配合绘图命令的使用可以进一步完成复杂图形对象的绘制工作，并可使用户合理安排和组织图形，保证作图准确，减少重复，因此，对编辑命令的熟练掌握和使用有助于提高设计和绘图的效率。本章主要介绍以下内容：复制类命令，改变位置类命令，删除、恢复类命令，改变几何特性类编辑命令和对象编辑命令等。

- ◉ 删除及恢复类命令、复制命令

- ◉ 改变位置类命令

- ◉ 改变几何特性类命令

- ◉ 对象编辑

3.1 选择对象

　　　　　　选择对象是进行编辑的前提。AutoCAD 提供了多种对象选择方法，如点取方法、用选择窗口选择对象、用选择线选择对象、用对话框选择对象等。

　　AutoCAD 2014 提供两种途径编辑图形：

　　（1）先执行编辑命令，然后选择要编辑的对象。

　　（2）先选择要编辑的对象，然后执行编辑命令。

　　这两种途径的执行效果是相同的。但选择对象是进行编辑的前提。AutoCAD 2014 提供了多种对象选择方法，如点取方法、用选择窗口选择对象、用选择线选择对象、用对话框选择对象等。AutoCAD 2014 可以把选择的多个对象组成整体，如选择集和对象组，进行整体编辑与修改。

　　选择集可以仅由一个图形对象构成，也可以是一个复杂的对象组，如位于某一特定层上具有某种特定颜色的一组对象。选择集的构造可以在调用编辑命令之前或之后。

　　AutoCAD 2014 提供以下几种方法构造选择集：

　　（1）先选择一个编辑命令，然后选择对象，用回车键结束操作。

　　（2）使用 SELECT 命令。在命令提示行输入 SELECT，然后根据选择选项后，出现提示选择对象，回车结束。

　　（3）用点取设备选择对象，然后调用编辑命令。

　　（4）定义对象组。

　　无论使用哪种方法，AutoCAD 2014 都将提示用户选择对象，并且光标的形状由十字光标变为拾取框。

　　下面结合 SELECT 命令说明选择对象的方法。

　　SELECT 命令可以单独使用，也可以在执行其他编辑命令时被自动调用。此时屏幕提示：

选择对象：

　　等待用户以某种方式选择对象作为回答。AutoCAD 2014 提供多种选择方式，可以键入"？"查看这些选择方式。选择该选项后，出现如下提示：

需要点或窗口(W)/上一个(L)/窗交(C)/框(BOX)/全部(ALL)/栏选(F)/圈围(WP)/圈交(CP)/编组(G)/添加(A)/删除(R)/多个(M)/前一个(P)/放弃(U)/自动(AU)/单个(SI)/子对象/对象选择对象：

　　部分选项含义如下：

　　1）窗口(W)：用由两个对角顶点确定的矩形窗口选取位于其范围内部的所有图形，与边界相交的对象不会被选中。指定对角顶点时应该按照从左向右的顺序，如图 3-1 所示。

　　2）窗交(C)：该方式与上述"窗口"方式类似，区别在于：它不但选择矩形窗口内部的对象，也选中与矩形窗口边界相交的对象。选择的对象如图 3-2 所示。

　　3）框(BOX)：使用时，系统根据用户在屏幕上给出的两个对角点的位置而自动引用"窗口"或"窗交"选择方式。若从左向右指定对角点，为"窗口"方式；反之，为"窗交"方式。

　　4）栏选(F)：用户临时绘制一些直线，这些直线不必构成封闭图形，凡是与这些直线相交的对象均被选中。执行结果如图3-3所示。

5）圈围(WP)：使用一个不规则的多边形来选择对象。根据提示，用户顺次输入构成多边形所有顶点的坐标，直到最后用回车作出空回答结束操作，系统将自动连接第一个顶点与最后一个顶点形成封闭的多边形。凡是被多边形围住的对象均被选中（不包括边界）。执行结果如图3-4所示。

阴影覆盖为选择框　　　选择后的图形　　　　　阴影覆盖为选择框　　选择后的图形

图3-1　"窗口"对象选择方式　　　　　　图3-2　"窗交"对象选择方式

6）添加(A)：添加下一个对象到选择集。也可用于从移走模式（Remove）到选择模式的切换。

虚线为选择栏　　　选择后的图形　　　箭头所指十字线所拉出多边形为选择框　　　选择后的图形

图3-3　"栏选"对象选择方式　　　　　　图3-4　"圈围"对象选择方式

3.2　删除及恢复类命令

这一类命令主要用于删除图形的某部分或对已被删除的部分进行恢复。

3.2.1 删除命令

如果所绘制的图形不符合要求或不小心错绘了图形,可以使用删除命令 ERASE 把它删除。

【执行方式】

命令行：ERASE

菜单：修改→删除

快捷菜单：选择要删除的对象,在绘图区域右击鼠标,从打开的快捷菜单上选择"删除"

工具栏：修改→删除✐

【操作步骤】

可以先选择对象后调用"删除"命令,也可以先调用"删除"命令然后再选择对象。选择对象时可以使用前面介绍的对象选择的各种方法。

当选择多个对象时,多个对象都被删除；若选择的对象属于某个对象组,则该对象组的所有对象都被删除。

 注意

绘图过程中,如果出现了绘制错误或者不太满意的图形,需要删除的,可以利用标准工具栏中的↶命令,也可以用Delete键。提示："_erase:",单击要删除的图形,单击右键就行了。删除命令可以一次删除一个或多个图形,如果删除错误,可以利用↶来补救。

3.2.2 实例——画框

绘制如图 3-5 所示的图框。

图3-5 绘制画框

 实讲实训
多媒体演示

多媒体演示参见配套光盘中的\\动画演示\第3章\画框.avi。

01 图层设计。新建两个图层：

❶ "1" 图层,颜色为蓝色,其余属性默认。

❷ "2" 图层,颜色为黑色,其余属性默认。

02 将 "1" 图层设置为当前层，单击 "绘图" 工具栏中的 "直线" 按钮，绘制坐标点为（0，0）(@0，100) 长为 100 的竖直直线，如图 3-6 所示。

03 将 "2" 图层设置为当前层，单击 "绘图" 工具栏中的 "矩形" 按钮，绘制坐标点为（100，100）(@80，80) 的矩形作为画框的外轮廓线。

04 单击 "修改" 工具栏中的 "移动" 按钮，以矩形上边的中点为基点，将矩形移动到竖直直线上（"移动" 命令后面章节有叙述），如图 3-7 所示。命令行中的提示与操作如下：

命令：move✔

选择对象：（选择矩形）找到 1 个

选择对象：

指定基点或 [位移(D)]〈位移〉：（以矩形上边中点为基点）

指定第二个点或〈使用第一个点作为位移〉：（在竖直直线上指定一点）

05 单击 "绘图" 工具栏中的 "矩形" 按钮，绘制一个坐标点为（0，0）(@60，40) 的矩形作为画框的内轮廓线。

06 单击 "修改" 工具栏中的 "移动" 按钮，以新绘制的矩形中点为基点将矩形移动到竖直直线上，如图 3-8 所示。

图3-6　绘制竖直直线　　　　　图3-7　移动矩形　　　　　图3-8　移动矩形

07 单击 "修改" 工具栏中的 "删除" 按钮，删除辅助线。命令行中的提示与操作如下：

命令：_erase✔

选择对象：找到 1 个

选择对象：✔

单击 "绘图" 工具栏中的 "修订云线" 按钮，为画框添加装饰线完成绘制，如图 3-5 所示。

3.2.3　恢复命令

若不小心误删除了图形，可以使用恢复命令 OOPS 恢复误删除的对象。

【执行方式】

命令行：OOPS 或 U

工具栏：标准工具栏→放弃

快捷键：Ctrl+Z

【操作步骤】

在命令行中输入"OOPS"命令，按Enter键。

3.2.4 实例——恢复删除线段

01 打开上例中的画框图形如图 3-9 所示。

02 恢复删除的竖直辅助线，如图 3-9 所示。命令行中的提示与操作如下：

命令：OOPS↙

图3-9 恢复删除的竖直直线

3.2.5 清除命令

此命令与删除命令功能完全相同。

【执行方式】

菜单：编辑→删除

快捷键：DEL

【操作步骤】

用菜单或快捷键输入上述命令后，系统提示：

选择对象:（选择要清除的对象，按回车键执行清除命令）

3.3 复制类命令

　　本节详细介绍 AutoCAD 2014 的复制类命令。利用这些编辑功能，可以方便地编辑绘制的图形。

3.3.1 复制命令

【执行方式】

命令行：COPY

菜单：修改→复制

工具栏：修改→复制

快捷菜单：选择要复制的对象，在绘图区域右击鼠标，从打开的快捷菜单上选择"复制选择"。

【操作步骤】

命令：COPY↙

选择对象：（选择要复制的对象）

用前面介绍的对象选择方法选择一个或多个对象，回车结束选择操作。系统继续提示：

当前设置：复制模式 = 多个

指定基点或 [位移（D）/模式（O）] <位移>：（指定基点或位移）

指定第二个点或 [阵列（A）] <使用第一个点作为位移>：

指定第二个点或 [阵列（A）/退出（E）/放弃（U）] <退出>：

【选项说明】

（1）指定基点：指定一个坐标点后，AutoCAD 2014 把该点作为复制对象的基点，并提示：

指定第二个点或 [阵列(A)] <使用第一个点作为位移>：

指定第二个点后，系统将根据这两点确定的位移矢量把选择的对象复制到第二点处。如果此时直接回车，既选择默认的"用第一点作位移"，则第一个点被当作相对于 X、Y、Z 的位移。例如，如指定基点为 2,3 并在下一个提示下按 Enter 键，该对象从它当前的位置开始在 X 方向上移动两个单位，在 Y 方向上移动 3 个单位。复制完成后，系统会继续提示：

指定第二个点或 [阵列(A)/退出(E)/放弃(U)] <退出>：

这时，可以不断指定新的第二点，从而实现多重复制。

（2）位移：直接输入位移值，表示以选择对象时的拾取点为基准，以拾取点坐标为移动方向纵横比移动指定位移后确定的点为基点。例如，选择对象时拾取点坐标为（2，3），输入位移为 5，则表示以（2，3）点为基准，沿纵横比为 3:2 的方向移动 5 个单位所确定的点为基点。

（3）模式：控制是否自动重复该命令。该设置由 COPYMODE 系统变量控制。

3.3.2 实例——办公桌

绘制如图 3-10 所示的办公桌。

图3-10 办公桌

实讲实训
多媒体演示

多媒体演示参见配套光盘中的\\动画演示\第3章\办公桌.avi。

01 单击"绘图"工具栏中的"矩形"按钮▭，在合适的位置绘制矩形,如图 3-11 所示。

02 单击"绘图"工具栏中的"矩形"按钮 □,在合适的位置绘制一系列的矩形,结果如图 3-12 所示。

03 单击"绘图"工具栏中的"矩形"按钮 □,在合适的位置绘制一系列的矩形,结果如图 3-13 所示。

图3-11　作矩形1　　　　　图3-12　作矩形2　　　　　图3-13　作矩形3

04 单击"绘图"工具栏中的"矩形"按钮 □,在合适的位置绘制矩形,结果如图 3-14 所示。

图3-14　作矩形4

05 单击"修改"工具栏中的"复制"按钮 ,将办公桌左边的一系列矩形复制到右边,完成办公桌的绘制。命令行中的提示与操作如下:

命令:copy↙

选择对象:(选取左边的一系列矩形)

选择对象:↙

当前设置: 复制模式 = 多个

指定基点或 [位移(D)/模式(O)] 〈位移〉:(在左边的一系列矩形上,任意指定一点)

指定第二个点或 [阵列(A)] 〈使用第一个点作为位移〉:(打开状态栏上的"正交"开关功能,指定适当位置的一点)

指定第二个点或 [阵列(A)/退出(E)/放弃(U)] 〈退出〉:↙

结果如图 3-10 所示。

3.3.3　偏移命令

偏移对象是指保持选择的对象的形状、在不同的位置以不同的尺寸大小新建一个对象。

【执行方式】

命令行:OFFSET

菜单:修改→偏移

工具条：修改→偏移

【操作步骤】

命令： OFFSET↵
当前设置：删除源=否　图层=源　OFFSETGAPTYPE=0
指定偏移距离或［通过(T)/删除(E)/图层(L)］〈通过〉：（指定距离值）
选择要偏移的对象，或［退出(E)/放弃(U)］〈退出〉：（选择要偏移的对象。回车会结束操作）
指定要偏移的那一侧上的点，或［退出(E)/多个(M)/放弃(U)］〈退出〉：（指定偏移方向）
选择要偏移的对象，或［退出(E)/放弃(U)］〈退出〉：

【选项说明】

（1）指定偏移距离：输入一个距离值，或回车使用当前的距离值，系统把该距离值作为偏移距离，如图 3-15a 所示。

（2）通过(T)：指定偏移的通过点。选择该选项后出现如下提示：
选择要偏移的对象或〈退出〉：（选择要偏移的对象。回车会结束操作）
指定通过点：（指定偏移对象的一个通过点）
操作完毕后，系统根据指定的通过点绘出偏移对象，如图 3-15b 所示。

a）指定偏移距离　　　　　　　　　　　　b）通过点

图3-15　偏移选项说明一

（3）删除（E）：偏移源对象后将其删除，如图 3-16a 所示。选择该项，系统提示：
要在偏移后删除源对象吗？［是(Y)/否(N)］〈当前〉：（输入 y 或 n）

（4）图层（L）：确定将偏移对象创建在当前图层上还是源对象所在的图层上。这样就可以在不同图层上偏移对象。选择该项，系统提示：
输入偏移对象的图层选项［当前(C)/源(S)］〈当前〉：（输入选项）

如果偏移对象的图层选择为当前层，偏移对象的图层特性与当前图层相同，如图 3-16b 所示。

a）删除源对象　　　　　　　　　b）偏移对象的图层为当前层

图3-16　偏移选项说明二

（5）多个（M）：使用当前偏移距离重复进行偏移操作，并接受附加的通过点，如图 3-17 所示。

图3-17 偏移选项说明三

 注意

    AutoCAD 2014 中，可以使用"偏移"命令，对指定的直线、圆弧、圆等对象作定距离偏移复制。在实际应用中，常利用"偏移"命令的特性创建平行线或等距离分布图形，效果同"阵列"。默认情况下，需要指定偏移距离，再选择要偏移复制的对象，然后指定偏移方向，以复制出对象。

3.3.4 实例——单开门

绘制如图 3-18 所示的单开门。

实讲实训
多媒体演示

多媒体演示参见配套光盘中的\\动画演示\第3章\单开门.avi。

图3-18 门

01 单击"绘图"工具栏中的"矩形"按钮▢，绘制角点坐标分别为（0，0）和（@900，2400）的矩形，结果如图 3-19 所示。

02 单击"修改"工具栏中的"偏移"按钮▣，将上步绘制的矩形进行偏移操作。命令行中的提示与操作如下：

命令：_offset✓
当前设置：删除源=否 图层=源 OFFSETGAPTYPE=0
指定偏移距离或［通过(T)/删除(E)/图层(L)]〈通过〉:60✓
选择要偏移的对象，或［退出(E)/放弃(U)]〈退出〉:（选择上述矩形）
指定要偏移的那一侧上的点，或［退出(E)/多个(M)/放弃(U)]〈退出〉:（选择矩形内侧）
选择要偏移的对象，或［退出(E)/放弃(U)]〈退出〉:✓
结果如图 3-20 所示。

03 单击"绘图"工具栏中的"直线"按钮 ∕，绘制端点坐标分别为（60,2000）和（@780,0）的直线。结果如图 3-21 所示。

04 单击"修改"工具栏中的"偏移"按钮 ⬒，将上一步绘制的直线向下偏移，偏移距离为 60，结果如图 3-22 所示。

图3-19 绘制矩形　　　图3-20 偏移操作　　　图3-21 绘制直线　　　图3-22 偏移操作

05 单击"绘图"工具栏中的"矩形"按钮 ▢，绘制角点坐标分别为（200,1500）和（700,1800）的矩形。绘制结果如图 3-18 所示。

3.3.5 镜像命令

镜像对象是指把选择的对象围绕一条镜像线作对称复制。镜像操作完成后，可以保留原对象也可以将其删除。

【执行方式】

命令行：MIRROR
菜单：修改→镜像
工具条：修改→镜像 ⧖

【操作步骤】

命令：MIRROR↙
选择对象：（选择要镜像的对象）
指定镜像线的第一点：（指定镜像线的第一个点）
指定镜像线的第二点：（指定镜像线的第二个点）
要删除源对象吗？[是(Y)/否(N)] <N>：（确定是否删除原对象）

这两点确定一条镜像线，被选择的对象以该线为对称轴进行镜像。包含该线的镜像平面与用户坐标系统的 XY 平面垂直，即镜像操作工作在与用户坐标系统的 XY 平面平行的平面上。

3.3.6 实例——盥洗池

绘制如图 3-23 所示的单开门。

01 单击"图层"工具栏中的"图层特性管理器"按钮 ⬚，新建三个图层：

❶ "1"图层，颜色为绿色，其余属性默认。

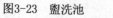

图3-23　盥洗池

❷ "2" 图层，颜色为黑色，其余属性默认。

❸ "3" 图层，颜色为黑色，其余属性默认。

02 将 "3" 图层置为当前图层，单击 "绘图" 工具栏中的 "多段线" 按钮 ，绘制多段线。命令行中的提示与操作如下：

命令: _pline↙

指定起点: 0, 255↙

当前线宽为 0.0000

指定下一个点或 [圆弧(A)/半宽(H)/长度(L)/放弃(U)/宽度(W)]: -294, 255↙

指定下一个点或 [圆弧(A)/半宽(H)/长度(L)/放弃(U)/宽度(W)]: -287, 50↙

指定下一点或 [圆弧(A)/闭合(C)/半宽(H)/长度(L)/放弃(U)/宽度(W)]: a↙

指定圆弧的端点或[角度(A)/圆心(CE)/闭合(CL)/方向(D)/半宽(H)/直线(L)/半径(R)/第二个点(S)/放弃(U)/宽度(W)]: s↙

指定圆弧上的第二个点: -212.8, -123.2↙

指定圆弧的端点: -37, -191↙

指定圆弧的端点或[角度(A)/圆心(CE)/闭合(CL)/方向(D)/半宽(H)/直线(L)/半径(R)/第二个点(S)/放弃(U)/宽度(W)]: l↙

指定下一点或 [圆弧(A)/闭合(C)/半宽(H)/长度(L)/放弃(U)/宽度(W)]: 27, -191↙

指定下一点或 [圆弧(A)/闭合(C)/半宽(H)/长度(L)/放弃(U)/宽度(W)]: ↙

命令: _pline↙

指定起点: -279, 255↙

当前线宽为 0.0000

指定下一个点或 [圆弧(A)/半宽(H)/长度(L)/放弃(U)/宽度(W)]: -272, 50↙

指定下一点或 [圆弧(A)/闭合(C)/半宽(H)/长度(L)/放弃(U)/宽度(W)]: a↙

指定圆弧的端点或[角度(A)/圆心(CE)/闭合(CL)/方向(D)/半宽(H)/直线(L)/半径(R)/第二个点(S)/放弃(U)/宽度(W)]: -202.2, -112.6↙

指定圆弧的端点或[角度(A)/圆心(CE)/闭合(CL)/方向(D)/半宽(H)/直线(L)/半径(R)/第二个点(S)/放弃(U)/宽度(W)]: -37, -176↙

指定圆弧的端点或[角度(A)/圆心(CE)/闭合(CL)/方向(D)/半宽(H)/直线(L)/半径(R)/第二个点(S)/放弃(U)/宽度(W)]: l↙

指定下一点或 [圆弧(A)/闭合(C)/半宽(H)/长度(L)/放弃(U)/宽度(W)]: 27, -176↙

指定下一点或 [圆弧(A)/闭合(C)/半宽(H)/长度(L)/放弃(U)/宽度(W)]: ↙

将 "2" 图层置为当前图层，重复 "多段线" 命令，绘制多段线，命令行中的提示与操作如下：

命令: ↙

PLINE指定起点: 0, 230↙

84

当前线宽为 0.0000

指定下一个点或 [圆弧(A)/半宽(H)/长度(L)/放弃(U)/宽度(W)]: -224,230↙

指定下一点或 [圆弧(A)/闭合(C)/半宽(H)/长度(L)/放弃(U)/宽度(W)]: a↙

指定圆弧的端点或[角度(A)/圆心(CE)/闭合(CL)/方向(D)/半宽(H)/直线(L)/半径(R)/第二个点
(S)/放弃(U)/宽度(W)]: -245.2,221.2↙

指定圆弧的端点或[角度(A)/圆心(CE)/闭合(CL)/方向(D)/半宽(H)/直线(L)/半径(R)/第二个点
(S)/放弃(U)/宽度(W)]: -254,200↙

指定圆弧的端点或 [角度(A)/圆心(CE)/闭合(CL)/方向(D)/半宽(H)/直线(L)/半径(R)/第二个点
(S)/放弃(U)/宽度(W)]: l↙

指定下一点或 [圆弧(A)/闭合(C)/半宽(H)/长度(L)/放弃(U)/宽度(W)]: -254,85↙

指定下一点或 [圆弧(A)/闭合(C)/半宽(H)/长度(L)/放弃(U)/宽度(W)]: a↙

指定圆弧的端点或[角度(A)/圆心(CE)/闭合(CL)/方向(D)/半宽(H)/直线(L)/半径(R)/第二个点
(S)/放弃(U)/宽度(W)]: -247,30.8↙

指定圆弧的端点或[角度(A)/圆心(CE)/闭合(CL)/方向(D)/半宽(H)/直线(L)/半径(R)/第二个点
(S)/放弃(U)/宽度(W)]: -228.6,-20.4↙

指定圆弧的端点或[角度(A)/圆心(CE)/闭合(CL)/方向(D)/半宽(H)/直线(L)/半径(R)/第二个点
(S)/放弃(U)/宽度(W)]: ↵

将"3"图层置为当前图层, 重复"多段线"命令, 绘制多段线。命令行中的提示与操作如

下:

命令: _pline↙

指定起点: 0,105↙

当前线宽为 0.0000

指定下一个点或 [圆弧(A)/半宽(H)/长度(L)/放弃(U)/宽度(W)]: -181.9,105↙

指定下一点或 [圆弧(A)/闭合(C)/半宽(H)/长度(L)/放弃(U)/宽度(W)]: a↙

指定圆弧的端点或[角度(A)/圆心(CE)/闭合(CL)/方向(D)/半宽(H)/直线(L)/半径(R)/第二个点
(S)/放弃(U)/宽度(W)]: -225,86.7↙

指定圆弧的端点或[角度(A)/圆心(CE)/闭合(CL)/方向(D)/半宽(H)/直线(L)/半径(R)/第二个点
(S)/放弃(U)/宽度(W)]: -241.8,42.9↙

指定圆弧的端点或[角度(A)/圆心(CE)/闭合(CL)/方向(D)/半宽(H)/直线(L)/半径(R)/第二个点
(S)/放弃(U)/宽度(W)]: -37,-146↙

指定圆弧的端点或[角度(A)/圆心(CE)/闭合(CL)/方向(D)/半宽(H)/直线(L)/半径(R)/第二个点
(S)/放弃(U)/宽度(W)]: l↙

指定下一点或 [圆弧(A)/闭合(C)/半宽(H)/长度(L)/放弃(U)/宽度(W)]: 0,-146↙

指定下一点或 [圆弧(A)/闭合(C)/半宽(H)/长度(L)/放弃(U)/宽度(W)]: ↙

绘制结果如图 3-24 所示。

03 单击"绘图"工具栏中的"圆"按钮, 绘制圆心坐标为 (0, 0), 半径为 16 的
圆, 绘制结果如图 3-25 所示。

04 单击"修改"工具栏中的"镜像"按钮, 命令行中的提示与操作如下:

命令: _mirror↙

选择对象: (除圆外的所有图形)↙

找到 28 个

选择对象: ↙

指定镜像线的第一点: 0,0↙

指定镜像线的第二点：0, 10↙

是否删除源对象？[是(Y)/否(N)] <N>:↙

绘制结果如图 3-23 所示。

图3-24　绘制多段线　　　　　图3-25　绘制圆

3.3.7　阵列命令

建立阵列是指多重复制选择的对象并把这些副本按矩形或环形排列。把副本按矩形排列称为建立矩形阵列，把副本按环形排列称为建立极阵列。建立极阵列时，应该控制复制对象的次数和对象是否被旋转；建立矩形阵列时，应该控制行和列的数量以及对象副本之间的距离。AutoCAD 2014 提供 ARRAY 命令建立阵列。用该命令可以建立矩形阵列、极阵列（环形）和路径阵列。

【执行方式】

命令行：ARRAY

菜单：修改→阵列

工具条：修改→矩形阵列　，修改→路径阵列　，修改→环形阵列

【操作步骤】

命令：ARRAY↙

选择对象：（使用对象选择方法）

输入阵列类型[矩形（R）/路径（PA）/极轴（PO）]<矩形>：

【选项说明】

（1）矩形（R）：将选定对象的副本分布到行数、列数和层数的任意组合。选择该选项后出现如下提示：

选择夹点以编辑阵列或 [关联(AS)/基点(B)/计数(COU)/间距(S)/列数(COL)/行数(R)/层数(L)/退出(X)] <退出>：（通过夹点，调整阵列间距，列数，行数和层数；也可以分别选择各选项输入数值）

（2）路径（PA）：沿路径或部分路径均匀分布选定对象的副本。选择该选项后出现如下提示：

选择路径曲线：（选择一条曲线作为阵列路径）

选择夹点以编辑阵列或［关联(AS)/方法(M)/基点(B)/切向(T)/项目(I)/行(R)/层(L)/对齐项目(A)/Z方向(Z)/退出(X)］<退出>:（通过夹点，调整阵行数和层数；也可以分别选择各选项输入数值）

（3）极轴（PO）：在绕中心点或旋转轴的环形阵列中均匀分布对象副本。选择该选项后出现如下提示：

指定阵列的中心点或［基点(B)/旋转轴(A)］:（选择中心点、基点或旋转轴）

选择夹点以编辑阵列或［关联(AS)/基点(B)/项目(I)/项目间角度(A)/填充角度(F)/行(ROW)/层(L)/旋转项目(ROT)/退出(X)］<退出>:（通过夹点，调整角度，填充角度；也可以分别选择各选项输入数值）

注意

> 阵列在平面作图时有三种方式，可以在矩形或环形（圆形）阵列或路径中创建对象的副本。对于矩形阵列，可以控制行和列的数目以及它们之间的距离。对于环形阵列，可以控制对象副本的数目并决定是否旋转副本。对于路径阵列，可以控制项目将均匀地沿路径或部分路径分布

3.3.8 实例——VCD

绘制 VCD 如图 3-26 所示。

实讲实训
多媒体演示

多媒体演示参见配套光盘中的\\动画演示\第3章\VCD.avi。

图3-26 VCD

01 单击"绘图"工具栏中的"矩形"按钮□，绘制角点坐标分别为{（0，15）（396，107）}{（19.1，0）（59.3，15）}{（336.8，0）（377，15）} 的 3 个矩形，绘制如图 3-27 所示。

02 单击"绘图"工具栏中的"矩形"按钮□，绘制角点坐标分别为{（15.3，86）（28.7，93.7）}{（166.5，45.9）（283.2，91.8）}{（55.5，66.9）（88，70.7）} 的 3 个矩形，绘制结果如图 3-28 所示。

03 单击"修改"工具栏中的"矩形阵列"按钮，选择上述绘制的第二个矩形为阵列对象，输入行数为 2，列数为 2，行间距为 9.6，列间距为 47.8，效果如图 3-29 所示。

04 单击"绘图"工具栏中的"圆"按钮，绘制圆心坐标为（30.6，36.3），半径 6 的一个圆。

05 单击"绘图"工具栏中的"圆"按钮，绘制圆心坐标为（338.7，72.6），半径

23的一个圆，绘制如图3-30所示。

图3-27　绘制矩形

图3-28　绘制矩形

图3-29　阵列处理

图3-30　绘制圆

06 单击"修改"工具栏中的"矩形阵列"按钮，选择上述步骤中绘制的第一个圆为阵列对象，输入行数为1，列数为5，列间距为23，绘制如图3-26所示。

3.4　改变位置类命令

这一类编辑命令的功能是按照指定要求改变当前图形或图形的某部分的位置，主要包括移动、旋转和缩放等命令。

3.4.1　移动命令

【执行方式】

命令行：MOVE

菜单：修改→移动

快捷菜单：选择要复制的对象，在绘图区域右击鼠标，从打开的快捷菜单上选择"移动"。

工具条：修改→移动

【操作步骤】

命令：MOVE↙

选择对象：（选择对象）

用前面介绍的对象选择方法选择要移动的对象，用回车结束选择。系统继续提示：

指定基点或位移：（指定基点或移至点）

指定基点或［位移(D)］〈位移〉：（指定基点或位移）

指定第二个点或〈使用第一个点作为位移〉：

命令选项功能与"复制"命令类似。

3.4.2 实例——沙发茶几

绘制如图 3-31 所示的客厅沙发茶几。

图3-31 客厅沙发茶几

01 单击"绘图"工具栏中的"直线"按钮，绘制其中的单个沙发面 4 边，如图 3-32 所示。

📖 **说 明**

调用"直线"命令绘制沙发面的4边，尺寸适当选取，注意其相对位置和长度的关系。

02 单击"绘图"工具栏中的"圆弧"按钮，将沙发面 4 边连接起来，得到完整的沙发面，如图 3-33 所示。

03 单击"绘图"工具栏中的"直线"按钮，绘制侧面扶手轮廓，如图 3-34 所示。

图3-32 创建沙发面4边   图3-33 连接边角   图3-34 绘制扶手轮廓

04 单击"绘图"工具栏中的"圆弧"按钮，绘制侧面扶手的弧边线，如图 3-35 所示。

05 单击"修改"工具栏中的"镜像"按钮，镜像绘制另外一个侧面的扶手轮廓，如图 3-36 所示。

📖 **说 明**

以中间的轴线作为镜像线，镜像另一侧的扶手轮廓。

图3-35　绘制扶手的弧边线　　　　　　图3-36　创建另外一侧扶手

06 单击"绘图"工具栏中的"圆弧"按钮和单击"修改"工具栏中的"镜像"按钮，绘制沙发背部扶手轮廓，如图3-37所示。

07 单击"绘图"工具栏中的"圆弧"按钮、"直线"按钮和单击"修改"工具栏中的"镜像"按钮，完善沙发背部扶手，如图3-38所示。

图3-37　创建背部扶手　　　　　图3-38　完善背部扶手

08 单击"修改"工具栏中的"偏移"按钮，对沙发面进行修改，使其更为形象，如图3-39所示。

09 单击"绘图"工具栏中的"点"按钮，在沙发座面上绘制点，细化沙发面，如图3-40所示。

图3-39　修改沙发面　　　　　　　图3-40　细化沙发面

10 单击"修改"工具栏中的"镜像"按钮，进一步完善沙发面造型，使其更为形象，如图3-41所示。

11 采用相同的方法，绘制3人座的沙发面造型，如图3-42所示。

 说明

先绘制沙发面造型。

图3-41 完善沙发面造型　　　　　图3-42 绘制3人座的沙发面造型

12 单击"绘图"工具栏中的"直线"按钮 、"圆弧"按钮 和单击"修改"工具栏中的"镜像"按钮 ，绘制3人座沙发扶手造型，如图3-43所示。

13 单击"绘图"工具栏中的"圆弧"按钮 、"直线"按钮 ，绘制3人座沙发背部造型，如图3-44所示。

图3-43 绘制3人座沙发扶手选型　　　　图3-44 建立3人座沙发背部造型

14 单击"绘图"工具栏中的"点"按钮 ，对3人座沙发面造型进行细化，如图3-45所示。

15 单击"修改"工具栏中的"移动"按钮 ，调整两个沙发造型的位置，结果如图3-46所示，命令行中的提示与操作如下：

命令：MOVE↙
选择对象：找到 1 个
选择对象：找到 105 个，总计106 个
选择对象：（按Enter键）
指定基点或 [位移(D)]〈位移〉：（指定移动基点位置）
指定第二个点或〈使用第一个点作为位移〉：（指定移动位置）

图3-45 细化3人座沙发面造型　　　　图3-46 调整两个沙发的位置造型

16 单击"修改"工具栏中的"镜像"按钮 ，对单个沙发进行镜像，得到沙发组造型，如图3-47所示。

17 单击"绘图"工具栏中的"椭圆"按钮 ，绘制1个椭圆形，建立椭圆形茶几造型，如图3-48所示。

图3-47 沙发组   图3-48 建立椭圆形茶几造型

> **说 明**
>
> 可以绘制其他形式的茶几造型。

18 单击"绘图"工具栏中的"图案填充"按钮，打开"图案填充和渐变色"对话框，选择适当的图案，对茶几进行填充图案，如图 3-49 所示。

图3-49 填充茶几图案

19 单击"绘图"工具栏中的"多边形"按钮，绘制沙发之间的一个正方形桌面灯造型，如图 3-50 所示。

图3-50 绘制桌面灯造型

> **说 明**
>
> 先绘制一个正方形作为桌面。

20 单击"绘图"工具栏中的"圆"按钮，绘制两个大小和圆心位置都不同的圆形，

92

如图 3-51 所示。

21 单击"绘图"工具栏中的"直线"按钮 ，绘制随机斜线，形成灯罩效果，如图 3-52 所示。

图3-51 绘制两个圆形　　　　　　图3-52 创建灯罩

22 单击"修改"工具栏中的"镜像"按钮 ，进行镜像得到两个沙发桌面灯，完成客厅沙发茶几图的绘制，如图 3-31 所示。

3.4.3 旋转命令

【执行方式】

命令行：ROTATE

菜单：修改→旋转

快捷菜单：选择要旋转的对象，在绘图区域右击鼠标，从打开的快捷菜单选择"旋转"。

工具条：修改→旋转

【操作步骤】

命令：ROTATE↙

UCS 当前的正角方向： ANGDIR=逆时针 ANGBASE=0

选择对象：（选择要旋转的对象）

指定基点：（指定旋转的基点。在对象内部指定一个坐标点）

指定旋转角度，或 [复制(C)/参照(R)] <0>：（指定旋转角度或其他选项）

【选项说明】

（1）复制（C）：选择该项，旋转对象的同时，保留原对象。

（2）参照（R）：采用参考方式旋转对象时，系统提示：

指定参照角 <0>：（指定要参考的角度，默认值为0）

指定新角度：（输入旋转后的角度值）

操作完毕后，对象被旋转至指定的角度位置。

注意

　　可以用拖动鼠标的方法旋转对象。选择对象并指定基点后，从基点到当前光标位置会出现一条连线，移动鼠标选择的对象会动态地随着该连线与水平方向的夹角的变化而旋转，回车会确认旋转操作，如图3-53所示。

图3-53　拖动鼠标旋转对象

3.4.4　实例——电脑

　　绘制如图 3-54 所示的电脑。

图3-54　电脑

实讲实训
多媒体演示

　　多媒体演示参见配套光盘中的\\动画演示\第3章\电脑.avi。

01 单击"图层"工具栏中的"图层特性管理器"按钮 ，新建两个图层：

❶ "1"图层，颜色为红色，其余属性默认。
❷ "2"图层，颜色为绿色，其余属性默认。

02 将"1"图层置为当前图层，单击"绘图"工具栏中的"矩形"按钮 ，绘制角点坐标为（0，16）（450，130）的一个矩形。绘制结果如图 3-55 所示。

图3-55　绘制矩形

03 单击"绘图"工具栏中的"多段线"按钮 ，绘制电脑外框。命令行中的提示与操作如下：

命令：_pline↙
指定起点：0,16↙
当前线宽为 0.0000
指定下一个点或 [圆弧(A)/半宽(H)/长度(L)/放弃(U)/宽度(W)]：30,0↙
指定下一点或 [圆弧(A)/闭合(C)/半宽(H)/长度(L)/放弃(U)/宽度(W)]：430,0↙
指定下一点或 [圆弧(A)/闭合(C)/半宽(H)/长度(L)/放弃(U)/宽度(W)]：450,16↙
指定下一点或 [圆弧(A)/闭合(C)/半宽(H)/长度(L)/放弃(U)/宽度(W)]：↙
命令：pline↙
指定起点：37,130↙
当前线宽为 0.0000
指定下一个点或 [圆弧(A)/半宽(H)/长度(L)/放弃(U)/宽度(W)]：80,308↙
指定下一个点或 [圆弧(A)/闭合(C)/半宽(H)/长度(L)/放弃(U)/宽度(W)]：a↙
指定圆弧的端点或[角度(A)/圆心(CE)/闭合(CL)/方向(D)/半宽(H)/直线(L)/半径(R)/第二个点(S)/放弃(U)/宽度(W)]：101,320↙
指定圆弧的端点或[角度(A)/圆心(CE)/闭合(CL)/方向(D)/半宽(H)/直线(L)/半径(R)/第二个点(S)/放弃(U)/宽度(W)]：l↙
指定下一点或 [圆弧(A)/闭合(C)/半宽(H)/长度(L)/放弃(U)/宽度(W)]：306,320↙
指定下一点或 [圆弧(A)/闭合(C)/半宽(H)/长度(L)/放弃(U)/宽度(W)]：a↙
指定圆弧的端点或[角度(A)/圆心(CE)/闭合(CL)/方向(D)/半宽(H)/直线(L)/半径(R)/第二个点(S)/放弃(U)/宽度(W)]：326,308↙
指定圆弧的端点或[角度(A)/圆心(CE)/闭合(CL)/方向(D)/半宽(H)/直线(L)/半径(R)/第二个点(S)/放弃(U)/宽度(W)]：l↙
指定下一点或 [圆弧(A)/闭合(C)/半宽(H)/长度(L)/放弃(U)/宽度(W)]：380,130↙
指定下一点或 [圆弧(A)/闭合(C)/半宽(H)/长度(L)/放弃(U)/宽度(W)]：↙
绘制结果如图 3-56 所示。

04 将"2"图层置为当前图层，单击"绘图"工具栏中的"直线"按钮 ，绘制坐标点为（176，130）（176，320）的一条直线。绘制结果如图 3-57 所示。

图3-56 绘制多段线

图3-57 绘制直线

05 单击"修改"工具栏中的"矩形阵列"按钮 ，选择阵列对象为步骤 **04** 中绘制的直线，输入行数设为 1，列数设为 5，列间距设为 22，绘制结果如图 3-58 所示。

06 单击"修改"工具栏中的"旋转"按钮 ，以（0，0）为基点，将电脑旋转 25°，旋转绘制的电脑绘制结果如图 3-54 所示。命令行中的提示与操作如下：

命令：_rotate↙
UCS 当前的正角方向： ANGDIR=逆时针 ANGBASE=0
选择对象：all↙找到 8 个
选择对象：↙

指定基点: 0,0↙
指定旋转角度，或 [复制(C)/参照(R)] <0>: 25↙

图3-58 阵列

3.4.5 缩放命令

【执行方式】

命令行：SCALE
菜单：修改→缩放
快捷菜单：选择要缩放的对象，在绘图区域右击鼠标，从打开的快捷菜单上选择"缩放"。
工具条：修改→缩放 □

【操作步骤】

命令：SCALE↙
选择对象：（选择要缩放的对象）
指定基点：（指定缩放操作的基点）
指定比例因子或 [复制（C）/参照（R）]<1.0000>:

【选项说明】

（1）采用参考方向缩放对象时：系统提示：
指定参照长度 <1>:（指定参考长度值）
指定新的长度或 [点(P)] <1.0000>:（指定新长度值）
若新长度值大于参考长度值，则放大对象；否则，缩小对象。操作完毕后，系统以指定的基点按指定的比例因子缩放对象。如果选择"点（P）"选项，则指定两点来定义新的长度。

（2）可以用拖动鼠标的方法缩放对象：选择对象并指定基点后，从基点到当前光标位置会出现一条连线，线段的长度即为比例大小。移动鼠标选择的对象会动态地随着该连线长度的变化而缩放，回车会确认缩放操作。

（3）选择"复制（C）"选项：可以复制缩放对象，即缩放对象时，保留原对象，这是AutoCAD2014新增功能，如图3-59所示。

缩放前   缩放后

图3-59 复制缩放

3.4.6 实例——装饰盘

绘制如图 3-60 所示的电脑。

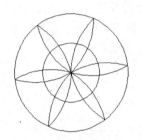

图3-60 装饰盘图形

01 单击"绘图"工具栏中的"圆"按钮 ⊙，绘制一个圆心坐标为（100，100）半径为 200 的圆作为盘外轮廓线，如图 3-61 所示。

02 单击"绘图"工具栏中的"圆弧"按钮 ✐，绘制花瓣，如图 3-62 所示。

图3-61 绘制圆形

图3-62 绘制花瓣

03 单击"修改"工具栏中的"镜像"按钮 ⚗，镜像花瓣，如图 3-63 所示。

04 单击"修改"工具栏中的"环形阵列"按钮 ✥，以花瓣为对象，以圆心为阵列中心点阵列花瓣，如图 3-64 所示。

05 单击"修改"工具栏中的"缩放"按钮 ⬜，缩放一个圆作为装饰盘内装饰圆，命令行中的提示与操作如下：

命令：SCALE↙

选择对象：（选择圆）

指定基点：（指定圆心）

指定比例因子或［复制（C）/参照（R）]<1.0000>: C↙

指定比例因子或［复制（C）/参照（R）]<1.0000>:0.5↙

绘制完成如图 3-60 所示。

图3-63 镜像花瓣线

图3-64 阵列花瓣

3.5 改变几何特性类命令

这一类编辑命令在对指定对象进行编辑后，使编辑对象的几何特性发生改变。包括倒斜角、倒圆角、断开、修剪、延长、加长、伸展等命令。

3.5.1 修剪命令

【执行方式】

命令行：TRIM

菜单：修改→修剪

工具条：修改→修剪 ⁒

【操作步骤】

命令：TRIM↙

当前设置:投影=UCS，边=无

选择剪切边...

选择对象或〈全部选择〉:（选择用作修剪边界的对象）

回车结束对象选择，系统提示：

选择要修剪的对象，或按住 Shift 键选择要延伸的对象，或[栏选(F)/窗交(C)/投影(P)/边(E)/删除(R)/放弃(U)]:

【选项说明】

（1）选择对象：如果按住 Shift 键，系统就自动将"修剪"命令转换成"延伸"命令，"延伸"命令将在下节介绍。

（2）选择"边"选项：可以选择对象的修剪方式：

1）延伸(E)：延伸边界进行修剪。在此方式下，如果剪切边没有与要修剪的对象相交，系统会延伸剪切边直至与对象相交，然后再修剪，如图 3-65 所示。

选择剪切边　　　选择要修剪的对象　　　修剪后的结果

图3-65　延伸方式修剪对象

2）不延伸(N)：不延伸边界修剪对象。只修剪与剪切边相交的对象。

（3）选择"栏选（F）"选项：系统以栏选的方式选择被修剪对象，如图 3-66 所示。

（4）选择"窗交（C）"选项：系统以栏选的方式选择被修剪对象，如图 3-67 所示。

（5）被选择的对象可以互为边界和被修剪对象：此时系统会在选择的对象中自动判断

边界。

选定剪切边　　　使用栏选选定的要　　结果
　　　　　　　　修剪的对象

图3-66　栏选修剪对象

使用窗交选择选定的　　选定要修剪的对象　　结果
边

图3-67　窗交选择修剪对象

3.5.2　实例——灯具

绘制如图 3-68 所示的灯具。

图3-68　灯具

实讲实训
多媒体演示

多媒体演示参
见配套光盘中的\\动
画演示\第3章\灯
具.avi。

01 单击"绘图"工具栏中的"矩形"按钮口，绘制轮廓线。单击"修改"工具栏中的"镜像"按钮，使轮廓线左右对称，如图3-69所示。

02 单击"绘图"工具栏中的"圆弧"按钮和单击"修改"工具栏中的"偏移"按钮，绘制两条圆弧，端点分别捕捉到矩形的角点上，绘制的下面的圆弧中间一点捕捉到中间矩形上边的中点上，如图 3-70 所示。

03 单击"绘图"工具栏中的"直线"按钮、"圆弧"按钮，绘制灯柱上的结合点，如图 3-71 所示的轮廓线。

04 单击"修改"工具栏中的"修剪"按钮，修剪多余图线。命令行中的提示与操作如下：

命令：_trim↙

当前设置:投影=UCS，边=延伸

选择修剪边...

选择对象或〈全部选择〉：（选择修剪边界对象）↙

选择对象：（选择修剪边界对象）↙

选择对象：↙

选择要修剪的对象，或按住Shift键选择要延伸的对象，或 [投影(P)/边(E)/放弃(U)]：（选择修剪对象）↙

图3-69　绘制轮廓线

图3-70　绘制圆弧

修剪结果如图 3-72 所示。

图3-71　绘制灯柱上的结合点

图3-72　修剪图形

05 单击"绘图"工具栏中的"样条曲线"按钮～和单击"修改"工具栏中的"镜像"按钮⚏，绘制灯罩轮廓线，如图 3-73 所示。

06 单击"绘图"工具栏中的"直线"按钮╱，补齐灯罩轮廓线，直线端点捕捉对应样条曲线端点，如图 3-74 所示。

07 单击"绘图"工具栏中的"圆弧"按钮╱，绘制灯罩顶端的突起，如图 3-74 所示。

08 单击"绘图"工具栏中的"样条曲线"按钮～，绘制灯罩上的装饰线，最终结果如图 3-75 所示。

3.5.3　延伸命令

延伸对象是指延伸对象直至到另一个对象的边界线，如图 3-76 所示。

【执行方式】

命令行：EXTEND

菜单：修改→延伸

工具条：修改→延伸

图3-73　绘制灯罩轮廓线

图3-74　补齐灯罩轮廓线

图3-75　绘制灯罩顶端的突起

选择边界

选择要延伸的对象

执行结果

图3-76　延伸对象

【操作步骤】

命令：EXTEND↙

当前设置:投影=UCS，边=无

选择边界的边...

选择对象或〈全部选择〉:（选择边界对象）

此时可以选择对象来定义边界。若直接回车，则选择所有对象作为可能的边界对象。

系统规定可以用作边界对象的对象有：直线段、射线、双向无限长线、圆弧、圆、椭圆、二维和三维多义线、样条曲线、文本、浮动的视口、区域。如果选择二维多义线作边界对象，系统会忽略其宽度而把对象延伸至多义线的中心线。

选择边界对象后，系统继续提示：

选择要延伸的对象，或按住 Shift 键选择要修剪的对象，或[栏选(F)/窗交(C)/投影(P)/边(E)/放弃(U)]:

【选项说明】

如果要延伸的对象是适配样条多义线，则延伸后会在多义线的控制框上增加新节点。如果要延伸的对象是锥形的多义线，系统会修正延伸端的宽度，使多义线从起始端平滑地延伸至新终止端。如果延伸操作导致终止端宽度可能为负值，则取宽度值为0，如图3-77所示。

选择边界对象　　选择要延伸的多义线　　延伸后的结果

图3-77　延伸对象

选择对象时，如果按住 Shift 键，系统就自动将"延伸"命令转换成"修剪"命令。

3.5.4　实例——窗户

绘制如图 3-78 所示的窗户。

图3-78　窗户

01 单击"绘图"工具栏中的"矩形"按钮□，绘制角点坐标分别为（100，100），（300，500）的矩形作为窗户外轮廓线，绘制结果如图 3-79 所示。

02 单击"绘图"工具栏中的"直线"按钮✐，绘制坐标为（200，100），（200，200）的直线分割矩形，绘制完成如图 3-80 所示。

图3-79　绘制矩形　　　图3-80　绘制窗户分割线

03 单击"修改"工具栏中的"延伸"按钮，将直线延伸至矩形最上面的边窗户。命令行中的提示与操作如下：

命令：_extend↙
当前设置:投影=UCS，边=无
选择边界的边...
选择对象或 〈全部选择〉：（拾取矩形的最上边）
选择要延伸的对象，或按住 Shift 键选择要修剪的对象，或[栏选(F)/窗交(C)/投影(P)/边(E)/放弃(U)]：（拾取直线）
绘制完成如图 3-78 所示。

3.5.5 拉伸命令

拉伸对象是指拖拉选择的对象，且对象的形状发生改变。拉伸对象时应指定拉伸的基点和移置点。利用一些辅助工具如捕捉、钳夹功能及相对坐标等可以提高拉伸的精度。

【执行方式】

命令行：STRETCH

菜单：修改→拉伸

工具栏：修改→拉伸

【操作步骤】

命令：STRETCH↙

以交叉窗口或交叉多边形选择要拉伸的对象...

选择对象：C↙

指定第一个角点：指定对角点：找到两个（采用交叉窗口的方式选择要拉伸的对象）

指定基点或 [位移(D)] 〈位移〉：（指定拉伸的基点）

指定第二个点或 〈使用第一个点作为位移〉：（指定拉伸的移至点）

此时，若指定第二个点，系统将根据这两点决定的矢量拉伸对象。若直接回车，系统会把第一个点作为 X 和 Y 轴的分量值。

STRETCH 移动完全包含在交叉窗口内的顶点和端点。部分包含在交叉选择窗口内的对象将被拉伸。

3.5.6 实例——门把手

绘制如图 3-81 所示的门把手。

图3-81 门把手

> **实讲实训**
> **多媒体演示**
>
> 多媒体演示参见配套光盘中的\\动画演示\第3章\门把手.avi。

01 设置图层。单击"图层"工具栏中的"图层特性管理器"按钮 ，打开"图层特性管理器"对话框，新建两个图层：

❶第一图层命名为"轮廓线"，线宽属性为 0.3mm，其余属性默认。

❷第二图层命名为"中心线"，颜色设为红色，线型加载为 center，其余属性默认。

02 将"中心线"图层置为当前图层。单击"绘图"工具栏中的"直线"按钮 ，绘制坐标分别为（150,150），（@120,0）的直线，结果如图 3-82 所示。

03 将"轮廓线"图层置为当前图层。单击"绘图"工具栏中的"圆"按钮 ，绘制圆心坐标为（160,150），半径为 10 的圆。重复"圆"命令，绘制圆心为（235,150），半径为 15 的圆。再绘制半径为 50 的圆与前两个圆相切，结果如图 3-83 所示。

04 单击"绘图"工具栏中的"直线"按钮 ，绘制坐标为（250,150），（@10<90），

（@15<180）的两条直线。 重复"直线"命令，绘制坐标为（235,165），（235,150）的直线，结果如图 3-84 所示。

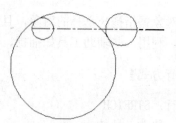

图3-82　绘制直线　　　　　　　　　　　　　　　　　图3-83　绘制圆

05 单击"修改"工具栏中的"修剪"按钮，进行修剪处理，结果如图 3-85 所示。

图3-84　绘制直线　　　　　　　　　　　　　　　　　图3-85　修剪处理

06 绘制圆。单击"绘图"工具栏中的"圆"按钮，绘制半径为 12 与圆弧 1 和圆弧 2 相切的圆，结果如图 3-86 所示。

07 修剪处理。单击"修改"工具栏中的"修剪"按钮，将多余的圆弧进行修剪，结果如图 3-87 所示。

图3-86　绘制圆　　　　　　　　　　　　　　　　　图3-87　修剪处理

08 单击"修改"工具栏中的"镜像"按钮，以两点坐标分别为（150,150），（250,150）的直线为镜像线，对图形进行镜像处理，结果如图 3-88 所示。

图3-88　镜像处理

09 单击"修改"工具栏中的"修剪"按钮，进行修剪处理，结果如图 3-89 所示。

10 将"中心线"图层置为当前图层。单击"绘图"工具栏中的"直线"按钮，在把手接头处中间位置绘制适当长度的竖直线段，作为销孔定位中心线，如图 3-90 所示。

11 将"轮廓线"图层置为当前图层。单击"绘图"工具栏中的"圆"按钮，以中心线交点为圆心绘制适当半径的圆，作为销孔，如图 3-91 所示。

12 单击"修改"工具栏中的"拉伸"按钮，拉伸接头长度，结果如图 3-92 所示。

图3-89　把手初步图形　　　　　　　　图3-90　销孔中心线

图3-91　销孔　　　　　　　　　　图3-92　指定拉伸对象

3.5.7　拉长命令

【执行方式】

命令行：LENGTHEN

菜单：修改→拉长

【操作步骤】

命令：LENGTHEN↙

选择对象或［增量(DE)/百分数(P)/全部(T)/动态(DY)］：（选定对象）

当前长度：30.5001（给出选定对象的长度，如果选择圆弧则还将给出圆弧的包含角）

选择对象或［增量(DE)/百分数(P)/全部(T)/动态(DY)］：DE↙（选择拉长或缩短的方式。如选择"增量（DE）"方式）

输入长度增量或［角度(A)］<0.0000>：10↙（输入长度增量数值。如果选择圆弧段，则可输入选项"A"给定角度增量）

选择要修改的对象或［放弃(U)］：（选定要修改的对象，进行拉长操作）

选择要修改的对象或［放弃(U)］：（继续选择，回车结束命令）

【选项说明】

（1）增量(DE)：用指定增加量的方法改变对象的长度或角度。

（2）百分数(P)：用指定占总长度的百分比的方法改变圆弧或直线段的长度。

（3）全部(T)：用指定新的总长度或总角度值的方法来改变对象的长度或角度。

（4）动态(DY)：打开动态拖拉模式。在这种模式下，可以使用拖拉鼠标的方法来动态地改变对象的长度或角度。

3.5.8　实例——挂钟

绘制如图3-93所示的图形。

01 单击"绘图"工具栏中的"圆"按钮⊘，绘制一个圆心坐标为（100，100）半径为20的圆作为挂钟的外轮廓线，绘制结果如图3-94所示。

图3-93　挂钟图形

02 单击"绘图"工具栏中的"直线"按钮 ，绘制坐标点为
{（100，100）（100，117.25）}{（100，100）（82.75，100）}{（100，
100）（105，94）}的3条直线作为挂钟的指针，绘制结果如图3-95所示。

图3-94　绘制圆形　　　　　图3-95　绘制指针

03 选择菜单栏中的"修改"→"拉长"命令，将秒针拉长至圆的边。命令行中的提
示与操作如下：

命令：LENGTHEN↙
选择对象或［增量(DE)/百分数(P)/全部(T)/动态(DY)］：(选择直线)
当前长度：20.0000
选择对象或［增量(DE)/百分数(P)/全部(T)/动态(DY)］：de↙
输入长度增量或［角度(A)］<2.7500>：2.75↙
绘制挂钟完成，如图3-93所示。

3.5.9　圆角命令

圆角是指用指定的半径决定的一段平滑的圆弧连接两个对象。系统规定可以圆滑连接一
对直线段、非圆弧的多义线段、样条曲线、双向无限长线、射线、圆、圆弧和真椭圆。可以
在任何时刻圆滑连接多义线的每个节点。

 【执行方式】

命令行：FILLET
菜单：修改→圆角
工具栏：修改→圆角

 【操作步骤】

命令：FILLET↙
当前设置：模式 = 修剪，半径 = 0.0000
选择第一个对象或［放弃(U)/多段线(P)/半径(R)/修剪(T)/多个(M)］：(选择第一个对象或别的选

项）

选择第二个对象，或按住 Shift 键选择对象以应用角点或 [半径(R)]:（选择第二个对象）

【选项说明】

（1）多段线(P)：在一条二维多段线的两段直线段的节点处插入圆滑的弧。选择多段线后系统会根据指定的圆弧的半径把多段线各顶点用圆滑的弧连接起来。

（2）修剪(T)：决定在圆滑连接两条边时，是否修剪这两条边，如图 3-96 所示：

修剪方式　　　　　　　　不修剪方式

图3-96　圆角连接

（3）多个(M)：同时对多个对象进行圆角编辑。而不必重新起用命令。

按住 Shift 键并选择两条直线，可以快速创建零距离倒角或零半径圆角。

3.5.10　实例——小便池

绘制如图 3-97 所示的小便池图形。

图3-97　小便池

实讲实训
多媒体演示

多媒体演示参见配套光盘中的\\动画演示\第3章\小便池.avi。

01 单击"绘图"工具栏中的"矩形"按钮▭，绘制两角点坐标分别为{（0，0）（400，1000）}的矩形。重复"矩形"命令，绘制角点坐标分别为{（0，150），（45，1000）}{（45，150），（355，950）}{（355，150），（400，1000）}的另3个矩形，绘制结果如图3-98所示。

02 单击"绘图"工具栏中的"圆角"按钮▱，圆角半径设为40，将中间的矩形进行圆角处理。命令行中的提示与操作如下：

命令：_fillet↙

当前设置：模式 = 修剪，半径 =0.0000

选择第一个对象或 [放弃(U)/多段线(P)/半径(R)/修剪(T)/多个(M)]：r↙

指定圆角半径：40↙

选择第一个对象或 [放弃(U)/多段线(P)/半径(R)/修剪(T)/多个(M)]：p↙

选择二维多段线：（选择如图3-98所示的矩形）

4条直线已被圆角

03 单击"绘图"工具栏中的"直线"按钮，绘制两点坐标分别为（45，150），（355，150）的直线，绘制结果如图 3-99 所示。

04 单击"绘图"工具栏中的"直线"按钮，绘制水龙头，命令行中的提示与操作如下：

命令：_line 指定第一点：187.5,1000↙

指定下一点或 [放弃(U)]：189.5,1010↙

指定下一点或 [放弃(U)]：210.5,1010↙

指定下一点或 [闭合(C)/放弃(U)]：212.5,1000↙

指定下一点或 [闭合(C)/放弃(U)]：↙

单击"绘图"工具栏中的"矩形"按钮，绘制矩形，命令行中的提示与操作如下：

命令：_rectang↙

指定第一个角点或 [倒角(C)/标高(E)/圆角(F)/厚度(T)/宽度(W)]：192.5,1010↙

指定另一个角点或 [面积(A)/尺寸(D)/旋转(R)]：207.5,1110↙

重复"矩形"命令，绘制角点坐标分别为{（172.5,1160），（227.5,1170）}，{（190,1170），（210,1180）}的另两个矩形。

05 单击"绘图"工具栏中的"多段线"按钮，绘制多段线，命令行中的提示与操作如下：

命令：_pline↙

指定起点：177.5,1160↙

当前线宽为 0.0000

指定下一个点或 [圆弧(A)/半宽(H)/长度(L)/放弃(U)/宽度(W)]：177.5,1131↙

指定下一点或 [圆弧(A)/闭合(C)/半宽(H)/长度(L)/放弃(U)/宽度(W)]：a↙

指定圆弧的端点或[角度(A)/圆心(CE)/闭合(CL)/方向(D)/半宽(H)/直线(L)/半径(R)/第二个点(S)/放弃(U)/宽度(W)]：@45,0↙

指定圆弧的端点或[角度(A)/圆心(CE)/闭合(CL)/方向(D)/半宽(H)/直线(L)/半径(R)/第二个点(S)/放弃(U)/宽度(W)]：l↙

指定下一点或 [圆弧(A)/闭合(C)/半宽(H)/长度(L)/放弃(U)/宽度(W)]：222.5,1160↙

指定下一点或 [圆弧(A)/闭合(C)/半宽(H)/长度(L)/放弃(U)/宽度(W)]：↙

06 单击"绘图"工具栏中的"圆"按钮，绘制圆，命令行中的提示与操作如下：

命令：CIRCLE↙

指定圆的圆心或 [三点(3P)/两点(2P)相切、相切、半径(T)]：200,1120↙

指定圆的半径或 [直径(D)]<0.0000>：10↙

绘制结果如图 3-100 所示。

图3-98 绘制矩形

图3-99 圆角处理

图3-100 小便池

3.5.11 倒角命令

斜角是指用斜线连接两个不平行的线型对象。可以用斜线连接直线段、双向无限长线、射线和多义线。系统采用两种方法确定连接两个线型对象的斜线：

1. 指定斜线距离

斜线距离是指从被连接的对象与斜线的交点到被连接的两对象的可能的交点之间的距离，如图 3-101 所示。

图3-101 斜线距离

图3-102 斜线距离与夹角

2. 指定斜线角度和一个斜距离连接选择的对象

采用这种方法斜线连接对象时，需要输入两个参数：斜线与一个对象的斜线距离和斜线与该对象的夹角，如图 3-102 所示。

【执行方式】

命令行：CHAMFER
菜单：修改→倒角
工具栏：修改→倒角▱

【操作步骤】

命令：CHAMFER✓
（"不修剪"模式）当前倒角距离 1 = 0.0000，距离 2 = 0.0000

选择第一条直线或［放弃(U)/多段线(P)/距离(D)/角度(A)/修剪(T)/方式(E)/多个(M)］：(选择第一条直线或别的选项)

选择第二条直线，或按住 Shift 键选择直线以应用角点或［距离(D)/角度(A)/方法(M)］：(选择第二条直线)

【选项说明】

（1）多段线（P）：对多段线的各个交叉点倒斜角。为了得到最好的连接效果，一般设置斜线是相等的值。系统根据指定的斜线距离把多义线的每个交叉点都作斜线连接，连接的斜线成为多段线新添加的构成部分，如图 3-103 所示。

选择多段线　　　　　　　　　　　　　倒斜角结果

图3-103　斜线连接多段线

（2）距离(D)：选择倒角的两个斜线距离。这两个斜线距离可以相同或不相同，若二者均为 0，则系统不绘制连接的斜线，而是把两个对象延伸至相交并修剪超出的部分。

（3）角度(A)：选择第一条直线的斜线距离和第一条直线的倒角角度。

（4）修剪(T)：与圆角连接命令 FILLET 相同，该选项决定连接对象后是否剪切原对象。

（5）方式(E)：决定采用"距离"方式还是"角度"方式来倒斜角。

（6）多个(M)：同时对多个对象进行倒斜角编辑。

3.5.12　实例——洗手盆

绘制如图 3-104 所示的图形。

图3-104　洗手盆

> **实讲实训**
> **多媒体演示**
>
> 多媒体演示参见配套光盘中的\\动画演示\第3章\洗手盆.avi。

01 单击"绘图"工具栏中的"直线"按钮，绘制出初步轮廓，大约尺寸如图 3-105 所示。

02 单击"绘图"工具栏中的"圆"按钮，绘制以图 3-105 中长 240 宽 80 的矩形大约左中位置处为圆心，35 为半径的圆。单击"修改"工具栏中的"复制"按钮，复制绘制的圆。

单击"绘图"工具栏中的"圆"按钮 ，绘制以在图 3-105 中长 139 宽 40 的矩形大约正中位置为圆心，25 为半径的圆作为出水口。

03 单击"修改"工具栏中的"修剪"按钮 ，将绘制的出水口圆修剪成如图 3-106 所示。

04 单击"修改"工具栏中的"倒角"按钮 ，绘制水盆 4 角。命令行中的提示与操作如下：

命令:CHAMFER↙

（"修剪"模式）当前倒角距离 1 = 0.0000，距离 2 = 0.0000

选择第一条直线或 [放弃(U)/多段线(P)/距离(D)/角度(A)/修剪(T)/方式(E)/多个(M)]:D↙

指定第一个倒角距离 <0.0000>: 50↙

指定第二个倒角距离 <50.0000>: 30↙

选择第一条直线或 [多段线(P)/距离(D)/角度(A)/修剪(T)/方式(M)/多个(U)]:U↙

选择第一条直线或 [放弃(U)/多段线(P)/距离(D)/角度(A)/修剪(T)/方式(E)/多个(M)]:（选择右上角横线段）

选择第二条直线，或按住 Shift 键选择要应用角点的直线:（选择右上角竖线段）

选择第一条直线或 [放弃(U)/多段线(P)/距离(D)/角度(A)/修剪(T)/方式(E)/多个(M)]:（选择左上角横线段）

选择第二条直线，或按住 Shift 键选择要应用角点的直线:（选择右上角竖线段）

命令: CHAMFER↙

（"修剪"模式）当前倒角距离 1 = 50.0000，距离 2 = 30.0000

选择第一条直线或 [放弃(U)/多段线(P)/距离(D)/角度(A)/修剪(T)/方式(E)/多个(M)]:A↙

指定第一条直线的倒角长度 <20.0000>: ↙

指定第一条直线的倒角角度 <0>: 45↙

选择第一条直线或 [放弃(U)/多段线(P)/距离(D)/角度(A)/修剪(T)/方式(E)/多个(M)]:U↙

选择第一条直线或 [放弃(U)/多段线(P)/距离(D)/角度(A)/修剪(T)/方式(E)/多个(M)]: （选择左下角横线段）

选择第二条直线，或按住 Shift 键选择要应用角点的直线:（选择左下角竖线段）

选择第一条直线或 [放弃(U)/多段线(P)/距离(D)/角度(A)/修剪(T)/方式(E)/多个(M)]: （选择右下角横线段）

选择第二条直线，或按住 Shift 键选择要应用角点的直线:（选择右下角竖线段）

水盆绘制完成结果如图 3-104 所示。

图3-105　初步轮廓图

图3-106　绘制水笼头和出水口

3.5.13 打断命令

【执行方式】

命令行：BREAK

菜单：修改→打断

工具栏：修改→打断⌐

【操作步骤】

命令：BREAK✓

选择对象：（选择要打断的对象）

指定第二个打断点或［第一点(F)］：（指定第二个断开点或键入F）

【选项说明】

如果选择"第一点(F)"，系统将丢弃前面的第一个选择点，重新提示用户指定两个断开点。

3.5.14 实例——吸顶灯

绘制如图 3-107 所示的吸顶灯。

图3-107 吸顶灯图形

实讲实训
多媒体演示

多媒体演示参见配套光盘中的\\动画演示\第3章\吸顶灯.avi。

01 单击"图层"工具栏中的"图层特性管理器"按钮⬜，新建两个图层。

❶ "1"图层，颜色为蓝色，其余属性默认。

❷ "2"图层，颜色为黑色，其余属性默认。

02 将"1"图层设置为当前层，单击"绘图"工具栏中的"直线"按钮✐，绘制坐标点为｛（50，100）（100，100）｝｛（75，75）（75，125）｝的两条相交的直线，如图 3-108 所示。

03 将"2"图层设置为当前层，单击"绘图"工具栏中的"圆"按钮⊙，绘制以（75，100）为圆心，半径分别为 15，10 的两个同心圆，如图 3-109 所示。

04 单击"修改"工具栏中的"打断于点"按钮⌐，将超出圆外的直线修剪掉。命令行中的提示与操作如下：

命令：_break ✓

选择对象：（选择竖直直线）

指定第二个打断点 或［第一点(F)］:F✓

指定第一个打断点：（选择竖直直线的上端点）

指定第二个打断点：（选择竖直直线与大圆上面的相交点）

重复"打断于点"命令，将其他 3 段超出圆外的直线修剪掉，结果如图 3-107 所示。

图3-108 绘制相交直线   图3-109 绘制同心圆

3.5.15 分解命令

【执行方式】

命令行：EXPLODE

菜单：修改→分解

工具栏：修改→分解 🗇

【操作步骤】

命令：EXPLODE↙

选择对象：（选择要分解的对象）

选择一个对象后，该对象会被分解。系统继续提示该行信息，允许分解多个对象。

 注意

分解命令是将一个合成图形分解成为其部件的工具。比如，一个矩形被分解之后会变成4条直线，而一个有宽度的直线分解之后会失去其宽度属性。

3.5.16 实例——西式沙发

本实例将讲解如图 3-110 所示常见的西式沙发的绘制方法与技巧。首先绘制大体轮廓，然后绘制扶手靠背，然后进行细节处理

01 单击"绘图"工具栏中的"矩形"按钮 ▢，绘制一个长 100mm、宽 40mm 的矩形，如图 3-111 所示。

02 单击"绘图"工具栏中的"圆"按钮 ⊘，在矩形上侧的两个角处，绘制直径为 8 的圆，单击"修改"工具栏中的"复制"按钮 ⅋，并以矩形角点为参考点，复制到另外一个角点处，如图 3-112 所示。

图3-110 西式沙发

03 选择菜单栏中的"绘图"→"多线"命令,即多线功能,绘制沙发的靠背。选择菜单栏中的"格式"→"多线样式"命令,打开"多线样式"对话框,如图 3-113 所示。单击"新建"按钮,打开创建新的多线样式对话框,如图 3-114 所示。并命名为"mline1"。

图3-111 绘制矩形

图3-112 绘制圆

图3-113 多线样式编辑器

图3-114 设置多线样式

单击确定,关闭所有对话框。

04 选择菜单栏中的"绘图"→"多线"命令,输入 st,选择多线样式为"mline1",然后输入 j,设置对中方式为无,将比例设置为 1,以图 3-112 中的圆心为起点,沿矩形边界绘制多线,命令行中的提示与操作如下:

命令: mline✓

当前设置: 对正 = 上, 比例 = 20.00, 样式 = STANDARD

指定起点或 [对正(J)/比例(S)/样式(ST)]: st✓ (设置当前多线样式)

输入多线样式名或 [?]: mline1✓ (选择样式mline1)

当前设置: 对正 = 上, 比例 = 20.00, 样式 = MLINE1

指定起点或 [对正(J)/比例(S)/样式(ST)]: j✓ (设置对正方式)

输入对正类型 [上(T)/无(Z)/下(B)] <上>: z✓ (设置对正方式为无)

当前设置: 对正 = 无, 比例 = 20.00, 样式 = MLINE1

指定起点或 [对正(J)/比例(S)/样式(ST)]: s↙

输入多线比例〈20.00〉: 1↙（设定多线比例为1）

当前设置: 对正 = 无, 比例 = 1.00, 样式 = MLINE1

指定起点或 [对正(J)/比例(S)/样式(ST)]: （单击圆心）

指定下一点: （单击矩形角点）

指定下一点或 [放弃(U)]:

指定下一点或 [闭合(C)/放弃(U)]: （单击另外一侧圆心）

指定下一点或 [闭合(C)/放弃(U)]: ↙

05 绘制完成后，如图 3-115 所示。选择刚刚绘制的多线和矩形，单击"修改"工具栏中的"分解"按钮，将多线分解。

06 将多线中间的矩形轮廓线删除，如图 3-116 所示。单击"修改"工具栏中的"移动"按钮，以直线的左端点为基点，将其移动到圆的下端点，如图 3-117 所示。单击"修改"工具栏中的"修剪"按钮，将多余线剪切，移动剪切后如图 3-118 所示。

图3-115　绘制多线　　　　　　　　　图3-116　删除直线

图3-117　移动直线　　　　　　　　　图3-118　修剪多余线

07 单击"修改"工具栏中的"圆角"按钮，设置倒角的大小，绘制沙发扶手及靠背的转角。内侧圆角半径为 16，修改内侧圆角后如图 3-119 所示，外侧圆角半径为 24，修改后如图 3-120 所示。

图3-119　修改内侧圆角　　　　　　　　图3-120　修改外侧圆角

08 利用"中点捕捉"工具，单击"绘图"工具栏中的"直线"按钮，在沙发中心绘制一条垂直的直线，如图 3-121 所示。单击"绘图"工具栏中的"圆弧"按钮，在沙发扶手的拐角处绘制三条弧线，两边对称复制，如图 3-122 所示。

115

图3-121 绘制中线

图3-122 绘制沙发转角

09 在绘制转角处的纹路时，弧线上的点不易捕捉，这是需要利用 AutoCAD2014 的"延伸捕捉"功能。此时要确保绘图窗口下部状态栏上的"对象捕捉"功能处于激活状态，其状态可以用鼠标单击进行切换。单击"绘图"工具栏中的"圆弧"按钮 ，将鼠标停留在沙发转角弧线的起点，如图 3-123 所示。此时在起点会出现黄色的方块，沿弧线缓慢移动鼠标，可以看到一个小型的十字随鼠标移动，且十字中心与弧线起点有虚线相连，如图 3-124 所示。在移动到合适的位置后再单击鼠标即可以绘制。

图3-123 端点停留

图3-124 延伸功能

10 在沙发左侧空白处用直线命令绘制一"×"形图案，如图 3-125 所示，单击"修改"工具栏中的"矩形阵列"按钮 ，设置行、列数均为 3，然后将行间距设置为-10、列间距设置为 10。单击"选择对象"按钮，选择刚刚绘制的"×"图形，进行阵列复制，如图 3-126 所示。

单击"修改"工具栏中的"镜像"按钮 ，将左侧的花纹复制到右侧，如图 3-127 所示。

图3-125 绘制"×"

图3-126 阵列图形

图3-127 镜像花纹

在命令行中输入"WBLOCK"命令，绘制好沙发模块，将其保存成块，储存起来，以便绘图中调用。

3.5.17 合并

可以将直线、圆、椭圆弧和样条曲线等独立的线段合并为一个对象，如图 3-128 所示。

图3-128　合并对象

【执行方式】

命令行：JOIN

菜单："修改"→"合并"

工具栏："修改"→"合并" ⊣⊦

【操作步骤】

命令：JOIN✓

选择源对象或要一次合并的多个对象：（选择一个对象）

找到 1 个

选择要合并的对象：（选择另一个对象）

找到 1 个，总计 两个

选择要合并的对象：

两条直线已合并为 1 条直线

3.6　对象编辑

在对图形进行编辑时，还可以对图形对象本身的某些特性进行编辑，从而方便地进行图形绘制。

3.6.1　钳夹功能

利用钳夹功能可以快速方便地编辑对象。AutoCAD 在图形对象上定义了一些特殊点，称为夹持点，利用夹持点可以灵活地控制对象，如图 3-129 所示。

要使用钳夹功能编辑对象必须先打开钳夹功能，打开方法是：菜单：工具→选项→选择集。

在"选择集"选项卡的夹点选项组下面，打开"显示夹点"复选框。在该页面上还可以设置代表夹点的小方格的尺寸和颜色。

图3-129　夹持点

也可以通过 GRIPS 系统变量控制是否打开钳夹功能，1 代表打开，0 代表关闭。

打开了钳夹功能后，应该在编辑对象之前先选择对象。夹点表示了对象的控制位置。

使用夹点编辑对象，要选择一个夹点作为基点，称为基准夹点。然后，选择一种编辑操作：删除、移动、复制选择、旋转和缩放。可以用空格键、回车键或键盘上的快捷键循环选择这些功能。

下面仅就其中的拉伸对象操作为例进行讲述，其他操作类似。

在图形上拾取一个夹点，该夹点改变颜色，此点为夹点编辑的基准点。这时系统提示：

** 拉伸 **

指定拉伸点或 ［基点(B)/复制(C)/放弃(U)/退出(X)］：

在上述拉伸编辑提示下，输入"缩放"命令或右击，选择快捷菜单中的"缩放"命令，系统就会转换为"缩放"操作，其他操作类似。

3.6.2　特性选项板

 【执行方式】

命令行：DDMODIFY 或 PROPERTIES

菜单：修改→特性

工具栏：标准→特性📖

 【操作步骤】

命令：DDMODIFY✓

AutoCAD 打开特性工具板，如图 3-130 所示。利用它可以方便地设置或修改对象的各种属性。

不同的对象属性种类和值不同，修改属性值，对象改变为新的属性。

图3-130　特性工具板

3.7 综合实例——单人床

在住宅建筑的室内设计图中，床是必不可少的内容，床分单人床和双人床。一般的住宅建筑中，卧室的位置以及床的摆放均需要进行精心的设计，以方便房主居住生活，同时要考虑舒适、采光、美观等因素。

绘制单人床图形如图3-131所示。

实讲实训
多媒体演示

多媒体演示参见配套光盘中的\\动画演示\第3章\单人床.avi。

图3-131　单人床图形

01 绘制被子轮廓。

❶单击"绘图"工具栏中的"矩形"按钮□，绘制长为300，宽为150的矩形，如图3-132所示。

❷绘制完床的轮廓后，单击"绘图"工具栏中的"直线"按钮✏，在床左侧绘制一条垂直的直线，如图3-133作为床头的平面图。

图3-132　床轮廓　　　　　　　　　　图3-133　绘制床头

❸单击"绘图"工具栏中的"矩形"按钮□，绘制一个长为200，宽140的矩形，单击"修改"工具栏中的"移动"按钮✛，移动到床的右侧，注意两边的间距要尽量相等，右侧距床轮廓的边缘稍稍近一些，如图3-134所示。此矩形即为被子的轮廓。

图3-134　绘制被子轮廓

❹单击"绘图"工具栏中的"矩形"按钮▢，在被子左顶端绘制一水平方向为 30，垂直方向为 140 的矩形，如图 3-135 所示。单击"修改"工具栏中的"圆角"按钮▢，修改矩形的角部，如图 3-136 所示。

图3-135　绘制矩形

图3-136　修改倒角

02 单击"绘图"工具栏中的"直线"按钮／，绘制一条水平直线，单击"修改"工具栏中的"旋转"按钮○，选择线段一段为旋转基点，在角度提示行后面输入 45，回车，旋转直线，在被子轮廓的左上角完成 45°斜线的绘制，如图 3-137 所示，单击"修改"工具栏中的"移动"按钮✛，将其移动到适当的位置，单击"修改"工具栏中的"修剪"按钮／，将多余线段删除，得到图 3-138 所示模式。删除直线左上侧的多余部分，如图 3-139 所示。

03 单击"绘图"工具栏中的"样条曲线"按钮〜，以刚刚绘制的 45°斜线的端点为起点，如图 3-140 所示，依次单击点 A，B，C，按回车键确认，然后单击 D 点，设置起点的切线方向，再单击 E 点，设置端点的切线方向，绘制完成后如图 3-140 所示。

图3-137　绘制45度直线

图3-138　移动并删除直线

图3-139　删除多余线段

图3-140　绘制样条曲线1

04 单击"绘图"工具栏中的"样条曲线"按钮〜，另外一侧的样条曲线如图 3-141 所示。依次单击点 A，B，C，然后回车，以 D 点为起点切线方向，E 点为终点切线方向。

重复"样条曲线"命令，绘制样条曲线 1。

此为被子的掀开角，绘制完成后单击"修改"工具栏中的"删除"按钮✍，删除角内的多余直线，如图 3-142 所示。

05 单击"绘图"工具栏中的"样条曲线"按钮〜，绘制枕头和垫子的图形，如图 3-131 所示，绘制完成后在命令行中输入"WBLOCK"命令，保存为单人床模块。

图3-141 绘制样条曲线2

图3-142 绘制掀起角

第4章

文本、表格与尺寸标注

文字注释是图形中很重要的一部分内容，进行各种设计时，通常不仅要绘出图形，还要在图形中标注一些文字，如注释说明等，对图形对象加以解释。AutoCAD 提供了多种写入文字的方法，本章将介绍文本的注释和编辑功能。图表在 AutoCAD 图形中也有大量的应用，如参数表和标题栏等。AutoCAD 的图表功能使绘制图表变得方便快捷。尺寸标注是绘图设计过程当中相当重要的一个环节。AutoCAD 2014 提供了方便、准确的标注尺寸功能。

- ◉ 文本标注

- ◉ 尺寸标注

- ◉ 表格

4.1 文本标注

在制图过程中文字传递了很多设计信息，它可能是一个很长很复杂的说明，也可能是一个简短的文字信息。当需要标注的文本不太长时，可以利用 TEXT 命令创建单行文本。当需要标注很长、很复杂的文字信息时，可以用 MTEXT 命令创建多行文本。

4.1.1 设置文本样式

【执行方式】

命令行：STYLE 或 DDSTYLE
菜单：格式→文字样式
工具栏：文字→文字样式

【操作格式】

执行上述命令，系统打开"文字样式"对话框，如图 4-1 所示。

利用该对话框可以新建文字样式或修改当前文字样式。图 4-2～图 4-4 为各种文字样式。

图4-1 "文字样式"对话框　　图4-2 不同宽度比例、倾斜角度、不同高度字体

ABCDEFGHIJKLMN

ⱯBCDEꟻGHIJKⱵMИ

图4-3 文字倒置标注与反向标注　　图4-4 水平标注与垂直标注文字

4.1.2 单行文本标注

【执行方式】

命令行：TEXT 或 DTEXT

菜单：绘图→文字→单行文字

工具栏：文字→单行文字**A**

【操作格式】

命令：TEXT✓

当前文字样式：Standard 当前文字高度：0.2000 注释性：否 对正：左

指定文字的起点或［对正(J)/样式(S)］：

【选项说明】

（1）指定文字的起点：在此提示下直接在作图屏幕上点取一点作为文本的起始点，AutoCAD 提示：

指定高度〈0.2000〉：（确定字符的高度）

指定文字的旋转角度〈0〉：（确定文本行的倾斜角度）

输入文字：（输入文本）

输入文字：（输入文本或回车）

（2）对正(J)：在上面的提示下键入 J，用来确定文本的对齐方式，对齐方式决定文本的哪一部分与所选的插入点对齐。执行此选项，AutoCAD 提示：

输入选项［左(L)/居中(C)/右(R)/对齐(A)/中间(M)/布满(F)/左上(TL)/中上(TC)/右上(TR)/左中(ML)/正中(MC)/右中(MR)/左下(BL)/中下(BC)/右下(BR)］：

在此提示下选择一个选项作为文本的对齐方式。当文本串水平排列时，AutoCAD 为标注文本串定义了图 4-5 所示的顶线、中线、基线和底线，各种对齐方式如图 4-6 所示，图中大写字母对应上述提示中各命令。下面以"对齐"为例进行简要说明。

图4-5 文本行的底线、基线、中线和顶线

图4-6 文本的对齐方式

实际绘图时，有时需要标注一些特殊字符，例如直径符号、上划线或下划线、温度符号等，由于这些符号不能直接从键盘上输入，AutoCAD 提供了一些控制码，用来实现这些要求。控制码用两个百分号（％％）加一个字符构成，常用的控制码见表 4-1。

表4-1 AutoCAD常用控制码

符号	功能	符号	功能
％％O	上划线	\u+0278	电相位
％％U	下划线	\u+E101	流线
％％D	"度"符号	\u+2261	标识
％％P	正负符号	\u+E102	界碑线
％％C	直径符号	\u+2260	不相等
％％％	百分号%	\u+2126	欧姆

（续）

\u+2248	几乎相等	\u+03A9	欧米加
\u+2220	角度	\u+214A	低界线
\u+E100	边界线	\u+2082	下标2
\u+2104	中心线	\u+00B2	平方
\u+0394	差值		

4.1.3　多行文本标注

【执行方式】

命令行：MTEXT
菜单：绘图→文字→多行文字
工具栏：绘图→多行文字 **A** 或文字→多行文字 **A**

【操作格式】

命令:MTEXT✓
当前文字样式:"Standard"　当前文字高度:1.9122　注释性:　否
指定第一角点:（指定矩形框的第一个角点）
指定对角点或［高度(H)/对正(J)/行距(L)/旋转®/样式(S)/宽度(W)/栏(C)］:

【选项说明】

（1）指定对角点：指定对角点后，系统打开图 4-7 所示的多行文字编辑器，可利用此对话框与编辑器输入多行文本并对其格式进行设置。该对话框与 Word 软件界面类似，不再赘述。

图4-7　"文字格式"对话框和多行文字编辑器

（2）其他选项：

1）对正(J)：确定所标注文本的对齐方式。

2）行距(L)：确定多行文本的行间距，这里所说的行间距是指相邻两文本行的基线之间的垂直距离。

3）旋转(R)：确定文本行的倾斜角度。

4）样式(S)：确定当前的文本样式。

5）宽度(W)：指定多行文本的宽度。

在多行文字绘制区域，单击鼠标右键，系统打开右键快捷菜单，如图4-8所示。该快捷菜单提供标准编辑选项和多行文字特有的选项。在多行文字编辑器中单击右键以显示快捷菜单。菜单顶层的选项是基本编辑选项：放弃、重做、剪切、复制和粘贴。后面的选项是多行文字编辑器特有的选项：

（1）插入字段：显示"字段"对话框，如图4-9所示。

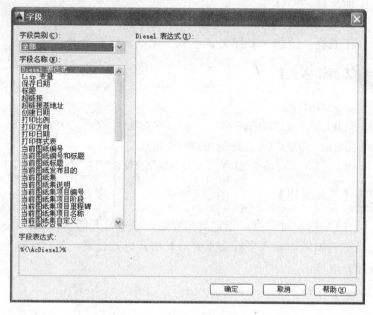

图4-8　右键快捷菜单　　　　　　　　　图4-9　"字段"对话框

（2）符号：显示可用符号的列表。也可以选择不间断空格，并打开其他符号的字符映射表。

（3）输入文字：显示"选择文件"对话框（标准文件选择对话框）。如图 4-10 所示选择任意 ASCII 或 RTF 格式的文件。输入的文字保留原始字符格式和样式特性，但可以在编辑器中编辑输入的文字并设置其格式。选择要输入的文本文件后，可以替换选定的文字或全部文字，或在文字边界内将插入的文字附加到选定的文字中。输入文字的文件必须小于 32KB。

编辑器自动将文字颜色设置为"BYLAYER"。当插入黑色字符且背景色是黑色时，编辑器自动将其修改为白色或当前颜色。

（4）段落对齐：设置多行文字对象的对齐方式。可以选择将文本左对齐、居中或右对齐。"左对齐"选项是默认设置。可以对正文字，或者将文字的第一个和最后一个字与多行文字框的边界对齐，或使多行文字框的边界内的每行文字居中。在一行的末尾输入的空格是文字的一部分，并会影响该行的对正。

图4-10 "选择文件"对话框

（5）段落：显示段落格式的选项。请参见"段落"对话框，如图 4-11 所示。

（6）项目符号和列表：显示用于编号列表的选项。

（7）分栏：显示栏的选项。请参见"栏"菜单。

（8）查找和替换：显示"查找和替换"对话框，如图 4-12 所示。在该对话框中可以进行替换操作，操作方式与 Word 编辑器中替换操作类似，不再赘述。

图4-11 "段落"对话框　　　　　图4-12 "查找和替换"对话框

（9）改变大小写：改变选定文字的大小写。可以选择"大写"和"小写"。

（10）自动大写：将所有新建文字和输入的文字转换为大写。自动大写不影响已有的文字。要更改现有文字的大小写，请选择文字并单击鼠标右键。单击"改变大小写"。

（11）字符集：显示代码页菜单。选择一个代码页并将其应用到选定的文字。

（12）合并段落：将选定的段落合并为一段并用空格替换每段的回车。

（13）删除格式：删除选定字符的字符格式，或删除选定段落的段落格式，或删除选定段落中的所有格式。

（14）背景遮罩：用设定的背景对标注的文字进行遮罩。单击该命令显示"背景遮罩"对话框，不适用于表格单元，如图 4-13 所示。

（15）编辑器设置：显示"文字格式"工具栏的选项列表。有关详细信息，请参见编辑器设置。

图4-13 "背景遮罩"对话框

4.1.4 多行文本编辑

【执行方式】

命令行：DDEDIT
菜单：修改→对象→文字→编辑
工具栏：文字→编辑

【操作步骤】

命令：DDEDIT✓

选择注释对象或［放弃(U)］:

要求选择想要修改的文本，同时光标变为拾取框。用拾取框点击对象，如果选取的文本是用 TEXT 命令创建的单行文本，可对其直接进行修改。如果选取的文本是用 MTEXT 命令创建的多行文本，选取后则打开多行文字编辑器（图 4-7），可根据前面的介绍对各项设置或内容进行修改。

4.1.5 实例——酒瓶

绘制如图 4-14 所示的酒瓶。

图4-14 酒瓶

实讲实训
多媒体演示

多媒体演示参见配套光盘中的\\动画演示\第4章\酒瓶.avi。

01 单击"图层"工具栏中的"图层"按钮，打开"图层管理器"对话框，新建三个图层：

❶ "1"图层，颜色为绿色，其余属性默认。
❷ "2"图层，颜色为黑色，其余属性默认。
❸ "3"图层，颜色为蓝色，其余属性默认。

02 选择菜单栏中的"视图"→"缩放"→"圆心"命令，将图形界面缩放至适当大小。

03 将"3"图层置为当前图层，单击"绘图"工具栏中的"多段线"按钮 。绘制多段线，命令行中的提示与操作如下：

命令：_pline↙

指定起点：40, 0↙

当前线宽为 0.0000

指定下一个点或 ［圆弧(A)/半宽(H)/长度(L)/放弃(U)/宽度(W)］：@-40, 0↙

指定下一点或 ［圆弧(A)/闭合(C)/半宽(H)/长度(L)/ 放弃(U)/宽度(W)］：@0, 119.8↙

指定下一点或 ［圆弧(A)/闭合(C)/半宽(H)/长度(L)/放弃(U)/宽度(W)］：a↙

指定圆弧的端点或［角度(A)/圆心(CE)/闭合(CL)/方向(D)/半宽(H)/直线(L)/半径(R)/第二个点(S)/放弃

(U)/宽度(W)］：22, 139.6↙

指定圆弧的端点或［角度(A)/圆心(CE)/闭合(CL)/方向(D)/半宽(H)/直线(L)/半径(R)/第二个点

(S)/放弃(U)/宽度(W)］：l↙

指定下一点或 ［圆弧(A)/闭合(C)/半宽(H)/长度(L)/放弃(U)/宽度(W)］：29, 190.7↙

指定下一点或 ［圆弧(A)/闭合(C)/半宽(H)/长度(L)/放弃(U)/宽度(W)］：29, 222.5↙

指定下一点或 ［圆弧(A)/闭合(C)/半宽(H)/长度(L)/放弃(U)/宽度(W)］：a↙

指定圆弧的端点或［角度(A)/圆心(CE)/闭合(CL)/方向(D)/半宽(H)/直线(L)/半径(R)/第二个点

(S)/放弃(U)/宽度(W)］：s↙

指定圆弧上的第二个点：40, 227.6↙

指定圆弧的端点：51.2, 223.3↙

指定圆弧的端点或［角度(A)/圆心(CE)/闭合(CL)/方向(D)/半宽(H)/直线(L)/半径(R)/第二个点

(S)/放弃(U)/宽度(W)］：

绘制结果如图 4-15 所示。

04 单击"修改"工具栏中的"镜像"按钮 ，镜像绘制的多段线，然后单击"修改"工具栏中的"修剪"按钮 ，修剪图形，结果如图 4-16 所示。

图4-15 绘制多段线

图4-16 镜像处理

05 将"2"图层置为当前图层，单击"绘图"工具栏中的"直线"按钮 ，绘制坐标点为｛(0, 94.5)(@80, 0)｝｛(0, 92.5)(80, 92.5)｝｛(0,48.6), (@80, 0)｝、｛(29, 190.7), (@22,0)｝｛(0,50.6), (@80, 0)｝的直线，绘制结果如图 4-17 所示。

06 单击"绘图"工具栏中的"椭圆" 按钮 ，绘制中心点为（40, 120），轴端点为(@25，0)，轴长度为(@0, 10)的椭圆。

07 单击"绘图"工具栏中的"圆弧"按钮 ，以三点方式绘制坐标为（22，139.6）（40，136）（58，139.6）的圆弧，绘制结果如图 4-18 所示。

08 单击"修改"工具栏中的"圆角"按钮 ，设置圆角半径为 10，将瓶底进行圆角处理。

09 将"1"图层置为当前图层，单击"绘图"工具栏中的"多行文字"按钮 **A**，设置文字高度分别为 10 和 13，输入文字。如图 4-19 所示。

图4-17　绘制直线　　　　　图4-18　绘制椭圆　　　　　图4-19　输入文字

4.2　尺寸标注

尺寸标注相关命令的菜单方式集中在"标注"菜单中，工具栏方式集中在"标注"工具栏中，如图 4-20 和图 4-21 所示。

4.2.1　设置尺寸样式

【执行方式】

命令行：DIMSTYLE
菜单：格式→标注样式或标注→样式
工具栏：标注→标注样式

【操作步骤】

执行上述命令，系统打开"标注样式管理器"对话框，如图 4-22 所示。利用此对话框可方便直观地定制和浏览尺寸标注样式，包括产生新的标注样式、修改已存在的样式、设置当前尺寸标注样式、样式重命名以及删除一个已有样式等。

【选项说明】

（1）"置为当前"按钮：点取此按钮，把在"样式"列表框选中样式设置为当前样式。

图4-20 "标注"菜单　图4-21 "标注"工具栏　　图4-22 "标注样式管理器"对话框

（2）"新建"按钮：定义一个新的尺寸标注样式。单击此按钮，系统打开"创建新标注样式"对话框，如图 4-23 所示，利用此对话框可创建一个新的尺寸标注样式，单击"继续"按钮，系统打开"新建标注样式"对话框，如图 4-24 所示，利用此对话框可对新样式的各项特性进行设置。该对话框中各部分的含义和功能将在后面介绍。

图4-23 "创建新标注样式"对话框　　　　图4-24 "线"选项卡

（3）"修改"按钮：修改一个已存在的尺寸标注样式。单击此按钮，系统打开"修改标注样式"对话框，该对话框中的各选项与"新建标注样式"对话框中完全相同，可以对已有标注样式进行修改。

（4）"替代"按钮：设置临时覆盖尺寸标注样式。单击此按钮，系统打开"替代当前样式"对话框，该对话框中各选项与"新建标注样式"对话框完全相同，用户可改变选项的设置覆盖原来的设置，但这种修改只对指定的尺寸标注起作用，而不影响当前尺寸变量的设置。

（5）"比较"按钮：比较两个尺寸标注样式在参数上的区别或浏览一个尺寸标注样式的

参数设置。单击此按钮，系统打开"比较标注样式"对话框，如图 4-25 所示。可以把比较结果复制到剪切板上，然后再粘贴到其他的 Windows 应用软件上。

（6）线：该选项卡对尺寸的尺寸线、尺寸界线的各个参数进行设置，如图 4-24 所示。包括尺寸线的颜色、线宽、超出标记、基线间距、隐藏等参数，尺寸界线的颜色、线宽、超出尺寸线、起点偏移量、隐藏等参数。

（7）符号和箭头：该选项卡对箭头、圆心标记以及弧长符号的各个参数进行设置，如图 4-26 所示，包括箭头的大小、引线、形状等参数，圆心标记的类型和大小，弧长符号的位置，折断标注的折断大小，线性折弯标注的折弯高度因子以及半径标注折弯角度等参数。

图4-25 "比较标注样式"对话框

图4-26 "符号和箭头"选项卡

（8）文字：该选项卡对文字的外观、位置、对齐方式等各个参数进行设置，如图 4-27 所示。包括文字外观的文字样式、颜色、填充颜色、文字高度、分数高度比例、是否绘制文字边框等参数，文字位置的垂直、水平和从尺寸线偏移量等参数。对齐方式有水平、与尺寸线对齐、ISO 标准等 3 种方式。图 4-28 所示为尺寸在垂直方向的放置的 4 种不同情形，图 4-29 所示为尺寸在水平方向的放置的 5 种不同情形。

图4-27 "文字"选项卡

置中　　上方　　外部　　JIS

图4-28 尺寸文本在垂直方向的放置

| 置中 | 第一条尺寸界线 | 第二条尺寸界线 | 第一条尺寸界线上方 | 第二条尺寸界线上方 |

图4-29 尺寸文本在水平方向的放置

（9）调整：该选项卡对调整选项、文字位置、标注特征比例、调整等各个参数进行设置，如图 4-30 所示。包括调整选项选择，文字不在默认位置时的放置位置，标注特征比例选择以及调整尺寸要素位置等参数。图 4-31 所示为文字不在默认位置时的放置位置的 3 种不同情形。

图4-30 "调整"选项卡

图4-31 尺寸文本的位置"换算单位"选项卡

（10）主单位：该选项卡用来设置尺寸标注的主单位和精度，以及给尺寸文本添加固定的前缀或后缀。本选项卡含两个选项组，分别对长度型标注和角度型标注进行设置，如图 4-32 所示。

（11）换算单位：该选项卡用于对替换单位进行设置，如图 4-33 所示。

图4-32 "主单位"选项卡

图4-33 "换算单位"选项卡

（12）公差：该选项卡用于对尺寸公差进行设置，如图 4-34 所示。其中"方式"下拉列表框列出了 AutoCAD 提供的5种标注公差的形式，用户可从中选择。这5种形式分别是"无"、"对称"、"极限偏差"、"极限尺寸"和"基本尺寸"，其中"无"表示不标注公差，即我们上面的通常标注情形。其余 4 种标注情况如图 4-35 所示。在"精度"、"上偏差"、"下偏差"、"高度比例"、"垂直位置"等文本框中输入或选择相应的参数值。

图4-34 "新建标注样式"对话框的"公差"选项卡

 注意

　　　　系统自动在上偏差数值前加一"+"号，在下偏差数值前加一"-"号。如果上偏差是负值或下偏差是正值，都需要在输入的偏差值前加负号。如下偏差是+0.005，则需要在"下偏差"微调框中输入-0.005。

　　　　对称　　　　极限偏差　　　　极限尺寸　　　　基本尺寸

图4-35 公差标注的形式

4.2.2 标注尺寸

1. 线性标注

【执行方式】

命令行：DIMLINEAR

菜单：标注→线性

工具栏：标注→线性 ┌┐

【操作步骤】

命令：DIMLINEAR✓

指定第一个尺寸界线原点或<选择对象>：

在此提示下有两种选择，直接回车选择要标注的对象或确定尺寸界线的起始点，回车并选择要标注的对象或指定两条尺寸界线的起始点后，系统继续提示：

指定尺寸线位置或[多行文字(M)/文字(T)/角度(A)/水平(H)/垂直(V)/旋转(R)]：

【选项说明】

（1）指定尺寸线位置：确定尺寸线的位置。用户可移动鼠标选择合适的尺寸线位置，然后回车或单击鼠标左键，AutoCAD 则自动测量所标注线段的长度并标注出相应的尺寸。

（2）多行文字(M)：用多行文本编辑器确定尺寸文本。

（3）文字(T)：在命令行提示下输入或编辑尺寸文本。选择此选项后 AutoCAD 提示：

输入标注文字 <默认值>：

其中的默认值是 AutoCAD 自动测量得到的被标注线段的长度，直接回车即可采用此长度值，也可输入其他数值代替默认值。当尺寸文本中包含默认值时，可使用尖括号"<>"表示默认值。

（4）角度(A)：确定尺寸文本的倾斜角度。

（5）水平(H)：水平标注尺寸，不论标注什么方向的线段，尺寸线均水平放置。

（6）垂直(V)：垂直标注尺寸，不论被标注线段沿什么方向，尺寸线总保持垂直。

（7）旋转(R)：输入尺寸线旋转的角度值，旋转标注尺寸。

对齐标注的尺寸线与所标注的轮廓线平行；坐标尺寸标注点的纵坐标或横坐标；角度标注标注两个对象之间的角度；直径或半径标注标注圆或圆弧的直径或半径；圆心标记则标注圆或圆弧的中心或中心线，具体由"新建（修改）标注样式"对话框"尺寸与箭头"选项卡"圆心标记"选项组决定。上面所述这几种尺寸标注与线性标注类似，不再赘述。

2．基线标注

基线标注用于产生一系列基于同一条尺寸界线的尺寸标注，适用于长度尺寸标注、角度标注和坐标标注等。在使用基线标注方式之前，应该先标注出一个相关的尺寸，如图 4-36 所示。基线标注两平行尺寸线间距由"新建（修改）标注样式"对话框"尺寸与箭头"选项卡"尺寸线"选项组中"基线间距"文本框中的值决定。

【执行方式】

命令行：DIMBASELINE

菜单：标注→基线

工具栏：标注→基线

【操作格式】

命令：DIMBASELINE↙

指定第二条尺寸界线原点或［放弃(U)/选择(S)］〈选择〉：

直接确定另一个尺寸的第二条尺寸界线的起点，AutoCAD 以上次标注的尺寸为基准标注，标注出相应尺寸。

直接回车，系统提示：

选择基准标注：(选取作为基准的尺寸标注)

连续标注又叫尺寸链标注，用于产生一系列连续的尺寸标注，后一个尺寸标注均把前一个标注的第二条尺寸界线作为它的第一条尺寸界线。与基线标注一样，在使用连续标注方式之前，应该先标注出一个相关的尺寸。其标注过程与基线标注类似，如图 4-37 所示。

图4-36　基线标注　　　　图4-37　连续标注

3. 快速标注

快速尺寸标注命令 QDIM 使用户可以交互地、动态地、自动化地进行尺寸标注。在 QDIM 命令中可以同时选择多个圆或圆弧标注直径或半径，也可同时选择多个对象进行基线标注和连续标注，选择一次即可完成多个标注，因此可节省时间，提高工作效率。

【执行方式】

命令行：QDIM

菜单：标注→快速标注

工具栏：标注→快速标注

【操作格式】

命令：QDIM↙

选择要标注的几何图形：(选择要标注尺寸的多个对象后回车)

指定尺寸线位置或［连续(C)/并列(S)/基线(B)/坐标(O)/半径(R)/直径(D)/基准点(P)/编辑(E)/设置(T)］〈连续〉：

【选项说明】

(1) 指定尺寸线位置：直接确定尺寸线的位置，按默认尺寸标注类型标注出相应尺寸。

(2) 连续(C)：产生一系列连续标注的尺寸。

(3) 并列(S)：产生一系列交错的尺寸标注，如图 4-38 所示。

（4）基线(B)：产生一系列基线标注的尺寸。后面的"坐标(O)"、"半径(R)"、"直径(D)"含义与此类同。

（5）基准点(P)：为基线标注和连续标注指定一个新的基准点。

（6）编辑(E)：对多个尺寸标注进行编辑。系统允许对已存在的尺寸标注添加或移去尺寸点。选择此选项，AutoCAD提示：

指定要删除的标注点或［添加(A)/退出(X)］〈退出〉：

在此提示下确定要移去的点之后回车，AutoCAD对尺寸标注进行更新。如图4-39所示为图4-38删除中间4个标注点后的尺寸标注。

图4-38　交错尺寸标注　　　　　　　图4-39　删除标注点

4. 引线标注

【执行方式】

命令行：QLEADER

【操作步骤】

命令：QLEADER✓

指定第一个引线点或［设置(S)］〈设置〉：

指定下一点：（输入指引线的第二点）

指定下一点：（输入指引线的第三点）

…

指定文字宽度〈0.0000〉：（输入多行文本的宽度）

输入注释文字的第一行〈多行文字(M)〉：（输入单行文本或回车打开多行文字编辑器输入多行文本）

输入注释文字的下一行：（输入另一行文本）

输入注释文字的下一行：（输入另一行文本或回车）

也可以在上面操作过程中选择"设置（S）"项打开"引线设置"对话框进行相关参数设置，如图4-40所示。

图4-40　"引线设置"对话框

137

另外还有一个名为 LEADER 的命令行命令也可以进行引线标注，与 QLEADER 命令类似，不再赘述。

5. 形位公差标注

【执行方式】

命令行：TOLERANCE

菜单：标注→公差

工具栏：标注→公差

【操作格式】

执行上述命令，系统打开如图 4-41 所示的"形位公差"对话框。单击"符号"项下面的黑方块，系统打开图 4-42 所示的"特征符号"对话框，可从中选取公差代号。"公差 1（2）"项白色文本框左侧的黑块控制是否在公差值之前加一个直径符号，单击它，则出现一个直径符号，再单击则又消失。白色文本框用于确定公差值，在其中输入一个具体数值。右侧黑块用于插入"包容条件"符号，单击它，AutoCAD 打开图 4-43 所示的"附加符号"对话框，可从中选取所需符号。

图4-41 "形位公差"对话框   图4-42 "特征符号"对话框   图4-43 "附加符号"对话框

4.2.3 实例——给居室平面图标注尺寸

给如图 4-44 所示的户型平面图标注尺寸。

图4-44 居室平面图

> **实讲实训**
> **多媒体演示**
>
> 多媒体演示参见配套光盘中的\\动画演示\第4章\给居室平面图标注尺寸.avi。

01 绘制图形。单击"绘图"工具栏中的"直线"按钮、"矩形"按钮和"圆弧"按钮，选择菜单栏中的"绘图"→"多线"命令，以及单击"修改"工具栏中的"镜像"

按钮、"复制"按钮❤、"偏移"按钮❤、"倒角"按钮❏和"旋转"按钮❍等绘制图形,如图 4-44 所示。

02 设置尺寸标注样式。单击"样式"工具栏中的"标注样式"按钮✍,打开"标注样式管理器"对话框,如图 4-45 所示。单击"新建"按钮,在打开的"创建新标注样式"对话框中设置"新样式"名为"S_50_轴线"。单击"继续"按钮,打开"新建标注样式"对话框。在如图 4-46 所示的"符号和箭头"选项卡中,设置箭头为"建筑标记"。其他设置默认,完成后确认退出。

03 调出"标注"工具栏。将鼠标移到任一屏幕工具栏上,右击,打开快键菜单,如图 4-47 所示。观察菜单发现,凡打勾的工具栏都已显示在屏幕上,选择"标注"命令,调出"标注"工具栏,如图 4-48 所示,并将它移动到合适的位置。

图4-45 "标注样式管理器"对话框　　图4-46 设置"符号和箭头"选项卡

图4-47 "尺寸"图层参数　　图4-48 "标注"工具栏

04 水平轴线尺寸。将"S_50_轴线"样式置为当前状态，并把墙体和轴线的上侧放大显示，如图 4-49 所示。然后单击"标注"工具栏上的"快速标注"按钮，当命令行提示"选择要标注的几何图形"时，依次选中竖向的 4 条轴线，右击确定选择，向外拖动鼠标到适当位置确定，该尺寸就标好了，如图 4-50 所示。

图4-49 放大显示墙体 　　　　　图4-50 水平标注操作过程示意图

05 竖向轴线尺寸。按照步骤 **04** 的方法完成竖向轴线尺寸的标准，结果如图 4-51 所示。

图4-51 完成轴线标注

06 门窗洞口尺寸。对于门窗洞口尺寸，有的地方用"快速标注"不太方便，现改用"线性标注"。单击"标注"工具栏上"线性"按钮，依次点取尺寸的两个界线源点，完成每一个需要标注的尺寸，结果如图 4-52 所示。

07 标注编辑。对于其中自动生成指引线标注的尺寸值，单击"标注"工具栏上"编辑标注"按钮，选中尺寸值，将它们逐个调整到适当位置，结果如图 4-53 所示。为了便于操作，在调整时可暂时将"对象捕捉"关闭。

处理字样重叠的问题，亦可以在标注样式中进行相关设置，这样计算机会自动处理，但处理效果有时不太理想，也通过可以单击"标注"工具栏中的"编辑标注文字"按钮 来调整文字位置，读者可以试一试。

图4-52　门窗尺寸标注　　　　　　　　　　　图4-53　门窗尺寸调整

　　08 其他细部尺寸和总尺寸。按照步骤 **06**、**07** 的方法完成其他细部尺寸和总尺寸的标注，结果如图 4-54 所示。注意总尺寸的标注位置。

图4-54　标注居室平面图尺寸

4.3 表格

在以前的版本中，要绘制表格必须采用绘制图线或者图线结合偏移或复制等编辑命令来完成，这样的操作过程烦琐而复杂，不利于提高绘图效率。在 AutoCAD 2010 以后的版本中，新增加了一个"表格"绘图功能，有了该功能，创建表格就变得非常容易，用户可以直接插入设置好样式的表格，而不用绘制由单独的图线组成的栅格。

4.3.1　设置表格样式

【执行方式】

命令行：TABLESTYLE
菜单：格式→表格样式
工具栏：样式→表格样式管理器

【操作步骤】

执行上述命令，系统打开"表格样式"对话框，如图 4-55 所示。

图4-55　"表格样式"对话框

【选项说明】

（1）新建：单击该按钮，系统打开"创建新的表格样式"对话框，如图 4-56 所示。输入新的表格样式名后单击"继续"按钮，打开"新建表格样式"对话框，如图 4-57 所示，从中定义新的表格样式，分别控制表格中数据、列标题和总标题的有关参数，如图 4-58 所示。

图 4-59 为数据文字样式为"standard"，文字高度为 4.5，文字颜色为"红色"，填充颜色为"黄色"，对齐方式为"右下"；标题文字样式为"standard"，文字高度为 6，文字颜色为"蓝色"，填充颜色为"无"，对齐方式为"正中"；表格方向为"上"，水平单元边距和垂

直单元边距都为 1.5 的表格样式。

图4-57　"新建表格样式"对话框

图4-56　"创建新的表格样式"对话框

图4-58　表格样式

图4-59　表格示例

（2）修改：对当前表格样式进行修改，方式与新建表格样式相同。

4.3.2　创建表格

【执行方式】

命令行：TABLE

菜单：绘图→表格

工具栏：绘图→表格

【操作步骤】

执行上述命令，系统打开"插入表格"对话框，如图 4-60 所示。

【选项说明】

（1）"指定插入点"单选按钮：指定表格左上角的位置。可以使用定点设备，也可以在命令行输入坐标值。如果表样式将表的方向设置为由下而上读取，则插入点位于表的左下角。

（2）"指定窗口"单选按钮：指定表的大小和位置。可以使用定点设备，也可以在命令行输入坐标值。选定此选项时，行数、列数、列宽和行高取决于窗口的大小以及列和行设置。

在上面的"插入表格"对话框中进行相应设置后，单击"确定"按钮，系统在指定的插入点或窗口自动插入一个空表格，并显示多行文字编辑器，用户可以逐行逐列输入相应的文字或数据，如图 4-61 所示。

图4-60 "插入表格"对话框

图4-61 多行文字编辑器

4.3.3 编辑表格文字

 【执行方式】

命令行：TABLEDIT
定点设备：表格内双击
快捷菜单：编辑单元文字

【操作步骤】

执行上述命令，系统打开图 4-61 所示的"多行文字编辑器"对话框，用户可以对指定表格单元的文字进行编辑。

4.3.4 实例——室内设计 A3 图纸样板图

绘制如图 4-62 所示的室内设计制图 A3 样板图。

01 设置单位和图形边界。

❶打开 AutoCAD 程序，则系统自动建立新图形文件。

❷选择菜单栏中的"格式"→"单位"命令，系统打开"图形单位"
对话框，如图 4-63 所示。设置"长度"的类型为"小数"，"精度"为 0；
"角度"的类型为"十进制度数"，"精度"为 0，系统默认逆时针方向
为正，单击"确定"按钮。

实讲实训

多媒体演示

多媒体演示参
见配套光盘中的\\动
画演示\第4章\室内
设计A3样板图.avi。

❸设置图形边界。国家标准对图纸的幅面大小作了严格规定，在这
里，不妨按国家标准 A3 图纸幅面设置图形边界。A3 图纸的幅面为 420mm
×297mm，选择菜单栏中的"格式"→"图形界限"命令，命令行中的提示与操作如下：

命令：LIMITS↙

重新设置模型空间界限：

指定左下角点或 [开(ON)/关(OFF)] <0.0000,0.0000>：↙

指定右上角点 <12.0000,9.0000>：420,297↙

图4-62 室内设计制图A3样板图

图4-63 "图形单位"对话框

02 设置图层。

❶单击"图层"工具栏中的"图层特性管理器"按钮，系统打开"图层特性管理器"
对话框，如图 4-64 所示。在该对话框中单击"新建"按钮，建立不同层名的新图层，这些
不同的图层分别存放不同的图线或图形的不同部分。

❷设置图层颜色。为了区分不同图层上的图线，增加图形不同部分的对比性，可以在"图
层特性管理器"对话框中单击相应图层"颜色"标签下的颜色色块，打开"选择颜色"对话
框，如图 4-65 所示。在该对话框中选择需要的颜色。

❸设置线型。在常用的工程图样中，通常要用到不同的线型，这是因为不同的线型表示
不同的含义。在"图层特性管理器"中单击"线型"标签下的线型选项，打开"选择线型"
对话框，如图 4-66 所示，在该对话框中选择对应的线型，如果在"已加载的线型"列表框

中没有需要的线型，可以单击"加载"按钮，打开"加载或重载线型"对话框加载线型，如图4-67所示。

图4-64 "图层特性管理器"对话框

❹设置线宽。在工程图纸中，不同的线宽也表示不同的含义，因此也要对不同的图层的线宽界线设置，单击"图层特性管理器"中"线宽"标签下的选项，打开"线宽"对话框，如图4-68所示。在该对话框中选择适当的线宽。需要注意的是，应尽量保持细线与粗线之间的比例大约为1:2。

图4-65 "选择颜色"对话框

图4-66 "选择线型"对话框

图4-67 "加载或重载线型"对话框

图4-68 "线宽"对话框

03 设置文本样式。下面列出一些本练习中的格式，请按如下约定进行设置：文本高度一般注释 7mm，零件名称 10mm，图标栏和会签栏中其他文字 5mm，尺寸文字 5mm，线型比例 1，图纸空间线型比例 1，单位十进制，小数点后 0 位，角度小数点后 0 位。

可以生成 4 种文字样式，分别用于一般注释、标题块中零件名、标题块注释及尺寸标注。

❶单击"样式"工具栏中的"文字样式"按钮 ，系统打开"文字样式"对话框，单击"新建"按钮，系统打开"新建文字样式"对话框，如图 4-69 所示。接受默认的"样式 1"文字样式名，确认退出。

❷系统回到"文字样式"对话框，在"字体名"下拉列表框中选择"宋体"选项；在"宽度比例"文本框中将宽度比例设置为 0.7；将文字高度设置为 5，如图 4-70 所示。单击"应用"按钮，再单击"关闭"按钮。其他文字样式类似设置。

图4-69 "新建文字样式"对话框　　　　图4-70 "文字样式"对话框

04 设置尺寸标注样式。

❶单击"样式"工具栏中的"标注样式"按钮 ，系统打开"标注样式管理器"对话框，如图 4-71 所示。在"预览"显示框中显示出标注样式的预览图形。

❷单击"修改"按钮，系统打开"修改标注样式"对话框，在该对话框中对标注样式的选项按照需要进行修改，如图 4-72 所示。

图4-71 "标注样式管理器"对话框　　　　图4-72 "修改标注样式"对话框

❸其中，在"线"选项卡中，设置"颜色"和"线宽"为"ByLayer"，"基线间距"为6，

其他不变。在"箭头和符号"选项卡中,设置"箭头大小"为 1,其他不变。在"文字"选项卡中,设置"颜色"为"ByLayer","文字高度"为5,其他不变。在"主单位"选项卡中,设置"精度"为0,其他不变。其他选项卡不变。

05 绘制图框。单击"绘图"工具栏中的"矩形"按钮▢,绘制角点坐标为(25,10)和(410,287)的矩形,如图 4-73 所示。

> 📖 **说 明**
>
> 国家标准规定A3图纸的幅面大小是420mm×297mm,这里留出了带装订边的图框到图纸边界的距离。

06 绘制标题栏。标题栏示意图如图 4-75 所示,由于分隔线并不整齐,所以可以先绘制一个 9×4(每个单元格的尺寸是 0×10)的标准表格,然后在此基础上编辑或合并单元格以形成如图 4-74 所示的形式。

图 4-73   绘制矩形

(设计单位名称)	(工程名称)	
(签字区)	(图名区)	(图号区)

180

图4-74   标题栏示意图

❶单击"样式"工具栏中的"表格样式"按钮▦,系统打开"表格样式"对话框,如图 4-75 所示。

❷单击"表格样式"对话框中的"修改"按钮,系统打开"修改表格样式"对话框,在"单元样式"下拉列表框中选择"数据"选项,在下面的"文字"选项卡中将"文字高度"设置为6,如图 4-76 所示。再打开"常规"选项卡,将"页边距"选项组中的"水平"和"垂直"都设置成1,如图 4-77 所示。

图4-75 "表格样式"对话框

❸系统回到"表格样式"对话框，单击"关闭"按钮，退出。

❹单击"绘图"工具栏中的"表格"按钮，系统打开"插入表格"对话框。在"列和行设置"选项组中将"列"设置为9，将"列宽"设置为20，将"数据行"设置为2（加上标题行和表头行共4行），将"行高"设置为1行（即为10）；在"设置单元样式"选项组中，将"第一行单元样式"、"第二行单元样式"和"所有其他行单元样式"都设置为"数据"，如图4-78所示。

图4-76 "修改表格样式"对话框

图4-77 设置"常规"选项卡

图4-78 "插入表格"对话框

❺在图框线右下角附近指定表格位置，系统生成表格，同时打开表格和文字编辑器，如图 4-79 所示，直接按 Enter 键，不输入文字，生成表格，如图 4-80 所示。

图4-79 表格和文字编辑器

07 移动标题栏。无法准确确定刚生成的标题栏与图框的相对位置，因此需要移动标题栏。单击"修改"工具栏中的"移动"按钮✛，将刚绘制的表格准确放置在图框的右下角，如图 4-81 所示。

图4-80 生成表格

图4-81 移动表格

08 编辑标题栏表格。

❶单击标题栏表格 A 单元格，按住 Shift 键，同时选择 B 和 C 单元格，在"表格"编辑器中单击"合并单元格"命令 📇 ▾下拉菜单中的"全部"命令，如图 4-82 所示。

❷重复上述方法，对其他单元格进行合并，结果如图 4-83 所示。

图 4-82　合并单元格

图4-83　完成标题栏单元格编辑

09 绘制会签栏。会签栏具体大小和样式如图 4-84 所示。用户可以采取和标题栏相同的绘制方法来绘制会签栏。

图4-84　会签栏示意图

❶在"修改表格样式"对话框中的"文字"选项卡中，将"文字高度"设置为 4，如图 4-85 所示；再把"常规"选项卡中"页边距"选项组中"水平"和"垂直"都设置为 0.5。

❷单击"绘图"工具栏中的"表格"按钮 📊，系统打开"插入表格"对话框，在"列和行设置"选项组中，将"列"设置为 3，"列宽"设置为 25，"数据行"设置为 2，"行高"设置为 1 行；在"设置单元样式"选项组中，将"第一行单元样式"、"第二行单元样式"和"所有其他行单元样式"都设置为"数据"，如图 4-86 所示。

151

图4-85　设置表格样式　　　　　　　　　图4-86　设置表格行和列

❸在表格中输入文字，结果如图 4-87 所示。

10　旋转和移动会签栏。

❶单击"修改"工具栏中的"旋转"按钮○，旋转会签栏，结果如图 4-88 所示。

图4-87　会签栏的绘制　　　　　　　　　图4-88　旋转会签栏

❷单击"修改"工具栏中的"移动"按钮✥，将会签栏移动到图框的左上角，结果如图4-89 所示。

图4-89　移动会签栏

11. 绘制外框。单击"绘图"工具栏中的"矩形"按钮▭，在最外侧绘制一个420×297的外框，最终完成样板图的绘制，如图4-62所示。

12. 保存样板图。选择菜单栏中的"文件"→"另存为"命令，系统打开"图形另存为"对话框，将图形保存为 DWT 格式的文件即可，如图 4-90 所示。

图4-90 "图形另存为"对话框

第5章

模块化绘图

为了方便绘图，提高绘图效率，AutoCAD 提供了一些快速绘图工具，包括图块及其属性、设计中心、工具选项板等。这些工具的一个共同特点是可以将分散的图形单元通过一定的方式组织成一个单元，在绘图时将这些单元插入到图形中，达到提高绘图速度和实现图形标准化的目的。

◉ 图块及其属性

◉ 附着光栅图像

◉ 设计中心与选项板

5.1 图块及其属性

把一组图形对象组合成图块加以保存，需要的时候可以把图块作为一个整体以任意比例和旋转角度插入到图中任意位置，这样不仅避免了大量的重复工作，提高了绘图速度和工作效率，而且可大大节省磁盘空间。

5.1.1 图块操作

图块定义

【执行方式】

命令行：BLOCK
菜单：绘图→块→创建
工具栏：绘图→创建块

【操作步骤】

执行上述命令，系统打开如图 5-1 所示"块定义"对话框，利用该对话框指定定义对象和基点及其他参数。

图5-1 "块定义"对话框

5.1.2 实例——绘制椅子图块

将如图 5-2 所示的图形定义为图块，取名为"椅子"。

01 打开源文件中的椅子，单击"绘图"工具栏中的"创建块"按钮，打开"块定义"对话框，如图 5-1 所示。

02 在"名称"下拉列表框中输入"椅子"。

03 单击"拾取"按钮切换到作图屏幕，选择椅子下边直线边的中点为插入基点，返回"块定义"对话框。

04 单击"选择对象"按钮切换到作图屏幕，选择图 5-2 中的对象后，回车返回"块定义"对话框。

05 确认关闭对话框。

图5-2　绘制图块

图块保存

【执行方式】

命令行：WBLOCK

【操作步骤】

执行上述命令，系统打开如图 5-3 所示的"写块"对话框，利用此对话框可把图形对象保存为图块或把图块转换成图形文件。

注意

> 以BLOCK命令定义的图块只能插入到当前图形。以WBLOCK保存的图块则既可以插入到当前图形，也可以插入到其他图形。

5.1.3 实例——保存图块

将图 5-2 所示的图形保存为图块，取名为"椅子 1"。

01 在命令行中输入"WBLOCK"命令，系统打开如图 5-3 所示的"写块"对话框。

02 单击"拾取点"按钮切换到作图屏幕，选择椅子下边直线边的中点为插入基点，返回"写块"对话框。

03 单击"选择对象"按钮切换到作图屏幕，选择图 5-2 中的对象后，回车返回"写块"对话框。

04 选中"对象"单选按钮，如果当前图形中还有别的图形时，可以只选择需要的对象；选中"保留"单选按钮，这样，就可以不破坏当前图形的完整性。

实讲实训
多媒体演示
多媒体演示参见配套光盘中的\\动画演示\第5章\绘制椅子图块.avi。

实讲实训
多媒体演示
多媒体演示参见配套光盘中的\\动画演示\第5章\保存图块.avi。

05 指定"目标"保存路径和插入单位。

06 确认关闭对话框。

图块插入

【执行方式】

命令行：INSERT

菜单：插入→块

工具栏：插入→插入块 或绘图→插入块

执行上述命令，系统打开"插入"对话框，如图 5-4 所示，利用此对话框设置了插入点位置、缩放比例以及旋转角度后，可以指定要插入的图块及插入位置。

图5-3　"写块"对话框

图5-4　"插入"对话框

图 5-5～图 5-7 所示为取不同参数插入的情形。

图5-5　取不同缩放比例插入图块的效果

图5-6　取缩放比例为负值插入图块的效果

图5-7　以不同旋转角度插入图块的效果

5.1.4　实例——绘制家庭餐桌

绘制如图 5-8 所示的家庭餐桌。

图5-8　家庭餐桌

实讲实训
多媒体演示

多媒体演示
参见配套光盘中
的\\动画演示\第5
章\绘制家庭餐桌
布局.avi。

01 利用前面所学的命令绘制一张餐桌，如图 5-9 所示。

图5-9　餐桌

02 单击"绘图"工具栏中的"插入块"按钮，打开"插入"对话框，如图 5-10 所示。单击"浏览"按钮找到刚才保存的"椅子 1"图块（这时，读者会发现找不到上面定义的"椅子"图块），在屏幕上指定插入点和旋转角度，将该图块插入到如图 5-11 所示的图形中。

图5-10　"插入"对话框

图5-11　插入椅子图块

158

03 可以继续插入"椅子1"图块，也可以利用"复制""移动"和"旋转"命令复制、移动和旋转已插入的图块，绘制另外的椅子，最终图形如图5-8所示。

以矩阵形式插入图块

AutoCAD 允许将图块以矩形阵列的形式插入到当前图形中，而且插入时也允许指定缩放比例和旋转角度。如图 5-12a 所示的屏风图形是把图 5-12c 建立成图块后以 2×3 矩形阵列的形式插入到图形 5-12b 中。

a)　　　　　　　　　　b)　　　　　　　　　c)

图5-12　以矩形阵列形式插入图块

【执行方式】

命令行：MINSERT

【操作步骤】

命令：MINSERT↙

输入块名或［?］〈hu3〉：（输入要插入的图块名）

指定插入点或［比例(S)/X/Y/Z/旋转(R)/预览比例(PS)/PX/PY/PZ/预览旋转(PR)］：

在此提示下确定图块的插入点、缩放比例、旋转角度等，各项的含义和设置方法与 INSERT 命令相同。确定了图块插入点之后，AutoCAD 继续提示：

输入行数（---）〈1〉：（输入矩形阵列的行数）

输入列数（|||）〈1〉：（输入矩形阵列的列数）

输入行间距或指定单位单元（---）：（输入行间距）

指定列间距（|||）：（输入列间距）

所选图块按照指定的缩放比例和旋转角度以指定的行、列数和间距插入到指定的位置。

5.1.5　图块的属性

1. 属性定义

【执行方式】

命令行：ATTDEF

菜单：绘图→块→定义属性

【操作步骤】

执行上述命令，系统打开"属性定义"对话框，如图5-13所示。

图5-13　"属性定义"对话框

各项含义如下：

（1）"模式"选项组

1）"不可见"复选框：选中此复选框则属性为不可见显示方式，即插入图块并输入属性值后，属性值在图中并不显示出来。

2）"固定"复选框：选中此复选框则属性值为常量，即属性值在属性定义时给定，在插入图块时 AutoCAD 不再提示输入属性值。

3）"验证"复选框：选中此复选框，当插入图块时 AutoCAD 重新显示属性值让用户验证该值是否正确。

4）"预设"复选框：选中此复选框，当插入图块时 AutoCAD 自动把事先设置好的默认值赋予属性，而不再提示输入属性值。

5）"锁定位置"：锁定块参照中属性的位置。解锁后，属性可以相对于使用夹点编辑的块的其他部分移动，并且可以调整多行文字属性的大小。

6）"多行"：指定属性值可以包含多行文字。选定此选项后，可以指定属性的边界宽度。

（2）"属性"选项组

1）"标记"文本框：输入属性标签。属性标签可由除空格和感叹号以外的所有字符组成，AutoCAD 自动把小写字母改为大写字母。

2）"提示"文本框：输入属性提示。属性提示是插入图块时 AutoCAD 要求输入属性值的提示，如果不在此文本框内输入文本，则以属性标签作为提示。如果在"模式"选项组中选中"固定"复选框，即设置属性为常量，则不需设置属性提示。

3）"默认"文本框：设置默认的属性值。可把使用次数较多的属性值作为默认值，也可不设默认值。

其他各选项组比较简单，不再赘述。

2. 修改属性的定义

【执行方式】

命令行：DDEDIT
菜单：修改→对象→文字→编辑

【操作步骤】

命令：DDEDIT↙
选择注释对象或［放弃(U)］：
在此提示下选择要修改的属性定义，AutoCAD 打开"编辑属性定义"对话框，如图 5-14 所示。可以在该对话框中修改属性的定义。

3. 图块属性编辑

【执行方式】

命令行：EATTEDIT
菜单：修改→对象→属性→单个
工具栏：修改 II→编辑属性

【操作步骤】

命令：EATTEDIT↙
选择块：
选择块后，系统打开"增强属性编辑器"对话框，如图 5-15 所示。该对话框不仅可以编辑属性值，还可以编辑属性的文字选项和图层、线型、颜色等特性值。

图 5-14 "编辑属性定义"对话框

图5-15 "增强属性编辑器"对话框

5.1.6 实例——标注标高符号

标注如图 5-16 所示穹顶展览馆立面图形中的标高符号。

图5-16 标注标高符号

01 单击"绘图"工具栏中的"直线"按钮 ，绘制如图 5-17 所示的标高符号图形。

02 选择菜单栏中的"绘图"→"块"→"定义属性"命令，系统打开"属性定义"对话框，进行如图 5-18 所示的设置，其中模式为"验证"，插入点为表面粗糙度符号水平线中点，确认退出。

图5-17 绘制标高符号   图5-18 "属性定义"对话框

03 在命令行中输入"WBLOCK"命令，打开"写块"对话框，如图 5-19 所示。拾取图 5-17 图形下尖点为基点，以此图形为对象，输入图块名称并指定路径，确认退出。

04 单击"绘图"工具栏中的"插入块"按钮 ，打开"插入"对话框，如图 5-20 所示。单击"浏览"按钮找到刚才保存的图块，在屏幕上指定插入点和旋转角度，将该图块插入到如图 5-16 所示的图形中，这时，命令行会提示输入属性，并要求验证属性值，此时输入标高数值 0.150，就完成了一个标高的标注。命令行中的提示与操作如下：

命令：INSERT✓
指定插入点或 [基点(b)/比例(S)/X/Y/Z/旋转(R)/
预览比例(PS)/PX/PY/PZ/预览旋转(PR)]：(在对话框中指定相关参数，如图 5-18 所示)
输入属性值
数值：0.150✓
验证属性值
数值 〈0.150〉：✓

图5-19 "写块"对话框　　　　　图5-20 "插入"对话框

05 插入标高符号图块，并输入不同的属性值作为标高数值，直到完成所有标高符号标注。

5.2 附着光栅图像

　　　　所谓光栅图像，是指由一些称为像素的小方块或点的矩形栅格组成的图像。AutoCAD 2014 提供了对多数常见图像格式的支持，这些格式包括 bmp、jpeg、gif、pcx 等。

与许多其他 AutoCAD 图形对象一样，光栅图像可以复制、移动或剪裁。也可以通过夹点操作修改图像、调整图像的对比度、用矩形或多边形剪裁图像或将图像用作修剪操作的剪切边。

5.2.1 图像附着

【执行方式】

　　命令行：IMAGEATTACH（或 IAT）
　　菜单：插入→光栅图像参照
　　工具栏：参照→附着图像

【操作步骤】

　　命令：IMAGEATTACH↙
　　执行上述命令后，打开如图 5-21 所示的"选择参照文件"对话框。在该对话框中选择需要插入的光栅图像，单击"打开"按钮，打开的"附着图像"对话框，如图 5-22 所示。

在该对话框中指定光栅图像的插入点、缩放比例和旋转角度等特性，若选中"在屏幕上指定"复选框，则可以在屏幕上用拖动图像的方法来指定；若单击"显示细节"按钮，则对话框将扩展，并列出选中图像的详细信息，如精度、图像像素尺寸等。设置完成后，单击"确定"按钮，即可将光栅图像附着到当前图形中。

图5-21　"选择参照文件"对话框

图5-22　"附着图像"对话框

5.2.2　实例——绘制一幅风景壁画

绘制如图 5-23 所示的图形。

图5-23　风景壁画

实讲实训
多媒体演示

多媒体演示参见配套光盘中的\\动画演示\第5章\绘制一幅风景壁画.avi。

01 单击"绘图"工具栏中的"矩形"按钮□、"直线"按钮✏以及"修改"工具栏中的"偏移"按钮❧，绘制壁画外框的外形初步轮廓，如图5-24所示的。

02 单击"修改"工具栏中的"偏移"按钮❧，绘制轮廓细部，如图 5-25 所示。

图5-24　初步轮廓

图5-25　细化轮廓

图5-26　完成的外框

03 选择最外部矩形框，单击"标准"工具栏上的"特性"按钮▭，打开"特性"工具板，将最外部矩形框线宽改为 0.30mm，结果如图 5-26 所示。

04 附着山水图片。利用"图像附着"命令打开如图 5-21 所示的"选择图像文件"对话框。在该对话框中选择需要插入的光栅图像，单击"打开"按钮，打开的"图像"对话框，如图 5-22 所示。设置后，单击"确定"按钮确认退出。系统提示：

指定插入点 <0,0>:（指定一点）

基本图像大小：宽：211.666667，高：158.750000，Millimeters

指定缩放比例因子或 [单位(U)] <1>:（输入合适的比例）↙

附着的图形如图 5-27 所示。

05 裁剪光栅图像。在命令行中输入"IMAGECLIP"命令，命令行中的提示与操作如下：

命令：IMAGECLIP↙

选择要剪裁的图像：（框选整个图形）

指定对角点：

已滤除 1 个。

输入图像剪裁选项 [开(ON)/关(OFF)/删除(D)/新建边界(N)] <新建边界>:↙

输入剪裁类型 [多边形(P)/矩形(R)] <矩形>:↙

指定第一角点：（捕捉矩形左下角）

指定对角点：（捕捉矩形右上角）

最终绘制的图形如图 5-23 所示。

图5-27　附着图像的图形

5.3　设计中心与工具选项板

　　使用 AutoCAD 2014 设计中心可以很容易地组织设计内容，并把它们拖动到当前图形中。工具选项板是"工具选项板"窗口中选项卡形式的区域，是组织、共享和放置块及填充图案的有效方法。工具选项板还可以包含由第三方开发人员提供的自定义工具，也可以利用设计中的组织内容，并将其创建为工具选项板。设计中心与工具选项板的使用大大方便了绘图，提高了绘图的效率。

5.3.1 设计中心

1. 启动设计中心

【执行方式】

命令行：ADCENTER
菜单：工具→选项板→设计中心
工具栏：标准→设计中心 【操作步骤】
快捷键：Ctrl+2

【操作步骤】

执行上述命令，系统打开设计中心。第一次启动设计中心时，它默认打开的选项卡为"文件夹"。内容显示区采用大图标显示，左边的资源管理器采用 tree view 显示方式显示系统的树形结构，浏览资源的同时，在内容显示区显示所浏览资源的有关细目或内容，如图 5-28 所示。也可以搜索资源，方法与 Windows 资源管理器类似。

图5-28 AutoCAD 2014设计中心的资源管理器和内容显示区

2. 利用设计中心插入图形

设计中心一个最大的优点是它可以将系统文件夹中的 DWG 图形当成图块插入到当前图形中去。具体方法如下：

（1）从文件夹列表或查找结果列表框选择要插入的对象，拖动对象到打开的图形。

（2）在相应的命令行提示下输入比例和旋转角度等数值。

被选择的对象根据指定的参数插入到图形当中。

5.3.2 工具选项板

1. 打开工具选项板

【执行方式】

命令行：TOOLPALETTES

菜单：工具→选项板→工具选项板

工具栏：标准→工具选项板窗口

快捷键：Ctrl+3

【操作步骤】

执行上述命令，系统打开工具选项板窗口，如图 5-29 所示。该工具选项板上有系统预设置的 3 个选项卡。可以右击鼠标，在系统打开的快捷菜单中选择"新建 工具选项板"命令，如图 5-30 所示。系统新建一个空白选项卡，可以命名该选项卡，如图 5-31 所示。

图5-29 工具选项板窗口　　　图5-30 快捷菜单　　　图5-31 新建选项卡

2. 将设计中心内容添加到工具选项板

在 DesignCenter 文件夹上右击鼠标，系统打开右键快捷菜单，从中选择"创建块的工具选项板"命令，如图 5-32 所示。设计中心中储存的图元就出现在工具选项板中新建的 DesignCenter 选项卡上，如图 5-33 所示。这样就可以将设计中心与工具选项板结合起来，建立一个快捷方便的工具选项板。

3. 利用工具选项板绘图

只需要将工具选项板中的图形单元拖动到当前图形，该图形单元就以图块的形式插入到当前图形中。如图 5-34 所示就是将工具选项板中"办公室样例"选项卡中的图形单元拖动到当前图形绘制的办公室布置图。

图5-32　快捷菜单

图5-33　创建工具选项板

图5-34　办公室布置图

5.3.3　实例——绘制住房布局截面图

利用设计中心中的图块组合如图 5-35 所示的住房布局截面图。

图5-35　布置卫生间

实讲实训
多媒体演示

多媒体演示参见配套光盘中的\\动画演示\第5章\绘制住房布局截面图.avi。

01 单击"标准"工具栏的"工具选项板"按钮，打开"工具选项板窗口"对话框，如图 5-36 所示。打开工具选项板菜单，如图 5-37 所示。

02 新建工具选项板。在工具选项板菜单中选择"新建工具选项板"命令，建立新的工具选项板选项卡。在新建工具栏名称栏中输入"住房"，确认。新建的"住房"工具选项板选项卡，如图 5-38 所示。

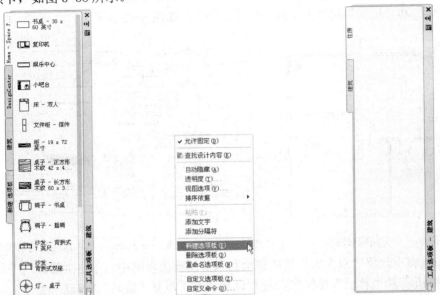

图5-36 工具选项板 　　　　图5-37 工具选项板菜单 　　　图5-38 "住房"工具选项板选项卡

03 向工具选项板插入设计中心图块。单击"标准"工具栏的"设计中心"按钮，打开设计中心，将设计中心中的 Kitchens、House Designer、Home Space Planner 图块拖动到工具选项板的"住房"选项卡，如图 5-39 所示。

图5-39 向工具选项板插入设计中心图块

04 绘制住房结构截面图。利用以前学过的绘图命令与编辑命令绘制住房结构截面图，如图 5-40 所示。其中进门为餐厅，左边为厨房，右边为卫生间，正对为客厅，客厅左边为寝室。

05 布置餐厅。将工具选项板中的 Home Space Planner 图块拖动到当前图形中，利用缩放命令调整所插入的图块与当前图形的相对大小，如图 5-41 所示。

对该图块进行分解操作，将 Home Space Planner 图块分解成单独的小图块集。将图块集中的"饭桌"和"植物"图块拖动到餐厅适当位置，如图 5-42 所示。

图5-40　住房结构截面图　　　　　图5-41　将Home Space Planner图块拖动到当前图形中

06 布置寝室。将"双人床"图块移动到当前图形的寝室中，单击"修改"工具栏中的"旋转"按钮⟳和"移动"按钮✛，进行位置调整。重复"旋转""移动"命令，将"琴桌""书桌""台灯"和两个"椅子"图块移动并旋转到当前图形的寝室中，如图 5-43 所示。

07 布置客厅。单击"修改"工具栏中的"旋转"按钮⟳和"移动"按钮✛，将"转角桌"、"电视机""茶几"和两个"沙发"图块移动并旋转到当前图形的客厅中，如图 5-44 所示。

图5-42　布置餐厅　　　　　图5-43　布置寝室　　　　　图5-44　布置客厅

08 布置厨房。将工具选项板中的 House Designer 图块拖动到当前图形中，单击"修改"工具栏中的"缩放"按钮▢，调整所插入的图块与当前图形的相对大小，如图 5-45 所示。

单击"修改"工具栏中的"分解"按钮▱，对该图块进行分解操作，将 House Designer 图块分解成单独的小图块集。

单击"修改"工具栏中的"旋转"按钮⟳和"移动"按钮✛，将"灶台""洗菜盆"和"水龙头"图块移动并旋转到当前图形的厨房中，如图 5-46 所示。

09 布置卫生间。单击"修改"工具栏中的"旋转"按钮⟳和"移动"按钮✛，将"坐便器"和"洗脸盆"移动并旋转到当前图形的卫生间中,单击"修改"工具栏中的"复制"按钮 ,复制"水龙头"图块,重复"旋转""移动"命令,将其旋转移动到洗脸盆上。单击"修改"工具栏中的"删除"按钮 ,删除当前图形其他没有用处的图块,最终绘制出的图形如图5-35所示。

图5-45 插入House Designer图块

图5-46 布置厨房

第6章

室内设计中主要家具设施的绘制

在进行装饰设计中,常常需测绘家具、洁具和橱具等各种设施,以便能更真实和形象地表示装修的效果。本章将论述室内装饰及其装饰图设计中一些常见的家具及电器设施的绘制方法,所讲解的实例涵盖了在室内设计中经常使用的家具与电器等图形,如沙发、床、电脑桌、洗脸盆和燃气灶等。

- ◉ 家具平面配景图绘制
- ◉ 电器平面配景图绘制
- ◉ 卫浴平面配景图绘制
- ◉ 厨具平面配景图绘制

6.1 家具平面配景图绘制

在室内设计中经常使用到家具平面图,特别是在办公室、卧室、客厅等房间的设计中是必有的内容。下面将以典型的例子说明各种家具的绘制方法。

6.1.1 转角沙发

绘制的转角沙发如图 6-1 所示。

实讲实训
多媒体演示

多媒体演示
参见配套光盘中
的\\动画演示\第6
章\转角沙发.avi。

图6-1 转角沙发

01 单击"图层"工具栏中的"图层特性管理器"按钮 ,新建两个图层:

❶ "1"图层,颜色设为蓝色,其余属性默认。

❷ "2"图层,颜色设为绿色,其余属性默认。

02 将"2"图层设置为当前层,单击"绘图"工具栏中的"矩形"按钮 ,绘制矩形,命令行中的提示与操作如下:

```
命令: _rectang↙
指定第一个角点或 [倒角(C)/标高(E)/圆角(F)/厚度(T)/宽度(W)]:0, 0↙
指定另一个角点或 [面积(A)/尺寸(D)/旋转(R)]:@125, 750↙
命令: _rectang↙
指定第一个角点或 [倒角(C)/标高(E)/圆角(F)/厚度(T)/宽度(W)]:125, 0↙
指定另一个角点或 [面积(A)/尺寸(D)/旋转(R)]:@1950, 800↙
命令: _rectang↙
指定第一个角点或 [倒角(C)/标高(E)/圆角(F)/厚度(T)/宽度(W)]:2075, 0↙
指定另一个角点或 [面积(A)/尺寸(D)/旋转(R)]:@125, 750↙
```

绘制结果如图 6-2 所示。

03 绘制直线。单击"绘图"工具栏中的"直线"按钮 ,绘制直线,命令行中的提示与操作如下:

```
命令: line ↙
指定第一点: 125, 75 ↙
指定下一点或 [放弃(U)]: @1950, 0 ↙
指定下一点或 [放弃(U)]: ↙
```

重复"直线"命令,绘制另外 4 条端点坐标分别为{(125,200),(@1950,0)}、{(125,275),(@1950,0)}、{(775,75),(@0,725)}、{(1425,75),(@0,725)}的直线,绘制结果如

图6-3 所示。

图6-2 绘制矩形

图6-3 绘制直线

04 将"1"图层置为当前图层，单击"绘图"工具栏中的"多段线"按钮 ，绘制多段线，命令行中的提示与操作如下：

命令：_pline ✔

指定起点：2500,-50 ✔

当前线宽为 0.0000

指定下一个点或 [圆弧(A)/半宽(H)/长度(L)/放弃(U)/宽度(W)]：@200,0 ✔

指定下一点或 [圆弧(A)/闭合(C)/半宽(H)/长度(L)/放弃(U)/宽度(W)]：a ✔

指定圆弧的端点或[角度(A)/圆心(CE)/闭合(CL)/方向(D)/半宽(H)/直线(L)/半径(R)/第二个点(S)/放弃(U)/宽度(W)]：a ✔

指定包含角：90 ✔

指定圆弧的端点或 [圆心(CE)/半径(R)]：r ✔

指定圆弧的半径：800 ✔

指定圆弧的弦方向 <0>：45 ✔

指定圆弧的端点或[角度(A)/圆心(CE)/闭合(CL)/方向(D)/半宽(H)/直线(L)/半径(R)/第二个点(S)/放弃(U)/宽度(W)]：l ✔

指定下一点或 [圆弧(A)/闭合(C)/半宽(H)/长度(L)/放弃(U)/宽度(W)]：@0,200 ✔

指定下一点或 [圆弧(A)/闭合(C)/半宽(H)/长度(L)/放弃(U)/宽度(W)]：@-800,0 ✔

指定下一点或 [圆弧(A)/闭合(C)/半宽(H)/长度(L)/放弃(U)/宽度(W)]：a ✔

指定圆弧的端点或

[角度(A)/圆心(CE)/闭合(CL)/方向(D)/半宽(H)/直线(L)/半径(R)/第二个点(S)/放弃(U)/宽度(W)]：a ✔

指定包含角：-90 ✔

指定圆弧的端点或 [圆心(CE)/半径(R)]：r ✔

指定圆弧的半径：200 ✔

指定圆弧的弦方向 <180>：225 ✔

指定圆弧的端点或[角度(A)/圆心(CE)/闭合(CL)/方向(D)/半宽(H)/直线(L)/半径(R)/第二个点(S)/放弃(U)/宽度(W)]：l ✔

指定下一点或 [圆弧(A)/闭合(C)/半宽(H)/长度(L)/放弃(U)/宽度(W)]：c ✔

绘制结果如图 6-4 所示。

图6-4 绘制多段线

🏮 注意

> 多段线可以绘制直线、圆弧，并且可以指定所要绘制的图形元素的半宽。
>
> 绘制直线时与"绘图"→"直线"命令一样，指定下一点即可。绘制圆弧可以运用各种约束条件，比如半径、角度、弦长等来绘制。

05 将"2"图层置为当前图层，单击"绘图"工具栏中的"多段线"按钮 ⁀⌐，绘制多段线，命令行中的提示与操作如下：

命令：_pline↙

指定起点：2500,25↙

当前线宽为 0.0000

指定下一个点或 [圆弧(A)/半宽(H)/长度(L)/放弃(U)/宽度(W)]：@200,0↙

指定下一点或 [圆弧(A)/闭合(C)/半宽(H)/长度(L)/放弃(U)/宽度(W)]：a↙

指定圆弧的端点或[角度(A)/圆心(CE)/闭合(CL)/方向(D)/半宽(H)/直线(L)/半径(R)/第二个点(S)/放弃(U)/宽度(W)]：a↙

指定包含角：90↙

指定圆弧的端点或 [圆心(CE)/半径(R)]：r↙

指定圆弧的半径：725↙

指定圆弧的弦方向〈0〉：45↙

指定圆弧的端点或[角度(A)/圆心(CE)/闭合(CL)/方向(D)/半宽(H)/直线(L)/半径(R)/第二个点(S)/放弃(U)/宽度(W)]：l↙

指定下一点或 [圆弧(A)/闭合(C)/半宽(H)/长度(L)/放弃(U)/宽度(W)]：@0,200↙

指定下一点或 [圆弧(A)/闭合(C)/半宽(H)/长度(L)/放弃(U)/宽度(W)]：↙

命令：↙

PLINE指定起点：2500,150↙

当前线宽为 0.0000

指定下一个点或 [圆弧(A)/半宽(H)/长度(L)/放弃(U)/宽度(W)]：@200,0↙

指定下一点或 [圆弧(A)/闭合(C)/半宽(H)/长度(L)/放弃(U)/宽度(W)]：a↙

指定圆弧的端点或\[角度(A)/圆心(CE)/闭合(CL)/方向(D)/半宽(H)/直线(L)/半径(R)/第二个点(S)/放弃(U)/宽度(W)]：a↙

指定包含角：90↙

指定圆弧的端点或 [圆心(CE)/半径(R)]：r↙

指定圆弧的半径：600↙

指定圆弧的弦方向〈0〉：45↙

指定圆弧的端点或[角度(A)/圆心(CE)/闭合(CL)/方向(D)/半宽(H)/直线(L)/半径(R)/第二个点(S)/放弃(U)/宽度(W)]：l↙

指定下一点或 [圆弧(A)/闭合(C)/半宽(H)/长度(L)/放弃(U)/宽度(W)]：@0,200↙

指定下一点或 [圆弧(A)/闭合(C)/半宽(H)/长度(L)/放弃(U)/宽度(W)]：↙

绘制结果如图 6-5 所示。

06 圆角处理。单击"修改"工具栏中的"圆角"按钮 ⌐，将所有圆角半径均设为37.5，对图形做圆角，效果如图 6-1 所示。

图6-5　绘制多段线

6.1.2　柜子

绘制如图6-6所示的图形。

图6-6　柜子

> **实讲实训**
> **多媒体演示**
> 多媒体演示
> 参见配套光盘中
> 的\\动画演示\第6
> 章\柜子.avi。

01 单击"图层"工具栏中的"图层特性管理器"按钮 ，新建两个图层：

❶ "1"图层，颜色为绿色，其余属性默认。

❷ "2"图层，颜色为黑色，其余属性默认。

02 将"2"图层设置为当前层，单击"绘图"工具栏中的"直线"按钮 ，绘制直线，命令行中的提示与操作如下：

命令：_line 指定第一点：40,32↙

指定下一点或 [放弃(U)]：@0,-32↙

指定下一点或 [放弃(U)]：@-40,0↙

指定下一点或 [闭合(C)/放弃(U)]：@0,100↙

指定下一点或 [闭合(C)/放弃(U)]：↙

重复"直线"命令，绘制两个端点坐标为（30,100）和（@0,760）的直线，绘制结果如图6-7所示。

03 单击"绘图"工具栏中"矩形"按钮 ，绘制矩形，命令行中的提示与操作如下：

命令：_rectang↙

指定第一个角点或 [倒角(C)/标高(E)/圆角(F)/厚度(T)/宽度(W)]：0,100↙

指定另一个角点或 [面积(A)/尺寸(D)/旋转(R)]：500,860↙

重复"矩形"命令，绘制角点坐标分别为{（0,860），（1000,900）}{（-60,900）（1060,950）}的两个矩形，绘制结果如图6-8所示。

04 单击"绘图"工具栏中"圆弧"按钮 ，绘制圆弧，命令行中的提示与操作如下：

命令：_arc ↙

指定圆弧的起点或 [圆心(C)]：500,47.4↙

指定圆弧的第二个点或［圆心(C)/端点(E)］：269,65✓

指定圆弧的端点：40,32✓

重复"圆弧"命令，绘制三点坐标分别为：｛（500,630），（350,480），（500,330）｝、｛（500,610），（370,480），（500,350）｝、｛（30,172），（50,150.4），（79.4,152）｝、｛（79.4,152），（76.9,121.8），（98,100）｝、｛（30,788），（50,809.6），（79.4,807.7）｝、｛（79.4,807.7），（73.7,837），（101,860）｝、｛（-60,900），（-120,924），（-121.6,988.3）｝、｛（-121.6,988.3），（-81.1,984.7），（-60,950）｝的另外8段圆弧，绘制结果如图6-9所示。

图6-7　绘制直线　　　　图6-8　绘制矩形　　　　图6-9　绘制圆弧

05 单击"修改"工具栏中的"镜像"按钮，将图形进行镜像处理，命令行中的提示与操作如下：

命令：_mirror

选择对象：

指定对角点：找到 14 个

选择对象：

指定镜像线的第一点：500,100

指定镜像线的第二点：500,1000

要删除源对象吗？［是(Y)/否(N)］〈N〉：✓

绘制结果如图 6-10 所示。

06 将"1"图层设置为当前层，图案填充。单击"绘图"工具栏中的"图案填充"按钮，对同心圆区域进行填充，结果如图 6-11 所示。

图6-10　镜像处理　　　　　　　　图6-11　柜子

6.1.3　电脑桌椅

绘制如图 6-12 所示的图形。

图6-12 电脑桌椅

01 单击"图层"工具栏中的"图层特性管理器"按钮，新建两个图层：

❶ "1"图层，颜色为黑色，其余属性默认。

❷ "2"图层，颜色为蓝色，其余属性默认。

02 绘制电脑桌。将"2"图层置为当前图层，单击"绘图"工具栏中的"矩形"按钮，命令行中的提示与操作如下：

命令：_rectang↙
指定第一个角点或 [倒角(C)/标高(E)/圆角(F)/厚度(T)/宽度(W)]：0,589↙
指定另一个角点或 [面积(A)/尺寸(D)/旋转(R)]：1100,1069↙

重复"矩形"命令，绘制角点坐标分别为{（50,589），（1050,1069）}，{（129,589），（700,471）}的另2个矩形。

将"1"图层置为当前图层，重复"矩形"命令，绘制两角点坐标为{(144,589),(684,486)}的矩形。

绘制结果如图6-13所示。

单击"修改"工具栏中的"圆角"按钮，圆角半径设为20，将桌子的拐角与键盘抽屉均做圆角处理，绘制结果如图6-14所示。

图6-13 绘制矩形

图6-14 圆角处理

03 绘制座椅。将"2"图层置为当前图层，单击"绘图"工具栏中的"矩形"按钮，绘制矩形，命令行中的提示与操作如下：

命令：_rectang↙
指定第一个角点或 [倒角(C)/标高(E)/圆角(F)/厚度(T)/宽度(W)]：212,150↙
指定另一个角点或 [面积(A)/尺寸(D)/旋转(R)]：283,400↙

重复"矩形"命令，绘制角点坐标分别为：{（263,100），（612,450）}、{（593,150），（663,400）}、{（418,74），（468,100）}、{（264,0），（612,74）}的另外4个矩形。

将 "1"图层置为当前图层，重复"矩形"命令，绘制角点坐标分别为：{（228,165），

（268，385）｝、｛（278，115），（598，435）｝、｛（608，165），（647，385）｝、｛（279，15），（597，59）｝
的矩形。

绘制结果如图6-15所示。

单击"绘图"工具栏中的"圆角"按钮□，将座椅外围的圆角半径设为20，内侧矩形的
圆角半径设为10进行圆角处理，椅子圆角之后如图6-16所示。单击"修改"工具栏中的"修
剪"按钮┬╱，修剪图形，将图6-16修剪成为如图6-17所示的结果。

图6-15　绘制椅子　　　　　图6-16　圆角处理　　　　　图6-17　修剪处理

04 单击"绘图"工具栏中的"多段线"按钮⌐⌐，绘制电脑，命令行中的提示与操作
如下：

命令：_pline↙

指定起点：100，627↙

当前线宽为 0.0000

指定下一个点或 ［圆弧(A)/半宽(H)/长度(L)/放弃(U)/宽度(W)］：@0，50↙

指定下一点或 ［圆弧(A)/闭合(C)/半宽(H)/长度(L)/放弃(U)/宽度(W)］：a↙

指定圆弧的端点或［角度(A)/圆心(CE)/闭合(CL)/方向(D)/半宽(H)/直线(L)/半径(R)/第二个点
(S)/放弃(U)/宽度(W)］：128，757↙

指定圆弧的端点或［角度(A)/圆心(CE)/闭合(CL)/方向(D)/半宽(H)/直线(L)/半径(R)/第二个点
(S)/放弃(U)/宽度(W)］：s↙

指定圆弧上的第二个点：155，776↙

指定圆弧的端点：174，824↙

指定圆弧的端点或［角度(A)/圆心(CE)/闭合(CL)/方向(D)/半宽(H)/直线(L)/半径(R)/第二个点
(S)/放弃(U)/宽度(W)］：1↙

指定下一点或 ［圆弧(A)/闭合(C)/半宽(H)/长度(L)/放弃(U)/宽度(W)］：174，1004↙

指定下一点或 ［圆弧(A)/闭合(C)/半宽(H)/长度(L)/放弃(U)/宽度(W)］：374，1004↙

指定下一点或 ［圆弧(A)/闭合(C)/半宽(H)/长度(L)/放弃(U)/宽度(W)］：374，824↙

指定下一点或 ［圆弧(A)/闭合(C)/半宽(H)/长度(L)/放弃(U)/宽度(W)］：a↙

指定圆弧的端点或［角度(A)/圆心(CE)/闭合(CL)/方向(D)/半宽(H)/直线(L)/半径(R)/第二个点
(S)/放弃(U)/宽度(W)］：s↙

指定圆弧上的第二个点：390，780↙

指定圆弧的端点：420，757↙

指定圆弧的端点或［角度(A)/圆心(CE)/闭合(CL)/方向(D)/半宽(H)/直线(L)/半径(R)/第二个点
(S)/放弃(U)/宽度(W)］：s↙

指定圆弧上的第二个点：439，722↙

指定圆弧的端点：449,677↙

指定圆弧的端点或[角度(A)/圆心(CE)/闭合(CL)/方向(D)/半宽(H)/直线(L)/半径(R)/第二个点(S)/放弃(U)/宽度(W)]：1↙

指定下一点或 [圆弧(A)/闭合(C)/半宽(H)/长度(L)/放弃(U)/宽度(W)]：449,627↙

指定下一点或 [圆弧(A)/闭合(C)/半宽(H)/长度(L)/放弃(U)/宽度(W)]：a↙

指定圆弧的端点或[角度(A)/圆心(CE)/闭合(CL)/方向(D)/半宽(H)/直线(L)/半径(R)/第二个点(S)/放弃(U)/宽度(W)]：s↙

指定圆弧上的第二个点：287,611↙

指定圆弧的端点：100,627↙

指定圆弧的端点或[角度(A)/圆心(CE)/闭合(CL)/方向(D)/半宽(H)/直线(L)/半径(R)/第二个点(S)/放弃(U)/宽度(W)]：↙

命令：_pline↙

指定起点：174,1004↙

当前线宽为 0.0000

指定下一个点或 [圆弧(A)/半宽(H)/长度(L)/放弃(U)/宽度(W)]：164,1004↙

指定下一点或 [圆弧(A)/闭合(C)/半宽(H)/长度(L)/放弃(U)/宽度(W)]：a↙

指定圆弧的端点或[角度(A)/圆心(CE)/闭合(CL)/方向(D)/半宽(H)/直线(L)/半径(R)/第二个点(S)/放弃(U)/宽度(W)]：154,995↙

指定圆弧的端点或[角度(A)/圆心(CE)/闭合(CL)/方向(D)/半宽(H)/直线(L)/半径(R)/第二个点(S)/放弃(U)/宽度(W)]：1↙

指定下一点或 [圆弧(A)/闭合(C)/半宽(H)/长度(L)/放弃(U)/宽度(W)]：128,757↙

指定下一点或 [圆弧(A)/闭合(C)/半宽(H)/长度(L)/放弃(U)/宽度(W)]：↙

命令：_pline↙

指定起点：374,1004↙

当前线宽为 0.0000

指定下一个点或 [圆弧(A)/半宽(H)/长度(L)/放弃(U)/宽度(W)]：384,1004↙

指定下一点或 [圆弧(A)/闭合(C)/半宽(H)/长度(L)/放弃(U)/宽度(W)]：a↙

指定圆弧的端点或[角度(A)/圆心(CE)/闭合(CL)/方向(D)/半宽(H)/直线(L)/半径(R)/第二个点(S)/放弃(U)/宽度(W)]：394,996↙

指定圆弧的端点或[角度(A)/圆心(CE)/闭合(CL)/方向(D)/半宽(H)/直线(L)/半径(R)/第二个点(S)/放弃(U)/宽度(W)]：1↙

指定下一点或 [圆弧(A)/闭合(C)/半宽(H)/长度(L)/放弃(U)/宽度(W)]：420,757↙

指定下一点或 [圆弧(A)/闭合(C)/半宽(H)/长度(L)/放弃(U)/宽度(W)]：↙

单击"绘图"工具栏中的"圆弧"按钮，绘制圆弧，命令行中的提示与操作如下：

命令：_arc 指定圆弧的起点或 [圆心(C)]：100,677↙

指定圆弧的第二个点或 [圆心(C)/端点(E)]：272,668↙

指定圆弧的端点：449,677↙

命令：_arc 指定圆弧的起点或 [圆心(C)]：190,800↙

指定圆弧的第二个点或 [圆心(C)/端点(E)]：275,850↙

指定圆弧的端点：360,800↙

绘制结果如图 6-18 所示。

单击"绘图"工具栏中"矩形"按钮，绘制两个角点坐标分别是（120,690）和（130,700）的矩形。

单击"修改"工具栏中的"矩形阵列"按钮，将行数设为 20，列数设为 11，行间距为 15，列间距为 30，将矩形进行阵列，绘制结果如图 6-19 所示。

图6-18 绘制电脑

图6-19 绘制矩形并阵列处理

05 删除图形并旋转。单击"修改"工具栏中的"删除"按钮，将多余的矩形删除。单击"修改"工具栏中的"旋转"按钮，将图形旋转25°，效果如图 6-20 所示。

06 绘制键盘。根据键盘图形，单击"绘图"工具栏中的"矩形"按钮，进行绘制，绘制结果如图 6-21 所示。

图6-20 删除图形并旋转

图6-21 电脑桌椅

6.2 电器平面配景图绘制

在办公室、卧室、客厅等房间的室内设计中也经常使用到电器平面图。下面将以典型的例子说明各种电器的绘制方法。

6.2.1 饮水机

绘制如图 6-22 所示的图形。

01 单击"图层"工具栏中的"图层特性管理器"按钮，新建两个图层：

❶ "1"图层，颜色为红色，其余属性默认；

❷ "2"图层，颜色为绿色，其余属性默认。

02 将"1"图层设置为当前层，绘制矩形。单击"绘图"工具栏中的"矩形"按钮，绘制矩形，命令行中的提示与操作如下：

命令: _rectang✓

指定第一个角点或 [倒角(C)/标高(E)/圆角(F)/厚度(T)/宽度(W)]: -158,-147✓

指定另一个角点或 ［面积(A)/尺寸(D)/旋转(R)］: 162,173✓

实讲实训
多媒体演示

多媒体演示
参见配套光盘中
的\\动画演示\第6
章\饮水机.avi。

图6-22　饮水机

重复"矩形"命令，绘制两个角点坐标是（-94,173）和（105,273）的矩形。
绘制结果如图6-23所示。

03 圆角处理。单击"绘图"工具栏中的"圆角"按钮，将圆角半径设为20，将上述两个矩形进行圆角处理，结果如图6-24所示。

04 绘制圆。将"2"图层置为当前图层，单击"绘图"工具栏中的"圆"按钮，绘制圆，命令行中的提示与操作如下：

命令: _circle 指定圆的圆心或 ［三点(3P)/两点(2P)/切点、切点、半径(T)］: 0,0✓
指定圆的半径或 ［直径(D)］: 42✓

重复"圆"命令，绘制圆心坐标为（0,0），半径为140的圆。绘制结果如图6-25所示。

05 绘制矩形。单击"绘图"工具栏中的"矩形"按钮，绘制两个角点坐标是（-80,185）和（-70,260）的矩形，绘制结果如图6-26所示。

图6-23　绘制矩形

图6-24　圆角处理

图6-25　绘制圆

图6-26　绘制矩形

06 阵列处理。单击"修改"工具栏中的"矩形阵列"按钮，选择以上述绘制的矩形为阵列对象，输入行数为1，列数为8，列间距为23，进行矩形阵列，绘制结果如图6-27所示。

07 绘制圆。单击"绘图"工具栏中的"圆"按钮，绘制圆，命令行中的提示与操作如下：

命令: _circle
指定圆的圆心或 ［三点(3P)/两点(2P)/切点、切点、半径(T)］: -34,189✓
指定圆的半径或 ［直径(D)］ <140.0000>: 8.8✓

同理，绘制圆心坐标为（-34,189），半径为15的圆，绘制结果如图6-28所示。

08 镜像处理。单击"修改"工具栏中的"镜像"按钮，将上步绘制的两个圆进行镜像处理，命令行中的提示与操作如下：

命令：_mirror✓
选择对象：（选择上述步骤绘制的两个圆）
指定镜像线的第一点：0,0✓
指定镜像线的第二点：0,10✓
要删除源对象吗？[是(Y)/否(N)] <N>：✓

绘制结果如图 6-29 所示。

图6-27 阵列处理　　　　图6-28 绘制圆　　　　图6-29 饮水机

6.2.2 电视机

绘制如图 6-30 所示的图形。

图6-30 电视机

实讲实训
多媒体演示

多媒体演示参见配套光盘中的\\动画演示\第6章\电视机.avi。

01 单击"图层"工具栏中的"图层特性管理器"按钮，新建两个图层：

❶ "1"图层，颜色为黑色，其余属性默认；
❷ "2"图层，颜色为蓝色，其余属性默认。

02 图形缩放。单击"视图"工具栏中的"实时缩放"按钮，将绘图区域缩放到适当大小。

03 绘制轮廓线。将"2"图层置为当前图层，单击"绘图"工具栏中的"矩形"按钮，绘制矩形，命令行中的提示与操作如下：

命令：_rectang✓
指定第一个角点或 [倒角(C)/标高(E)/圆角(F)/厚度(T)/宽度(W)]：0,0✓
指定另一个角点或 [面积(A)/尺寸(D)/旋转(R)]：2300,100✓

重复"矩形"命令，绘制端点坐标分别为：{（-50,100），（2350,150）}、{（50,155），（@360,900）}、{（2250,155），（@-360,900）}、{（550,155），（@1200,1200）}的 4 个矩

形，。

单击"绘图"工具栏中的"直线"按钮/，绘制直线，命令行中的提示与操作如下：

命令：_line

指定第一点：400,0✓

指定下一点或［放弃(U)］：@0,100✓

指定下一点或［放弃(U)］：✓

命令：line

指定第一点：1900,0✓

指定下一点或［放弃(U)］：@0,100✓

指定下一点或［放弃(U)］：✓

绘制结果如图6-31所示。

04 绘制矩形。将"1"图层置为当前图层，单击"绘图"工具栏中的"矩形"按钮口，
绘制矩形，命令行中的提示与操作如下：

命令：_rectang✓

指定第一个角点或［倒角(C)/标高(E)/圆角(F)/厚度(T)/宽度(W)］：604,585✓

指定另一个角点或［面积(A)/尺寸(D)/旋转(R)］：@1092,716✓

重复"矩形"命令，绘制端点坐标分别为{（605,210），（@1090,280）}、{（745,510），
（@37,35）}、{（810,510），（@340,35）}、{（167,426），（@171,57）}、{（177,436），（@151,37）}、
{（185,168），（@124,46）}、{（195,178），（@104,26）}、{（2133,426），（@-171,57）}、
{（2123,436），（@-151,37）}、{（2115,168），（@-124,46）}、{（2105,178），（@-104,26）}
的11个矩形，绘制结果如图6-32所示。

图6-31　绘制轮廓线

图6-32　绘制矩形

05 绘制圆。单击"绘图"工具栏中的"圆"按钮，绘制圆，命令行中的提示与操作
如下：

命令：_circle

指定圆的圆心或［三点(3P)/两点(2P)/切点、切点、半径(T)］：251,677✓

指定圆的半径或［直径(D)］：131✓

命令：circle

指定圆的圆心或［三点(3P)/两点(2P)/切点、切点、半径(T)］：251,677✓

指定圆的半径或［直径(D)］<131.0000>：111✓

重复"圆"命令，绘制圆心坐标为（244,930），圆的半径分别为103，83的同心圆。

重复"圆"命令，绘制圆心坐标为（2049,677），圆的半径分别为131，111的同心圆。

重复"圆"命令，绘制圆心坐标为（2056,930），圆的半径分别为103，83的同心圆。

绘制结果如图6-33所示。

06 绘制直线。单击"绘图"工具栏中的"直线"按钮，绘制直线，命令行中的提示与操作如下：

命令：line↙
指定第一点：50,506↙
指定下一点或 [放弃(U)]：@360,0↙
指定下一点或 [放弃(U)]：↙
命令：line↙
指定第一点：1890,506↙
指定下一点或 [放弃(U)]：@360,0↙
指定下一点或 [放弃(U)]：↙

07 绘制画面图形。单击"绘图"工具栏中的"矩形"按钮和"圆弧"按钮，完成如图 6-34 所示的图形。

图6-33 绘制圆　　　　　　　　　　图6-34 绘制画面图形

08 圆角处理。单击"修改"工具栏中的"圆角"按钮，圆角半径为 20，绘制结果如图 6-35 所示，命令行中的提示与操作如下：

命令：_fillet↙
当前设置：模式 = 修剪，半径 = 0.0000
选择第一个对象或 [放弃(U)/多段线(P)/半径(R)/修剪(T)/多个(M)]：r↙
指定圆角半径 <0.0000>：20↙
选择第一个对象或 [放弃(U)/多段线(P)/半径(R)/修剪(T)/多个(M)]：p↙
选择二维多段线：（选择如图6-35的矩形）
4 条直线已被圆角

09 图案填充。单击"绘图"工具栏中的"图案填充"按钮，选择合适的填充图案和填充区域，绘制结果如图 6-30 所示。

图6-35 圆角处理

6.3　卫浴平面配景图绘制

在室内设计中常见的家居设施，除了家具电器外，还有洁具。下面将以典型的例子说明洁具的绘制方法与技巧。

6.3.1　浴盆

绘制如图 6-36 所示的图形。

图6-36　浴盆

> **实讲实训**
> **多媒体演示**
> 多媒体演示
> 参见配套光盘中
> 的\\动画演示\第6
> 章\浴盆.avi。

01 单击"图层"工具栏中的"图层特性管理器"按钮，新建两个图层：

❶ "1"图层，颜色为绿色，其余属性默认。

❷ "2"图层，颜色为黑色，其余属性默认。

02 图形缩放。单击"视图"工具栏中的"实时缩放"按钮，将图形界面缩放至适当大小。

03 绘制矩形。将"1"图层置为当前图层，单击"绘图"工具栏中的"矩形"按钮，绘制矩形，命令行中的提示与操作如下：

命令: _rectang✓

指定第一个角点或 [倒角(C)/标高(E)/圆角(F)/厚度(T)/宽度(W)]: 0,0✓

指定另一个角点或 [面积(A)/尺寸(D)/旋转(R)]: 630,1530✓

将"2"图层置为当前图层，单击"绘图"工具栏中的"矩形"按钮，绘制矩形，命令行中的提示与操作如下：

命令: _rectang✓

指定第一个角点或 [倒角(C)/标高(E)/圆角(F)/厚度(T)/宽度(W)]: 27,27✓

指定另一个角点或 [面积(A)/尺寸(D)/旋转(R)]: 606,1503✓

重复"矩形"命令，绘制端点坐标分别为：{（90,340），（540,1441）}、{（126,376），（504,1406）}的另外 4 个矩形。

绘制结果如图 6-37 所示。

04 单击"绘图"工具栏中的"圆"按钮⊙，绘制圆，命令行中的提示与操作如下：

命令：circle✓

指定圆的圆心或［三点(3P)/两点(2P)/切点、切点、半径(T)］：315,1316✓

指定圆的半径或［直径(D)］〈23.0000〉:✓

绘制结果如图 6-38 所示。

05 单击"修改"工具栏中的"分解"按钮⬚，将图形分解，命令行中的提示与操作如下：

命令：_explode✓

选择对象：（选择周长最小的两个矩形）✓

选择对象：✓

注意

分解命令是将一个合成图形分解成为其部件的工具。比如，一个矩形被分解之后会变成4条直线，而一个有宽度的直线分解之后会失去其宽度属性。

06 圆角处理。单击"修改"工具栏中的"圆角"按钮▢，按照图 6-39 所示的圆角半径将图形做圆角处理。

图6-37 绘制矩形　　　图6-38 绘制圆　　　图6-39 圆角半径

其中圆角对象1的两条直线的圆角半径为225,圆角对象2的两条直线的圆角半径为189,如图 6-40 所示。圆角处理之后的图形如图 6-40 所示。

07 单击"修改"工具栏中的"删除"按钮✎，删除图形，命令行中的提示与操作如下：

命令：_erase✓

选择对象：（选择两条直线）✓

选择对象：✓

绘制结果如图 6-41 所示。

08 单击"修改"工具栏中的"复制"按钮🗗，复制图形，命令行中的提示与操作如下：

命令：_copy✓

选择对象：（选择圆弧）找到 1 个

选择对象：

指定基点或［位移(D) /模式(O)］〈位移〉：

指定第二个点或［阵列(A)］〈使用第一个点作为位移〉：@0,230✓

指定第二个点或［阵列(A)/退出(E)/放弃(U)］〈退出〉：

最终效果图如图 6-42 所示。

 注意

> 　　绘图过程中，如果出现了绘制错误或者不太满意的图形，需要删除的，可以利用标准工具栏中的 命令，也可以用"修改"→"删除"。
>
> 　　提示："_erase:"，单击要删除的图形，单击右键就行了。删除命令可以一次删除一个或多个图形，如果删除错误，可以利用 来补救。

图6-40　圆角处理　　　　　图6-41　删除图形　　　　图6-42　浴盆

6.3.2　坐便器

绘制如图 6-43 所示的图形。

01 单击"图层"工具栏中的"图层特性管理器"按钮，新建两个图层：

❶ "1"图层，颜色为绿色，其余属性默认。

❷ "2"图层，颜色为黑色，其余属性默认。

02 将"1"图层置为当前图层，单击"绘图"工具栏中的"样条曲线"按钮，绘制样条曲线，命令行中的提示与操作如下：

命令：_spline✓

当前设置：方式=拟合　节点=弦

指定第一个点或［方式(M)/节点(K)/对象(O)］：180,3✓

输入下一个点或 [起点切向(T)/公差(L)]：86.5,28.3✓
输入下一个点或 [端点相切(T)/公差(L)/放弃(U)/闭合(C)]：22.7,101.2✓
输入下一个点或 [端点相切(T)/公差(L)/放弃(U)/闭合(C)]：1.3,210.4✓

图6-43　坐便器

多媒体演示参见配套光盘中的\\动画演示\第6章\坐便器.avi。

输入下一个点或 [端点相切(T)/公差(L)/放弃(U)/闭合(C)]：11.2,321✓
输入下一个点或 [端点相切(T)/公差(L)/放弃(U)/闭合(C)]：34,384.8✓
输入下一个点或 [端点相切(T)/公差(L)/放弃(U)/闭合(C)]：38.9,408.5✓
输入下一个点或 [端点相切(T)/公差(L)/放弃(U)/闭合(C)]：43,500.3✓
输入下一个点或 [端点相切(T)/公差(L)/放弃(U)/闭合(C)]：✓

绘制结果如图6-44所示。

03 单击"绘图"工具栏中的"圆弧"按钮，绘制圆弧，命令行中的提示与操作如下：

命令：ARC ✓
指定圆弧的起点或 [圆心(C)]：34,384.8✓
指定圆弧的第二个点或 [圆心(C)/端点(E)]：91.3,420.8✓
指定圆弧的端点：178.7,443.8✓

绘制结果如图6-45所示。

04 单击"绘图"工具栏中的"样条曲线"按钮，绘制样条曲线，命令行中的提示与操作如下：

命令：_spline✓
当前设置：方式=拟合　节点=弦
指定第一个点或 [方式(M)/节点(K)/对象(O)]：180,400✓
输入下一个点或 [起点切向(T)/公差(L)]：62.7,323.7✓
输入下一个点或 [端点相切(T)/公差(L)/放弃(U)]：50,220.5✓
输入下一个点或 [端点相切(T)/公差(L)/放弃(U)/闭合(C)]：70,114.8✓
输入下一个点或 [端点相切(T)/公差(L)/放弃(U)/闭合(C)]：112.8,67.3✓
输入下一个点或 [端点相切(T)/公差(L)/放弃(U)/闭合(C)]：180,53✓
输入下一个点或 [端点相切(T)/公差(L)/放弃(U)/闭合(C)]：✓

命令：_spline✓
当前设置：方式=拟合　节点=弦
指定第一个点或 [方式(M)/节点(K)/对象(O)]：131.9,289.7✓

输入下一个点或 [起点切向(T)/公差(L)]: 121.2,260.9↙

输入下一个点或 [端点相切(T)/公差(L)/放弃(U)]: 120.8,230↙

输入下一个点或 [端点相切(T)/公差(L)/放弃(U)/闭合(C)]: 180,180↙

输入下一个点或 [端点相切(T)/公差(L)/放弃(U)/闭合(C)]: ↙

绘制结果如图 6-46 所示。

05 将"2"图层置为当前图层，单击"绘图"工具栏中的"圆"按钮⊙，绘制圆，命令行中的提示与操作如下：

命令: _circle ↙

指定圆的圆心或[三点(3P)/两点(2P)/切点、切点、半径(T)]:: 80,444↙

指定圆的半径或 [直径(D)]: 8↙

绘制结果如图 6-47 所示。

图6-44　绘制样条曲线　　　　图6-45　绘制圆弧　　　　图6-46　绘制样条曲线　　　　图6-47　绘制圆

06 单击"修改"工具栏中的"镜像"按钮◢，将全部绘制的对象，以过点（180,0）和（180,10）的直线为轴镜像，绘制结果如图 6-48 所示。

07 单击"绘图"工具栏中的"矩形"按钮▢，绘制水箱，命令行中的提示与操作如下：

命令: _rectang↙

指定第一个角点或 [倒角(C)/标高(E)/圆角(F)/厚度(T)/宽度(W)]: 0,500.3↙

指定另一个角点或 [面积(A)/尺寸(D)/旋转(R)]: 360,660↙

单击"绘图"工具栏中的"多段线"按钮⌐，绘制多段线，命令行中的提示与操作如下：

命令: _pline↙

指定起点: 140,560↙

当前线宽为 0.0000

指定下一个点或 [圆弧(A)/半宽(H)/长度(L)/放弃(U)/宽度(W)]: @80,0↙

指定下一个点或 [圆弧(A)/闭合(C)/半宽(H)/长度(L)/放弃(U)/宽度(W)]: a↙

指定圆弧的端点或[角度(A)/圆心(CE)/闭合(CL)/方向(D)/半宽(H)/直线(L)/半径(R)/第二个点(S)/放弃(U)/宽度(W)]: @0,-20↙

指定圆弧的端点或[角度(A)/圆心(CE)/闭合(CL)/方向(D)/半宽(H)/直线(L)/半径(R)/第二个点(S)/放弃(U)/宽度(W)]: l↙

指定下一点或 [圆弧(A)/闭合(C)/半宽(H)/长度(L)/放弃(U)/宽度(W)]: @-80,0↙

指定下一点或 [圆弧(A)/闭合(C)/半宽(H)/长度(L)/放弃(U)/宽度(W)]: a↙

指定圆弧的端点或[角度(A)/圆心(CE)/闭合(CL)/方向(D)/半宽(H)/直线(L)/半径(R)/第二个点(S)/放弃(U)/宽度(W)]: @0,20↙

指定圆弧的端点或[角度(A)/圆心(CE)/闭合(CL)/方向(D)/半宽(H)/直线(L)/半径(R)/第二个点(S)/放弃(U)/宽度(W)]: ↙

绘制结果如图 6-49 所示。

08 单击"修改"工具栏中的"偏移"按钮 、"复制"按钮 ，做细部加工，最终结果如图 6-43 所示。

图6-48 镜像处理

图6-49 绘制水箱

6.4 厨具平面配景图绘制

在室内设计中常见的厨房设施中，除了电器外，还有厨具。下面将以典型的例子说明厨具的绘制方法与技巧。

6.4.1 燃气灶

绘制如图 6-50 所示的图形。

图6-50 燃气灶

> **实讲实训**
> **多媒体演示**
>
> 多媒体演示
> 参见配套光盘中
> 的\\动画演示\第6
> 章\燃气灶.avi。

01 单击"绘图"工具栏中的"矩形"按钮 ，绘制轮廓线，命令行中的提示与操作如下：

命令: _rectang↙
指定第一个角点或 [倒角(C)/标高(E)/圆角(F)/厚度(T)/宽度(W)]: 0,0↙
指定另一个角点或 [面积(A)/尺寸(D)/旋转(R)]: 700,400↙

重复"矩形"命令,绘制端点坐标分别为:{(8,8),(692,52)}、{(9.6,70),(689.8,388.5)}、{(276.4,99),(424.6,360)}的另外3个矩形。

单击"绘图"工具栏中的"直线"按钮 ⁄，绘制直线,命令行中的提示与操作如下:

命令:_line ⁄
指定第一点: 0,60 ⁄
指定下一点或 [放弃(U)]: @700,0 ⁄
指定下一点或 [放弃(U)]: ⁄

绘制结果如图6-51所示。

02 单击"修改"工具栏中的"圆角"按钮 ◻，将上述绘制的最后一个矩形进行圆角处理,圆角半径为20,结果如图6-52所示。

图6-51 绘制轮廓线

图6-52 圆角处理

03 单击"绘图"工具栏中的"圆"按钮 ⊚，绘制圆,命令行中的提示与操作如下:

命令:_circle ⁄
指定圆的圆心或 [三点(3P)/两点(2P)/切点、切点、半径(T)]: 150,230 ⁄
指定圆的半径或 [直径(D)]: 17 ⁄

重复"圆"命令,绘制圆心坐标为(150,230),圆的半径分别为 50,65,106,117 的另外4个同心圆。完成灶头的绘制,绘制结果如图6-53所示。

04 单击"绘图"工具栏中的"矩形"按钮 ▭，绘制矩形,命令行中的提示与操作如下:

命令:_rectang ⁄
指定第一个角点或 [倒角(C)/标高(E)/圆角(F)/厚度(T)/宽度(W)]: 146,346 ⁄
指定另一个角点或 [面积(A)/尺寸(D)/旋转(R)]: @8,-40 ⁄

绘制结果如图6-54所示。

图6-53 绘制圆

图6-54 绘制矩形

05 单击"修改"工具栏中的"环形阵列"按钮 ❖，选择上述绘制的矩形为阵列对象,阵列中心为(150,230),项目总数为4,填充角度为360,阵列处理之后结果如图 6-55 所示。

06 单击"绘图"工具栏中的"多边形"按钮，绘制正六边形，命令行中的提示与操作如下：

　　命令：_polygon
　　输入侧边数〈4〉：6↙
　　指定正多边形的中心点或［边(E)］：100,180↙
　　输入选项［内接于圆(I)/外切于圆(C)］〈I〉：I↙
　　指定圆的半径：6↙
　　绘制结果如图6-56所示。

图6-55　阵列处理

图6-56　绘制正多边形

07 单击"修改"工具栏中的"矩形阵列"按钮，选择以上述绘制的正多边形为阵列对象，输入行数为6，列数为6，行间距为22，列间距为22，阵列处理绘制结果如图6-57所示。

08 单击"修改"工具栏中的"删除"按钮和"修剪"按钮，删除与修剪图形，将图6-57修改成为如图6-58所示。

图6-57　阵列处理

图6-58　删除与修剪

09 单击"绘图"工具栏中的"圆"按钮，绘制旋钮，命令行中的提示与操作如下：

　　命令：_circle ↙
　　指定圆的圆心或［三点(3P)/两点(2P)/切点、切点、半径(T)］：154,30↙
　　指定圆的半径或［直径(D)］〈117.0000〉：22↙
　　单击"绘图"工具栏中的"矩形"按钮，绘制矩形，命令行中的提示与操作如下：

　　命令：_rectang↙
　　指定第一个角点或［倒角(C)/标高(E)/圆角(F)/厚度(T)/宽度(W)］：150,8↙
　　指定另一个角点或［面积(A)/尺寸(D)/旋转(R)］：158,52↙
　　绘制结果如图6-59所示。

10 单击"修改"工具栏中的"镜像"按钮，镜像处理，命令行中的提示与操作如下：

　　命令：_mirror↙

选择对象：（选择灶头与旋钮）↙

选择对象：↙

指定镜像线的第一点：350,0↙

指定镜像线的第二点：350,10↙

要删除源对象吗？[是(Y)/否(N)] <N>:↙

绘制结果如图 6-60 所示。

图6-59　绘制旋钮

图6-60　燃气灶

6.4.2　锅

绘制如图 6-61 所示的图形。

图6-61　锅

01 单击"图层"工具栏中的"图层特性管理器"按钮，新建两个图层：

❶ "1"图层，颜色为绿色，其余属性默认。

❷ "2"图层，颜色为黑色，其余属性默认。

02 单击"视图"工具栏中的"实时缩放"按钮，将图形界面缩放至适当大小。

03 将"2"图层置为当前图层，单击"绘图"工具栏中的"多段线"按钮，绘制锅轮廓线，命令行中的提示与操作如下：

命令：_pline↙

指定起点：0,0

当前线宽为 0.0000

指定下一个点或 [圆弧(A)/半宽(H)/长度(L)/放弃(U)/宽度(W)]：157.5,0↙

指定下一点或 [圆弧(A)/闭合(C)/半宽(H)/长度(L)/放弃(U)/宽度(W)]：a↙

指定圆弧的端点或[角度(A)/圆心(CE)/闭合(CL)/方向(D)/半宽(H)/直线(L)/半径(R)/第二个点(S)/放弃(U)/宽度(W)]：s↙

指定圆弧上的第二个点：196.4,49.2↙

指定圆弧的端点：201.5,94.4↙

指定圆弧的端点或 [角度(A)/圆心(CE)/闭合(CL)/方向(D)/半宽(H)/直线(L)/半径(R)/第二个点

(S)/放弃(U)/宽度(W)]: s↙

　　指定圆弧上的第二个点: 191, 155.6↙

　　指定圆弧的端点: 187.5, 217.5↙

　　指定圆弧的端点或[角度(A)/圆心(CE)/闭合(CL)/方向(D)/半宽(H)/直线(L)/半径(R)/第二个点

(S)/放弃(U)/宽度(W)]: s↙

　　指定圆弧上的第二个点: 192.3, 220.2↙

　　指定圆弧的端点: 195, 225↙

　　指定圆弧的端点或[角度(A)/圆心(CE)/闭合(CL)/方向(D)/半宽(H)/直线(L)/半径(R)/第二个点

(S)/放弃(U)/宽度(W)]: 1↙

　　指定下一点或 [圆弧(A)/闭合(C)/半宽(H)/长度(L)/放弃(U)/宽度(W)]: 0, 225↙

　　指定下一点或 [圆弧(A)/闭合(C)/半宽(H)/长度(L)/放弃(U)/宽度(W)]: ↙

　　将 "1" 图层置为当前图层，单击 "绘图" 工具栏中的 "直线" 按钮 ，绘制直线，命令行中的提示与操作如下：

　　命令: line↙

　　指定第一点: 0, 10.5↙

　　指定下一点或 [放弃(U)]: 172.5, 10.5↙

　　指定下一点或 [放弃(U)]: ↙

　　重复 "直线" 命令，绘制两端点分别为：{ (0, 217.5), (187.5, 217.5) }的另外 1 条直线。绘制结果如图 6-62 所示。

04 单击 "绘图" 工具栏中的 "多段线" 按钮 ，绘制扶手，命令行中的提示与操作如下：

　　命令: _pline↙

　　指定起点: 188, 194.6↙

　　当前线宽为 0.0000

　　指定下一个点或 [圆弧(A)/半宽(H)/长度(L)/放弃(U)/宽度(W)]: a↙

　　指定圆弧的端点或[角度(A)/圆心(CE)/方向(D)/半宽(H)/直线(L)/半径(R)/第二个点(S)/放弃(U)/

宽度(W)]: s↙

　　指定圆弧上的第二个点: 193.6, 192.7↙

　　指定圆弧的端点: 196.7, 187.7↙

　　指定圆弧的端点或[角度(A)/圆心(CE)/闭合(CL)/方向(D)/半宽(H)/直线(L)/半径(R)/第二个点

(S)/放弃(U)/宽度(W)]: 1↙

　　指定下一点或 [圆弧(A)/闭合(C)/半宽(H)/长度(L)/放弃(U)/宽度(W)]: 197.9, 165↙

　　指定下一点或 [圆弧(A)/闭合(C)/半宽(H)/长度(L)/放弃(U)/宽度(W)]: a↙

　　指定圆弧的端点或[角度(A)/圆心(CE)/闭合(CL)/方向(D)/半宽(H)/直线(L)/半径(R)/第二个点

(S)/放弃(U)/宽度(W)]: s↙

　　指定圆弧上的第二个点: 195.4, 160.5↙

　　指定圆弧的端点: 190.8, 158↙

　　指定圆弧的端点或[角度(A)/圆心(CE)/闭合(CL)/方向(D)/半宽(H)/直线(L)/半径(R)/第二个点

(S)/放弃(U)/宽度(W)]: ↙

　　命令: pline↙

　　指定起点: 196.7, 187.7↙

　　当前线宽为 0.0000

　　指定下一个点或 [圆弧(A)/半宽(H)/长度(L)/放弃(U)/宽度(W)]: 259.2, 198.7↙

指定下一点或 [圆弧(A)/闭合(C)/半宽(H)/长度(L)/放弃(U)/宽度(W)]: a↙

指定圆弧的端点或[角度(A)/圆心(CE)/闭合(CL)/方向(D)/半宽(H)/直线(L)/半径(R)/第二个点(S)/放弃(U)/宽度(W)]: s↙

指定圆弧上的第二个点: 267.3, 188.9↙

指定圆弧的端点: 263.8, 176.7↙

指定圆弧的端点或[角度(A)/圆心(CE)/闭合(CL)/方向(D)/半宽(H)/直线(L)/半径(R)/第二个点(S)/放弃(U)/宽度(W)]: 1↙

指定下一点或 [圆弧(A)/闭合(C)/半宽(H)/长度(L)/放弃(U)/宽度(W)]: 197.9,165↙

指定下一点或 [圆弧(A)/闭合(C)/半宽(H)/长度(L)/放弃(U)/宽度(W)]: ↙

绘制结果如图 6-63 所示。

图6-62　绘制轮廓线　　　　　　　　图6-63　绘制扶手

05 绘制锅盖。单击"绘图"工具栏中的"圆弧"按钮，绘制弧线，命令行中的提示与操作如下：

命令：_arc 指定圆弧的起点或 [圆心(C)]: 195,225↙

指定圆弧的第二个点或 [圆心(C)/端点(E)]: 124.5,241.3↙

指定圆弧的端点: 52.5,247.5↙

单击"绘图"工具栏中的"矩形"按钮，绘制矩形，命令行中的提示与操作如下：

命令：_rectang↙

指定第一个角点或 [倒角(C)/标高(E)/圆角(F)/厚度(T)/宽度(W)]: 52.5,247.5↙

指定另一个角点或 [尺寸(D)]: -52.5,255↙

重复"矩形"命令，绘制两角点分别为：{(31.4,255)，(@-62.8,6)}的另外 1 个矩形。

单击"绘图"工具栏中的"多段线"按钮，绘制多段线，命令行中的提示与操作如下：

命令：_pline↙

指定起点: 26.3,261↙

当前线宽为 0.0000

指定下一个点或 [圆弧(A)/半宽(H)/长度(L)/放弃(U)/宽度(W)]: @0,30↙

指定下一点或 [圆弧(A)/闭合(C)/半宽(H)/长度(L)/放弃(U)/宽度(W)]: a↙

指定圆弧的端点或[角度(A)/圆心(CE)/闭合(CL)/方向(D)/半宽(H)/直线(L)/半径(R)/第二个点(S)/放弃(U)/宽度(W)]: s↙

指定圆弧上的第二个点: 31.5,296.3↙

指定圆弧的端点: 26.3,301.5↙

指定圆弧的端点或[角度(A)/圆心(CE)/闭合(CL)/方向(D)/半宽(H)/直线(L)/半径(R)/第二个点(S)/放弃(U)/宽度(W)]: 1↙

指定下一点或 [圆弧(A)/闭合(C)/半宽(H)/长度(L)/放弃(U)/宽度(W)]: 0,301.5↙

指定下一点或 [圆弧(A)/闭合(C)/半宽(H)/长度(L)/放弃(U)/宽度(W)]: ↙

单击"绘图"工具栏中的"直线"按钮，绘制直线，命令行中的提示与操作如下：

命令：_line

指定第一点：26.3,291✓

指定下一点或［放弃(U)］：@-26.3，0✓

指定下一点或［放弃(U)］：✓

绘制结果如图6-64所示。

06 将"1"图层置为当前图层，单击"修改"工具栏中的"镜像"按钮，将整个对象以端点坐标为（0,0）和（0,10）的线段为对称线镜像处理，然后再单击"绘图"工具栏中的"圆弧"按钮和"直线"按钮，细化图形，绘制结果如图6-65所示。

图6-64 绘制锅盖   图6-65 锅具

第7章
室内设计制图的准备知识

导读

本章将简要讲述室内装饰及其装饰图设计的一些基本知识，包括：室内设计的内容、室内设计中的几个要素以及室内设计的创意与思路等，同时还介绍了室内设计制图基本知识。此外，并提供一些公共建筑和住宅建筑的工程案例供进行室内设计学习和欣赏。

精彩内容

◉ 室内设计制图基本知识

◉ 室内装饰设计欣赏

7.1 室内设计基本知识

在进行室内设计前，要对室内设计有个大体的了解，包括设计前的准备工作，设计过程中应该考虑到的因素，例如空间布局，色彩和材料，以及家具的陈设等。

1．设计前的准备工作

（1）明确设计任务及要求：功能要求、工程规模、装修等级标准、总造价、设计期限及进度、室内风格特征及室内氛围趋向、文化内涵等。

（2）现场收集实际第一手资料，收集必要的相关工程图样，查阅同类工程的设计资料或现场参观学习同类工程，获取设计素材。

（3）熟悉相关标准、规范和法规的要求，熟悉定额标准，熟悉市场的设计收费惯例。

（4）与业主签订设计合同，明确双方责任、权利及义务。

（5）考虑与各工种协调配合的问题。

2．两个出发点和一个归宿

室内设计力图满足使用者各种物质上的需求和精神上的需求。在进行室内设计时，应注意两个出发点：一个出发点是室内环境的使用者；另一个出发点是既有的建筑条件，包括建筑空间情况、配套的设备条件（水、暖、电、通信等）及建筑周边环境特征。一个归宿是创造良好的室内环境。

第一个出发点是基于以人为本的设计理念提出的。对于装修工程，小到个人、家庭，大到一个集团的全体职员，都是设计师服务的对象。有的设计师比较倾向于表现个人艺术风格，而忽略了这一点。从使用者的角度考察，我们应注意以下几个方面：

（1）人体尺度。考察人体尺度，可以获得人在室内空间里完成各种活动时所需的动作范围，作为确定构成室内空间的各部分尺度的依据。在很多设计手册里都有各种人体尺度的参数，读者在需要时可以查阅。然而，仅仅满足人体活动的空间是不够，确定空间尺度时还需考虑人的心理需求空间，它的范围比活动空间大。此外，在特意塑造某种空间意象时（例如高大、空旷、肃穆等），空间尺度还要作相应的调整。

（2）室内功能要求、装修等级标准、室内风格特征及室内氛围趋向、文化内涵要求等。一方面设计师可以直接从业主那里获得这些信息，另一方设计师也可以就这些问题给业主提出建议或者跟业主协商解决。

（3）造价控制及设计进度。室内设计要考虑客户的经济承受能力，否则无法实施。如今生活工作的节奏比较快，把握设计期限和进度，有利于按时完成设计任务、保证设计质量。

第二个出发点在于仔细把握现有的建筑客观条件，充分利用它的有利因素，局部纠正或规避不利因素。

3．空间布局

在进行空间布局时，一般要注意动静分区、洁污分区、公私分区等问题。动静分区就是指相对安静的空间和相对嘈杂的空间应有一定程度的分离，以免互相干扰。例如在住宅里，餐厅、厨房、客厅与卧室相互分离；在宾馆里，客房部与餐饮部相互分离等。洁污分区，也叫干湿分区，指的是诸如卫生间、厨房这种潮湿环境应该跟其他清洁、干燥的空间分离。公私分区是针对空间的私密性问题提出来的，空间要体现私密、半私密、公开的层次特征。另外，还有主要空间和辅助空间之分。主要空间应争取布置在具有多个有利因素的位置上，辅助空间布置在次要位置上。这些是对空间布置上的普遍看法，在实际操作中则应具体问题具体分析，做到有理有据、灵活处理。

室内设计师直接参与建筑空间的布局和划分的机会较小。大多情况下，室内设计师面对的是已经布局好了的空间。比如在一套住宅里，起居厅、卧室、厨房等空间和它们之间的连接方式基本上已经确定；再如写字楼里办公区、卫生间、电梯间等空间及相对位置也已确定了。于是，室内设计师在把握建筑师空间布局特征的基础上，需要亲自处理的是更微观的空间布局。比如住宅里，应如何布置沙发、茶几、家庭影视设备，如何处理地面、墙面、顶棚等构成要素以完善室内空间；再如将一个建筑空间布置成快餐店，应考虑哪个区域布置就餐区、哪个区域布置服务台、哪个区域布置厨房、如何引导流线等。

4．室内色彩和材料

（1）室内环境的色彩主要反映为空间各部件的表面颜色，以及各种颜色相互影响后的视觉感受，它们还受光源（天然光、人工光）的照度、光色和显色性等因素的影响。

（2）仔细结合材质、光线研究色彩的选用和搭配，使之协调统一，有情趣、有特色，能突出主题。

（3）考虑室内环境使用者的心理需求、文化倾向和要求等因素。

材料的选择，须注意材料的质地、性能、色彩、经济性、健康环保等问题。

5．室内物理环境

（1）室内光环境。室内的光线，来源于两个方面，一方面是天然光，另一方面是人工光。天然光由直射太阳光和阳光穿过地球大气层时扩散而成的天空光组成。人工光主要是指各种电光源发出的光线。

尽量争取利用自然光满足室内的照度要求，在不能满足照度要求的地方辅助人工照明。我国大部分地区处在北半球，一般情况下，一定量的直射阳光照射到室内，有利于室内杀菌和人的身体健康，特别是在冬天；在夏天，炎热的阳光射到室内会使室内迅速升温，时间长了会使室内陈设物品退色、变质等，所以应注意遮阳、隔热问题。

照明设计应注意以下几个因素：①合适的照度；②适当的亮度对比；③宜人的光色；④良好的显色性；⑤避免眩光；⑥正确的投光方向。除此之外，在选择灯具时，应注意其发光效率、寿命及是否便于安装等因素。目前国家出台的相关照明设计标准中规定有各种室内空间的平均照度标准值，许多设计手册中也提供了各种灯具的性能参数，读者可以参阅。

（2）室内声环境。室内声环境的处理，主要包括两个方面。一方面是室内音质的设计，如音乐厅、电影院、录音室等，目的是提高室内音质，满足应有的听觉效果；另一方面是隔声与降噪，旨在隔绝和降低各种噪声对室内环境的干扰。

（3）室内热工环境。室内热工环境由室内热辐射、室内温度、湿度、空气流速等因素综合影响。为了满足人们舒适、健康的要求，在进行室内设计时，应结合空间布局、材料构造、家具陈设、色彩、绿化等方面综合考虑。

6．室内家具陈设

家具是室内环境的重要组成部分，也是室内设计需要处理的重点之一。在选购和设计家具时，应该注意以下几个方面：

（1）家具的功能、尺度、材料及做工等。

（2）形式美的要求，宜与室内风格、主题协调。

（3）业主的经济承受能力。

（4）充分利用室内空间。

室内陈设一般包括各种家用电器、运动器材、器皿、书籍、化妆品、艺术品及其他个人收藏等。处理这些陈设物品，宜适度、得体，避免庸俗化。

7. 室内绿化

绿色植物常常是生机盎然的象征，把绿化引进室内，有助于塑造室内环境。常见的室内绿化有盆栽、盆景、插花等形式，一些公共室内空间和一些居住空间也综合运用花木、山石、水景等园林手法来达到绿化目的，例如宾馆的中庭设计等。

绿化能够改善和美化室内环境，功能灵活多样。可以在一定程度上改善空气质量、改善人的心情，也可以利用它来分隔空间、引导空间、突出或遮掩局部位置。

进行室内绿化时，应该注意以下因素：

（1）植物是否对人体有害。注意植物散发的气味是否对身体有害，或者使用者对植物的气味是否过敏，有刺的植物不应让儿童接近等。

（2）植物的生长习性。注意植物喜阴还是喜阳、喜潮湿还是喜干燥、常绿还是落叶等习性，以及土壤需求、花期、生长速度等。

（3）植物的形状、大小和叶子的形状、大小、颜色等。注意选择合适的植物和合适的搭配。

（4）与环境协调，突出主题。

（5）精心设计、精心施工。

8. 室内设计制图

不管多么优秀的设计思想都要通过图样来传达。准确、清晰、美观的制图是室内设计不可缺少的部分，对能否中标和指导施工起着重要的作用，是设计师必备的技能。如图7-1所示是某个住宅项目装饰方案效果图。如图7-2所示是某个住宅项目装饰平面施工图。

图 7-1　住宅装饰方案效果图

图 7-2　住宅装饰平面施工图

7.2 室内设计制图基本知识

室内设计图样是交流设计思想、传达设计意图的技术文件，是室内装饰施工的依据，所以，应该遵循统一制图规范，在正确的制图理论及方法的指导下完成，否则就会失去图样的意义。因此，即使是在当今大量采用计算机绘图的形势下，仍然有必要掌握基本绘图知识。

7.2.1 室内设计制图的要求及规范

1. 图幅、图标及会签栏

图幅即图面的大小。根据国家标准的规定，按图面的长和宽的大小确定图幅的等级。室内设计常用的图幅有 A0（也称 0 号图幅，其余类推）、A1、A2、A3 及 A4，每种图幅的长宽尺寸见表 7-1，表中的尺寸代号意义如图 7-3 和图 7-4 所示。

表7-1 图幅标准 （单位：mm）

尺寸代号＼图幅代号	A0	A1	A2	A3	A4
b×1	841×1189	594×841	420×594	297×420	210×297
c	10			5	
A	25				

图 7-3 A0～A3 图幅格式

图标即图纸的图标栏，它包括设计单位名称、工程名称、签字区、图名区及图号区等内容。一般图标格式如图 7-5 所示，如今不少设计单位采用自己个性化的图标格式，但是仍必须包括这几项内容。会签栏是为各工种负责人审核后签名用的表格，它包括专业、姓名、日期等内容，具体内容根据需要设置，如图 7-6 所示为其中一种格式。对于不需要会签的图样，可以不设此栏。

图 7-4 A4 图幅格式

设计单位名称	工程名称区	
签字区	图名区	图号区

图 7-5 图标格式

(专业)	(实名)	(签名)	(日期)

图 7-6 会签栏格式

2．线型要求

室内设计图主要由各种线条构成，不同的线型表示不同的对象和不同的部位，代表着不同的含义。为了图面能够清晰、准确、美观地表达设计思想，工程实践中采用了一套常用的线型，并规定了它们的使用范围，常用线型见表7-2。在 AutoCAD 2014 中，可以通过"图层"中"线型"、"线宽"的设置来选定所需线型。

 注意

标准实线宽度b=0.4~0.8mm。

3．尺寸标注

具体在对室内设计图进行标注时要注意下面一些标注原则：

（1）尺寸标注应力求准确、清晰、美观大方。同一张图样中，标注风格应保持一致。

（2）尺寸线应尽量标注在图样轮廓线以外，从内到外依次标注从小到大的尺寸，不能将大尺寸标在内，而小尺寸标在外，如图 7-7 所示。

（3）最内一道尺寸线与图样轮廓线之间的距离不应小于 10mm，两道尺寸线之间的距离一般为 7~10mm。

（4）尺寸界线朝向图样的端头距图样轮廓的距离应≥2mm，不宜直接与之相连。

表7-2　常用线型

名称		线　型	线宽	适　用　范　围
线	粗		b	建筑平面图、剖面图、构造详图的被剖切截面的轮廓线；建筑立面图、室内立面图外轮廓线；图框线
	中		0.5b	室内设计图中被剖切的次要构件的轮廓线；室内平面图、顶棚图、立面图、家具三视图中构配件的轮廓线等
	细		≤0.25b	尺寸线、图例线、索引符号、地面材料线及其他细部刻画用线
虚线	中		0.5b	主要用于构造详图中不可见的实物轮廓
	细		≤0.25b	其他不可见的次要实物轮廓线
点画线	细		≤0.25b	轴线、构配件的中心线、对称线等
折断线	细		≤0.25b	省画图样时的断开界线
波浪线	细		≤0.25b	构造层次的断开界线，有时也表示省略画出时的断开界线

图7-7　尺寸标注正误对比

（5）在图线拥挤的地方，应合理安排尺寸线的位置，但不宜与图线、文字及符号相交；可以考虑将轮廓线用作尺寸界线，但不能做为尺寸线。

（6）对于连续相同的尺寸，可以采用"均分"或"（EQ）"字样代替，如图7-8所示。

图7-8　相同尺寸的省略

4．文字说明

在一幅完整的图样中用图线方式表现得不充分和无法用图线表示的地方，就需要进行文字说明，例如材料名称、构配件名称、构造做法、统计表及图名等。文字说明是图样内容的重要组成部分，制图规范对文字标注中的字体、字的大小、字体字号搭配等方面作了一些具体规定。

（1）一般原则：字体端正，排列整齐，清晰准确，美观大方，避免过于个性化的文字标注。

（2）字体：一般标注推荐采用仿宋字，标题可用楷体、隶书、黑体字等。例如：

仿宋：室内设计（小四）室内设计（四号）室内设计（二号）

黑体：室内设计（四号）室内设计（小二）

楷体：室内设计（四号）室内设计（二号）

隶书：室内设计（三号）室内设计（一号）

字母、数字及符号：0123456789abcdefghijk％ @ 或

0123456789abcdefghijk％@

（3）字的大小：标注的文字高度要适中。同一类型的文字采用同一大小的字。较大的字用于较概括性的说明内容，较小的字用于较细致的说明内容。

（4）字体及大小的搭配注意体现层次感。

5．常用图示标志

（1）详图索引符号及详图符号。室内平、立、剖面图中，在需要另设详图表示的部位，标注一个索引符号，以表明该详图的位置，这个索引符号就是详图索引符号。详图索引符号采用细实线绘制，圆圈直径 10mm。如图 7-9 所示，图 d～g 用于索引剖面详图，当详图就在本张图样时，采用图 7-9a 的形式，详图不在本张图样时，采用图 7-9b～g 的形式。

图 7-9　详图索引符号

详图符号即详图的编号，用粗实线绘制，圆圈直径14mm，如图7-10所示。

图7-10　详图符号

（2）引出线。由图样引出一条或多条线段指向文字说明，该线段就是引出线。引出线与水平方向的夹角一般采用0°、30°、45°、60°、90°，常见的引出线形式如图7-11所示。图7-11a～d为普通引出线，图7-11e～h为多层构造引出线。使用多层构造引出线时，应注意构造分层的顺序要与文字说明的分层顺序一致。文字说明可以放在引出线的端头（如图7-11a～h所示），也可放在引出线水平段之上（如图7-11i所示）。

（3）内视符号。在房屋建筑中，一个特定的室内空间领域总存在竖向分隔（隔断或墙体）来界定。因此，根据具体情况，就有可能绘制1个或多个立面图来表达隔断、墙体及家具、构配件的设计情况。内视符号标注在平面图中，包含视点位置、方向和编号3个信息，建立平面图和室内立面图之间的联系。内视符号的形式如图7-12所示。图中立面图编号可用英文字母或阿拉伯数字表示，黑色的箭头指向表示立面的方向；图7-12a为单向内视符号，图7-12b为双向内视符号，图7-12c为四向内视符号，A、B、C、D顺时针标注。

为了方便读者查阅，将其他常用符号及其意义见表7-3。

图7-11　引出线形式

6. 常用材料符号

a)

b)

c)

图7-12　内视符号

表7-3　室内设计图常用符号图例

符　号	说　明	符　号	说　明
3.600 ▽　　3.600 ▽	标高符号，线上数字为标高值，单位为m下面一种在标注位置比较拥挤时采用	i=5%	表示坡度
1　　　1	标注剖切位置的符号，标数字的方向为投影方向，"1"与剖面图的编号"7-1"对应	2　　　2	标注绘制断面图的位置，标数字的方向为投影方向，"2"与断面图的编号"2-2"对应
对称符号	对称符号。在对称图形的中轴位置画此符号，可以省画另一半图形	指北针	指北针
楼板开方孔	楼板开方孔	楼板开圆孔	楼板开圆孔
@	表示重复出现的固定间隔，例如"双向木格栅@500"	Φ	表示直径，如Φ30
平面图 1:100	图名及比例	① 1:5	索引详图名及比例
单扇平开门	单扇平开门	旋转门	旋转门
双扇平开门	双扇平开门	卷帘门	卷帘门

（续）

符　号	说　明	符　号	说　明
	子母门		单扇推拉门
	单扇弹簧门		双扇推拉门
	四扇推拉门		折叠门
	窗		首层楼梯
	顶层楼梯		中间层楼梯

　　室内设计图中经常应用材料图例来表示材料，在无法用图例表示的地方，也采用文字说明。为了方便读者，将常用的图例汇集见表7-4。

　　7．常用绘图比例

　　（1）平面图：1:50，1:100等。

　　（2）立面图：1:20，1:30，1:50，1:100等。

　　（3）顶棚图：1:50，1:100等。

　　（4）构造详图：1:1，1:2，1:5，1:10，1:20等。

7.2.2　室内设计制图的内容

　　如前所述，一套完整的室内设计图一般包括平面图、顶棚图、立面图、构造详图和透视图。下面简述各种图样的概念及内容。

　　1．室内平面图

　　室内平面图是以平行于地面的切面在距地面1.5mm左右的位置将上部切去而形成的正投影图。室内平面图中应表达的内容有：

　　（1）墙体、隔断及门窗、各空间大小及布局、家具陈设、人流交通路线、室内绿化等；

若不单独绘制地面材料平面图，则应该在平面图中表示地面材料。

表7-4　常用材料图例

材 料 图 例	说　明	材 料 图 例	说　明
	自然土壤		夯实土壤
	毛石砌体		普通转
	石材		砂、灰土
	空心砖		松散材料
	混凝土		钢筋混凝土
	多孔材料		金属
	矿渣、炉渣		玻璃
	纤维材料		防水材料　上下两种根据绘图比例大小选用
	木材		液体，须注明液体名称

（2）标注各房间尺寸、家具陈设尺寸及布局尺寸，对于复杂的公共建筑，则应标注轴线编号。

（3）注明地面材料名称及规格。

（4）注明房间名称、家具名称。

（5）注明室内地坪标高。

（6）注明详图索引符号、图例及立面内视符号。

（7）注明图名和比例。

（8）若需要辅助文字说明的平面图，还要注明文字说明、统计表格等。

2．室内顶棚图

室内设计顶棚图是根据顶棚在其下方假想的水平镜面上的正投影绘制而成的镜像投影图。顶棚图中应表达的内容有：

（1）顶棚的造型及材料说明。

（2）顶棚灯具和电器的图例、名称规格等说明。

（3）顶棚造型尺寸标注、灯具、电器的安装位置标注。

（4）顶棚标高标注。

（5）顶棚细部做法的说明。

（6）详图索引符号、图名、比例等。

3．室内立面图

以平行于室内墙面的切面将前面部分切去后，剩余部分的正投影图即室内立面图。

（1）墙面造型、材质及家具陈设在立面上的正投影图。

（2）门窗立面及其他装饰元素立面。

（3）立面各组成部分尺寸、地坪吊顶标高。

（4）材料名称及细部做法说明。

（5）详图索引符号、图名、比例等。

4．构造详图

为了放大个别设计内容和细部做法，多以剖面图的方式表达局部剖开后的情况，这就是构造详图。表达的内容有：

（1）以剖面图的绘制方法绘制出各材料断面、构配件断面及其相互关系。

（2）用细线表示出剖视方向上看到的部位轮廓及相互关系。

（3）标出材料断面图例。

（4）用指引线标出构造层次的材料名称及做法。

（5）标出其他构造做法。

（6）标注各部分尺寸。

（7）标注详图编号和比例。

5．透视图

透视图是根据透视原理在平面上绘制出能够反映三维空间效果的图形，它与人的视觉空间感受相似。室内设计常用的绘制方法有一点透视、两点透视（成角透视）、鸟瞰图 3 种。

透视图可以通过人工绘制，也可以应用计算机绘制，它能直观表达设计思想和效果，故也称作效果图或表现图，是一个完整的设计方案不可缺少的部分。鉴于本书重点是介绍应用 AutoCAD 2014 绘制二维图形，因此本书中不包含这部分内容。

7.3　室内装饰设计欣赏

他山之石，可以攻玉。多看，多交流有助于提高设计水平和鉴赏能力。所以在进行室内设计前，先来看看别人的设计效果图。

室内设计要美化环境是无可置疑的，但如何达到美化的目的，有不同的手法：

（1）有的用装饰符号作为室内设计的效果。

（2）现代室内设计的手法，该手法即是在满足功能要求的情况下，利用材料、色彩、质感、光影等有序地布置创造美。

（3）空间分割。组织和划分平面与空间，这是室内设计的一个主要手法。利用该设计手法，巧妙地布置平面和利用空间，有时可以突破原有的建筑平面、空间的限制，满足室内需要。在另一种情况下，设计又能使室内空间流通、平面灵活多变。

（4）民族特色。在表达民族特色方面，应采用设计手法，使室内充满民族韵味，而不是民族符号、文字的堆砌。

（5）其他设计手法。如：突出主题、人流导向、制造气氛等都是室内设计的手法。

室内设计人员、往往首先拿到的是一个建筑的外壳，这个外壳或许是新建的，或许是老建筑，设计的魅力就在于在原有建筑的各种限制下做出最理想的方案。下面将列举介绍一些公共空间和住宅室内装饰效果图，供在室内装饰设计中学习参考和借鉴。

7.3.1　公共建筑空间室内设计效果欣赏

（1）大堂装饰效果图，如图7-13所示。

（2）餐馆装饰效果图，如图7-14所示。

图7-13　大堂装饰效果图

图7-14　餐馆装饰效果图

图7-15　电梯厅装饰效果图

图7-16　商业展厅装饰效果图

（3）电梯厅装饰效果图，如图 7-15 所示。

（4）商业展厅装饰效果图，如图 7-16 所示。

（5）店铺装饰效果图，如图 7-17 所示。

（6）办公室装饰效果图，如图 7-18 所示。

图 7-17　店铺装饰效果图

图 7-18　办公室装饰效果图

7.3.2　住宅建筑空间室内装修效果欣赏

1. 客厅装饰效果图，如图 7-19 所示。

2. 门厅装饰效果图，如图 7-20 所示。

图 7-19　客厅装饰效果图

图 7-20　门厅装饰效果图

3. 卧室装饰效果图，如图 7-21 所示。

4. 厨房装饰效果图，如图 7-22 所示。

5. 卫生间装饰效果图，如图 7-23 所示。

6. 餐厅装饰效果图，如图 7-24 所示。

7. 玄关装饰效果图，如图 7-25 所示。

8. 细部装饰效果图，如图 7-26 所示。

图 7-21　卧室装饰效果图

图 7-22　厨房装饰效果图

图 7-23　卫生间装饰效果图

图 7-24　餐厅装饰效果图

图 7-25　玄关装饰效果图

图 7-26　细部装饰效果图

第8章

某别墅室内设计图的绘制

一张室内设计图并不能完全涵盖以上列举的所有图形内容。一般来说，室内设计图是指一整套与室内设计相关的图样的集合，包括室内平面图、室内立面图、室内地坪图、顶棚图、电气系统图和节点大样图等。这些图样分别表达室内设计某一方面的情况和数据，只有将它们组合起来，才能得到完整详尽的室内设计资料。本章将以别墅作为实例，依次介绍几种常用的室内设计图的绘制方法。

⊙ 客厅平面图

⊙ 客厅立面图

⊙ 别墅首层地坪图

⊙ 别墅首层顶棚图

8.1　别墅首层平面图的绘制

　　首先绘制这栋别墅的定位轴线，接着在已有轴线的基础上绘出别墅的墙线，然后借助已有图库或图形模块绘制别墅的门窗和室内的家具、洁具，最后进行尺寸和文字标注。以下就按照这个思路绘制别墅的首层平面图（如图8-1所示）。

实讲实训
多媒体演示

　　多媒体演示参见配套光盘中的\\动画演示\第8章\别墅首层平面图的绘制.avi。

图8-1　别墅的首层平面图

8.1.1　设置绘图环境

01 创建图形文件。

❶双击 AutoCAD 2014 中文版的快捷式图标，启动 AutoCAD。选择菜单栏中的"格式"→"单位"命令，系统打开"图形单位"对话框，如图 8-2 所示。该对话框用于定义单位和角度格式。

　　指定测量的长度与角度当前单位及当前单位的精度。

❷"插入时的缩放单位"下拉列表框。控制使用工具选项板（例如 DesignCenter 或 i-drop）拖入当前图形的块的测量单位。如果块或图形创建时使用的单位与该选项指定的单位不同，则在插入这些块或图形时，将对其按比例缩放。插入比例是源块或图形使用的单位与目标图形使用的单位之比。如果插入块时不按指定单位缩放，请选择"无单位"。

❸ "方向"按钮。单击该按钮，系统打开"方向控制"对话框，如图8-3所示。可以在该对话框中进行方向控制设置。

图8-2　"图形单位"对话框　　　　　　　　图8-3　"方向控制"对话框

02 命名图形。在"标准"工具栏中单击"保存"按钮 ，打开"图形另存为"对话框。在"文件名"下拉列表框中输入图形名称"别墅首层平面图.dwg"，如图 8-4 所示。单击"保存"按钮，建立图形文件。

图8-4　命名图形

03 设置图层。单击"图层"工具栏中的"图层特性管理器"按钮 ，打开"图层特性管理器"对话框，依次创建平面图中的基本图层，如轴线、墙体、楼梯、门窗、家具、地坪、标注和文字等，如图 8-5 所示。

图8-5 图层特性管理器

 注意

在使用AutoCAD 2014绘图过程中，应经常性地保存已绘制的图形文件，以避免因软件系统的不稳定导致软件的瞬间关闭而无法及时保存文件，丢失大量已绘制的信息。AutoCAD 2014软件有自动保存图形文件的功能，使用者只需在绘图时，将该功能激活即可。设置步骤如下：

选择菜单栏中的"工具"→"选项"命令，打开"选项"对话框。单击"打开和保存"选项卡，在"文件安全措施"中勾选"自动保存"，根据个人需要输入"保存间隔分钟数"，然后单击"确定"按钮，完成设置，如图8-6所示。

图8-6 "自动保存"设置

8.1.2 绘制建筑轴线

建筑轴线是在绘制建筑平面图时布置墙体和门窗的依据，同样也是建筑施工定位的重要依据。在轴线的绘制过程中，主要使用的绘图命令是"直线"命令和"偏移"命令。

如图 8-7 所示为绘制完成的别墅平面轴线。

图8-7 别墅平面轴线

具体绘制方法：

01 设置"轴线"特性。

❶将"轴线"图层置为当前图层，如图 8-8 所示。

❷加载线型：单击"图层"工具栏中的"图层特性管理器"按钮，打开"图层特性管理器"对话框，单击"轴线"图层栏中的"线型"名称，打开"选择线型"对话框，如图 8-9 所示；

图8-8 将"轴线"图层设为当前图层

图8-9 "选择线型"对话框

在该对话框中，单击"加载…"按钮，打开"加载或重载线型"对话框，在该对话框的"可用线型"栏中选择线型"CENTER"进行加载，如图 8-10 所示；然后，点击"确定"按钮，返回"选择线型"对话框，将线型"CENTER"设置为当前使用线型。

❸设置线型比例：选择菜单栏中的"格式"→"线型"命令，打开"线型管理器"对话框；选择线型"CENTER"，点击"显示细节"按钮，将"全局比例因子"设置为20；单击"确定"按钮，完成对轴线线型的设置，如图 8-11 所示。

图8-10 加载线型"CENTER"　　　　　　图8-11 设置线型比例

02 绘制横向轴线。

❶绘制横向轴线基准线。单击"绘图"工具栏中的"直线"按钮，绘制一条横向基准轴线，长度为14700，如图 8-12 所示。

❷绘制其余横向轴线。单击"修改"工具栏中的"偏移"按钮，将横向基准轴线依次向下偏移，偏移量分别为 3300、3900、6000、6600、7800、9300、11400、13200，如图 8-13 所示依次完成横向轴线的绘制。

图8-12 绘制横向基准轴线　　　　　　图8-13 利用"偏移"命令绘制横向轴线

03 绘制纵向轴线。

❶绘制纵向轴线基准线。单击"绘图"工具栏中的"直线"按钮，以前面绘制的横向基准轴线的左端点为起点，垂直向下绘制一条纵向基准轴线，长度为13200，如图 8-14 所示。

❷绘制其余纵向轴线。单击"修改"工具栏中的"偏移"按钮，将纵向基准轴线依次向右偏移，偏移量分别为为 900、1500、3900、5100、6300、8700、10800、13800、14700，如图 8-15 所示依次完成纵向轴线的绘制。

 注意

　　在绘制建筑轴线时，一般选择建筑横向、纵向的最大长度为轴线长度，但当建筑物形体过于复杂时，太长的轴线往往会影响图形效果，因此，也可以仅在一些需要轴线定位的建筑局部绘制轴线。

图8-14　绘制纵向基准轴线

图8-15　利用"偏移"命令绘制纵向轴线

8.1.3　绘制墙体

在建筑平面图中，墙体用双线表示，一般采用轴线定位的方式，以轴线为中心，具有很强的对称关系，因此绘制墙线通常有三种方法。

01 单击"修改"工具栏中的"偏移"按钮，直接偏移轴线，将轴线向两侧偏移一定距离，得到双线，然后将所得双线转移至墙线图层；

02 选择菜单栏中的"绘图"→"多线"命令，直接绘制墙线；

03 当墙体要求填充成实体颜色时，也可以单击"绘图"工具栏中的"多段线"按钮，直接绘制，将线宽设置为墙厚即可。

在本例中，笔者推荐选用第二种方法，即选择菜单栏中的"绘图"→"多线"命令，绘制墙线，如图 8-16 所示为绘制完成的别墅首层墙体平面。

图8-16　绘制墙体

❶定义多线样式。选择菜单栏中的"绘图"→"多线"命令绘制墙线前，应首先对多线

样式进行设置。

1）选择菜单栏中的"格式"→"多线样式"命令，打开"多线样式"对话框，如图8-17所示；点击"新建"按钮，在打开的对话框中，输入新样式名"240墙"，如图8-18所示。

图8-17 "多线样式"对话框　　　　　　　　图8-18 命名多线样式

2）点击"继续"按钮，打开"新建多线样式"对话框，如图8-19所示。在该对话框中进行以下设置：选择直线起点和端点均封口；元素偏移量首行设为120，第二行设为-120。

图8-19 设置多线样式

3）点击"确定"按钮，返回"多线样式"对话框，在"样式"列表栏中选择多线样式"240墙"，将其置为当前，如图8-20所示。

❷绘制墙线。

1）将"墙线"图层置为当前图层。

2）选择菜单栏中的"绘图"→"多线"命令，绘制墙线，绘制结果如图8-21所示。命令行提示与操作如下：

命令：_mline↙

当前设置：对正 = 上，比例 = 20.00，样式 = 240墙

指定起点或［对正(J)/比例(S)/样式(ST)］： J↙（在命令行输入"J"，重新设置多线的对正方式。）

输入对正类型［上(T)/无(Z)/下(B)］〈上〉： Z↙（在命令行输入"Z"，选择"无"为当前对正方式。）

当前设置：对正 = 无，比例 = 20.00，样式 = 240墙

指定起点或［对正(J)/比例(S)/样式(ST)］： S↙（在命令行输入"S"，重新设置多线比例。）

输入多线比例〈20.00〉： 1↙（在命令行输入"1"，作为当前多线比例。）

当前设置：对正 = 无，比例 = 1.00，样式 = 240墙

指定起点或［对正(J)/比例(S)/样式(ST)］：（捕捉左上部墙体轴线交点作为起点。）

指定下一点：……（依次捕捉墙体轴线交点，绘制墙线。）

指定下一点或［放弃(U)］： ↙（绘制完成后，点击回车键结束命令。）

图8-20 将所建"多线样式"置为当前   图8-21 用"多线"工具绘制墙线

❸编辑和修整墙线。

1）选择菜单栏中的"修改"→"对象"→"多线"命令，打开"多线编辑工具"对话框，如图 8-22 所示。该对话框中提供 12 种多线编辑工具，可根据不同的多线交叉方式选择相应的工具进行编辑。

2）少数较复杂的墙线结合处无法找到相应的多线编辑工具进行编辑，可以单击"修改"工具栏中的"分解"按钮，将多线分解，然后单击"修改"工具栏中的"修剪"按钮，对该结合处的线条进行修整。

另外，一些内部墙体并不在主要轴线上，可以通过添加辅助轴线，并单击"修改"工具栏中的"修剪"按钮或"延伸"按钮，进行绘制和修整。

经过编辑和修整后的墙线如图 8-16 所示。

图8-22 "多线编辑工具"对话框

8.1.4 绘制门窗

建筑平面图中门窗的绘制过程基本如下：首先在墙体相应位置绘制门窗洞口；接着使用直线、矩形和圆弧等工具绘制门窗基本图形，并根据所绘门窗的基本图形创建门窗图块；然后在相应门窗洞口处插入门窗图块，并根据需要进行适当调整，进而完成平面图中所有门和窗的绘制。具体绘制方法为：

01 绘制门窗洞口。在平面图中，门洞口与窗洞口基本形状相同，因此，在绘制过程中可以将它们一并绘制。

❶将"墙线"图层置为当前图层。

❷绘制门窗洞口基本图形。单击"绘图"工具栏中的"直线"按钮，绘制一条长度为240mm 的垂直方向的线段；单击"修改"工具栏中的"偏移"按钮，将线段向右偏移 1000mm，即得到门窗洞口基本图形，如图 8-23 所示。

❸绘制门洞。下面以正门门洞（1500mm×240mm）为例，介绍平面图中门洞的绘制方法。

1）单击"绘图"工具栏中的"创建块"按钮，打开"块定义"对话框，在"名称"下拉列表中输入"门洞"；单击"选择对象"按钮，选中如图 8-24 所示的图形；单击"拾取点"按钮，选择左侧门洞线上端的端点为插入点；点击"确定"按钮，如图 8-24 所示，完成图块"门洞"的创建。

2）单击"绘图"工具栏中的"插入块"按钮，打开"插入"对话框，在"名称"下拉列表中选择"门洞"，在"缩放比例"一栏中将 X 方向的比例设置为 1.5，如图 8-25 所示。

3）点击"确定"按钮，在图中点选正门入口处左侧墙线交点作为基点，插入"门洞"图块，如图 8-26 所示。

4）单击"修改"工具栏中的"移动"按钮，在图中点选已插入的正门门洞图块，将其水平向右移动，距离为300mm，如图 8-27 所示。

图8-23 门窗洞口基本图形

图8-24 "块定义"对话框

图8-25 "插入"对话框

图8-26 插入正门门洞

图8-27 移动门洞图块

5）单击"修改"工具栏中的"修剪"按钮，修剪洞口处多余的墙线，完成正门门洞的绘制，如图 8-28 所示。

❹绘制窗洞。下面以卫生间窗户洞口（1500mm×240mm）为例，介绍如何绘制窗洞。

1）单击"绘图"工具栏中的"插入块"按钮，打开"插入"对话框，在"名称"下拉列表中选择"门洞"，将 X 方向的比例设置为 1.5，如图 8-29 所示（由于门窗洞口基本形状一致，因此没有必要创建新的窗洞图块，可以直接利用已有门窗洞图块进行绘制）。

图8-28 修剪多余墙线　　　　　　　　　　图8-29 "插入"对话框

2）单击"确定"按钮，在图中点选左侧墙线交点作为基点，插入"门洞"图块（在本处实为窗洞）；

3）单击"修改"工具栏中的"移动"按钮 ✥，在图中点选已插入的窗洞图块，将其向右移动，距离为480mm，如图8-30所示。

4）单击"修改"工具栏中的"修剪"按钮 ⊹，修剪窗洞口处多余的墙线，完成卫生间窗洞的绘制，如图8-31所示。

图8-30 插入窗洞图块　　　　　　　　　　图8-31 修剪多余墙线

02 绘制平面门。从开启方式上看，门的常见形式主要有：平开门、弹簧门、推拉门、折叠门、旋转门、升降门和卷帘门等。门的尺寸主要满足人流通行、交通疏散、家具搬运的要求，而且应符合建筑模数的有关规定。在平面图中，单扇门的宽度一般在800～1000mm，双扇门则为1200～1800mm。

门的绘制步骤为：先画出门的基本图形，然后将其创建成图块，最后将门图块插入到已绘制好的相应门洞口位置，在插入门图块的同时，还应调整图块的比例大小和旋转角度以适应平面图中不同宽度和角度的门洞口。

下面通过两个有代表性的实例来介绍一下别墅平面图中不同种类的门的绘制。

❶单扇平开门：单扇平开门主要应用于卧室、书房和卫生间等这一类私密性较强、来往人流较少的房间。

下面以别墅首层书房的单扇门（宽900mm）为例，介绍单扇平开门的绘制方法。

1）将"门窗"图层置为当前图层。

2）单击"绘图"工具栏中的"矩形"按钮 ▭，绘制一个尺寸为40mm×900mm的矩形门扇，如图8-32所示。

3）单击"绘图"工具栏中的"圆弧"按钮 ⌒，以矩形门扇右上角顶点为起点，右下角顶点为圆心，绘制一条圆心角为90°，半径为900mm的圆弧，得到如图8-33所示的单扇平开门图形。

图8-32 矩形门扇   图8-33 900宽单扇平开门

4) 单击"绘图"工具栏中的"创建块"按钮 📇 ，打开"块定义"对话框，如图 8-34 所示，在"名称"下拉列表中输入"900 宽单扇平开门"；单击"选择对象"按钮，选取如图 8-33 所示的单扇平开门的基本图形为块定义对象；单击"拾取点"按钮，选择矩形门扇右下角顶点为基点；最后，单击"确定"按钮，完成"单扇平开门"图块的创建。

图8-34 "块定义"对话框

5) 单击"修改"工具栏中的"复制"按钮 📇 ，将门窗图块复制到书房左侧适当位置，单击"绘图"工具栏中的"插入块"按钮 📇 ，打开"插入"对话框，如图 8-35 所示，在"名称"下拉列表中选择"900 宽单扇平开门"，输入"旋转"角度为-90，然后单击"确定"按钮，在平面图中点选书房门洞下侧墙线的中点作为插入点，插入门图块，单击"修改"工具栏中的"分解"按钮 📇 ，将门洞图块分解，单击"修改"工具栏中的"移动"按钮 ✛ ，将分解的上边的墙线移动到适当位置，单击"修改"工具栏中的"修剪"按钮 ⊹ ，将图形进行修剪，结果如图 8-36 所示，完成书房门的绘制。

❷双扇平开门：在别墅平面图中，别墅正门以及客厅的阳台门均设计为双扇平开门。下面以别墅正门（宽 1500mm）为例，介绍双扇平开门的绘制方法。

1) 将"门窗"置为当前图层。

2) 参照上面所述单扇平开门画法，绘制宽度为 750mm 的单扇平开门。

3) 单击"修改"工具栏中的"镜像"按钮 ⚖ ，将已绘得的"750 宽单扇平开门"进行水平方向的"镜像"操作，得到宽 1500mm 的双扇平开门，如图 8-37 所示。

4) 选择"创建块"命令 📇 ，打开"块定义"对话框，在"名称"下拉列表中输入"1500

宽双扇平开门";单击"选择对象"按钮,选取如图 8-38 所示的双扇平开门的基本图形为块定义对象;单击"拾取点"按钮,选择右侧矩形门扇右下角顶点为基点;然后单击"确定"按钮,完成"1500 宽双扇平开门"图块的创建。

图8-35 "插入"对话框　　　　　图8-36 绘制书房门

5)单击"绘图"工具栏中的"创建块"按钮,打开"插入"对话框,在"名称"下拉列表中选择"1500 宽双扇平开门",然后,单击"确定"按钮,在图中点选正门门洞右侧墙线的中点作为插入点,插入门图块,如图 8-38 所示,完成别墅正门的绘制。

图8-37 1500宽双扇平开门　　　　　图8-38 绘制别墅正门

03 绘制平面窗。从开启方式上看,常见窗的形式主要有:固定窗、平开窗、横式旋窗、立式转窗和推拉窗等。窗洞口的宽度和高度尺寸均为 300mm 的扩大模数;在平面图中,一般平开窗的窗扇宽度为 400~600mm,固定窗和推拉窗的尺寸可更大一些。

窗的绘制步骤与门的绘制步骤基本相同,即:先画出窗体的基本形状,然后将其创建成图块,最后将图块插入到已绘制好的相应窗洞位置,在插入窗图块的同时,可以调整图块的比例大小和旋转角度以适应不同宽度和角度的窗洞口。

下面以餐厅外窗(宽 2400mm)为例,介绍平面窗的绘制方法。

❶在"图层"下拉列表中选择"门窗"图层,并设置其为当前图层。

❷单击"绘图"工具栏中的"直线"按钮,绘制第一条水平窗线,长度为 1000mm,如图 8-39 所示。

❸单击"修改"工具栏中的"矩形阵列"按钮,选择上一步所绘制的窗线为阵列对象,设置行数为 4、列数为 1、行间距为 80、列间距为 0;完成窗的基本图形的绘制如图 8-40 所示。

❹单击"绘图"工具栏中的"创建块"按钮,打开"块定义"对话框,在"名称"下

拉列表中输入"窗";单击"选择对象"按钮,选取如图 8-40 所示的窗的基本图形为"块定义对象";单击"拾取点"按钮,选择第一条窗线左端点为基点;然后,单击"确定"按钮,完成"窗"图块的创建。

图8-39　绘制第一条窗线　　　　　　　　　图8-40　窗的基本图形

⑤在"图层"下拉列表中选择"墙线"图层,将其设置为当前图层。单击"绘图"工具栏中的"直线"按钮，绘制竖直直线,单击"修改"工具栏中的"偏移"按钮，将绘制的竖直直线向左偏移 2400mm,餐厅门洞绘制完成。在"图层"下拉列表中选择"门窗"图层,将其设置为当前图层。单击"绘图"工具栏中的"插入块"按钮，打开"插入"对话框,在"名称"下拉列表中选择"窗",将 X 方向的比例设置为 2.4;单击"确定"按钮,在图中点选餐厅窗洞左侧墙线的上端点作为插入点,插入窗图块,如图 8-41 所示。

⑥绘制窗台:单击"绘图"工具栏中的"矩形"按钮，绘制尺寸为 1000mm×100mm 的矩形。

1)单击"绘图"工具栏中的"创建块"按钮，将所绘矩形定义为"窗台"图块,将矩形上侧长边的中点设置为图块基点。

2)单击"绘图"工具栏中的"插入块"按钮，打开"插入"对话框,在"名称"下拉列表中选择"窗台",并将 X 方向的比例设置为 2.6。

3)单击"确定"按钮,点选餐厅窗最外侧窗线中点作为插入点,插入窗台图块,如图 8-42 所示。

图8-41　绘制餐厅外窗　　　　　　　　　图8-42　绘制窗台

04　绘制其余门和窗。根据以上介绍的平面门窗绘制方法,利用已经创建的门窗图块,完成别墅首层平面所有门和窗的绘制,如图 8-43 所示。

以上所讲的是 AutoCAD 中最基本的门、窗绘制方法,下面介绍另外两种绘制门窗的方法。

❶在建筑设计中,门和窗的样式、尺寸随着房间功能和开间的变化而不同。逐个绘制每一扇门和每一扇窗是既费时又费力的事。因此,绘图者常常选择借助图库来绘制门窗。通常来说,在图库中有多种不同样式和大小的门、窗可供选择和调用,这给设计者和绘图者提供了很大的方便。在本例中,笔者推荐使用门窗图库。在本例别墅的首层平面图中,共有 8 扇门,其中 4 扇宽为 900 的单扇平开门,2 扇宽为 1500 的双扇平开门,1 扇为推拉门,还有 1扇为车库升降门。

AutoCAD 图库的使用方法很简单,主要步骤如下:

1)打开图库文件,在图库中选择所需的图形模块,并将选中对象进行复制。

2)将复制的图形模块粘贴到所要绘制的图纸中。

3)根据实际情况的需要,利用"旋转"命令、"镜像"命令或"比例缩放"命令等工具对图形模块进行适当的修改和调整。

图8-43　绘制平面门窗

❷在 AutoCAD 2014 中，还可以借助"工具选项板"中"建筑"选项卡提供的"公制样例"来绘制门窗。利用这种方法添加门窗时，可以根据需要直接对门窗的尺寸和角度进行设置和调整，使用起来比较方便。然而，需要注意的是，"工具选项板"中仅提供普通平开门的绘制，而且利用其所绘制的平面窗中玻璃为单线形式，而非建筑平面图中常用的双线形式，因此，不推荐初学者使用这种方法绘制门窗。

8.1.5　绘制楼梯和台阶

楼梯和台阶都是建筑的重要组成部分，是人们在室内和室外进行垂直交通的必要建筑构件。在本例别墅的首层平面中，共有一处楼梯和三处台阶，如图 8-44 所示。

01 绘制楼梯。楼梯是上下楼层之间的交通通道，通常由楼梯段、休息平台和栏杆（或栏板）组成。在本例别墅中，楼梯为常见的双跑式。楼梯宽度为 900mm，踏步宽为 260mm，高 175mm；楼梯平台净宽 960mm。本节只介绍首层楼梯平面画法，至于二层楼梯画法，将在后面的章节中进行介绍。

首层楼梯平面的绘制过程分为三个阶段：首先绘制楼梯踏步线；然后在踏步线两侧（或一侧）绘制楼梯扶手；最后绘制楼梯剖断线以及用来标识方向的带箭头引线和文字，进而完成楼梯平面的绘制。如图 8-45 所示为首层楼梯平面图。

具体绘制方法为：

❶在"图层"下拉列表中选择"楼梯"图层，将其设置为当前图层。

❷绘制楼梯踏步线。单击"绘图"工具栏中的"直线"按钮，以平面图上相应位置点作为起点（通过计算得到的第一级踏步的位置），绘制长度为 1020mm 的水平踏步线；单击"修改"工具栏中的"矩形阵列"按钮，输入行数为 6、列数为 1、行间距为 260、列间距为 0；选择已绘制的第一条踏步线为阵列对象；完成踏步线的绘制，如图 8-46 所示。

❸绘制楼梯扶手。单击"绘图"工具栏中的"直线"按钮 ✐ ，以楼梯第一条踏步线两侧端点作为起点，分别向上绘制垂直方向线段，长度为1500mm；单击"修改"工具栏中的"偏移"按钮 ⬚ ，将所绘两线段向梯段中央偏移，偏移量为60mm（即扶手宽度），如图8-47所示。

图8-44　楼梯和台阶

图8-45　首层楼梯平面图

❹绘制剖断线。单击"绘图"工具栏中的"构造线"按钮 ✐ ，设置角度为 45° ，绘制剖断线并使其通过楼梯右侧栏杆线的上端点。单击"绘图"工具栏中的"直线"按钮 ✐ ，绘制"Z"字形折断线；单击"修改"工具栏中的"修剪"按钮 ✢ ，修剪楼梯踏步线和栏杆线，如图 8-48 所示。

图8-46　绘制楼梯踏步线　　　　图8-47　绘制楼梯踏步边线　　　　图8-48　绘制楼梯剖断线

❺绘制带箭头引线。输入"QLEADER"命令，在命令行中输入"S"，设置引线样式；在弹出"引线设置"对话框中进行如下设置：在"引线和箭头"选项卡中，选择"引线"为"直线"、"箭头"为"实心闭合"，如图 8-49 所示；在"注释"选项卡中，选择"注释类型"为"无"，如图 8-50 所示。以第一条楼梯踏步线中点为起点，垂直向上绘制长度为 750mm 的带箭头引线；单击"修改"工具栏中的"移动"按钮 ✛ ，将引线垂直向下移动 60mm，如图 8-51 所示。

图8-49 引线设置——引线和箭头　　　　　图8-50 引线设置——注释

❻标注文字。单击"绘图"工具栏中的"多行文字"按钮 **A**，设置文字高度为300，在引线下端输入文字为"上"，如图8-51所示。

 注意

> 楼梯平面图是距地面1m以上位置，用一个假想的剖切平面，沿水平方向剖开（尽量剖到楼梯间的门窗），然后向下做投影得到的投影图。楼梯平面一般来说是分层绘制的，在绘制时，按照特点可分为底层平面、标准层平面和顶层平面。
>
> 在楼梯平面图中，各层被剖切到的楼梯，按国标规定，均在平面图中以一根45°的折断线表示。在每一梯段处画有一个长箭头，并注写"上"或"下"字标明方向。
>
> 楼梯的底层平面图中，只有一个被剖切的梯段及栏板，和一个注有"上"字的长箭头。

02 绘制台阶。本例中，有三处台阶，其中室内台阶一处，室外台阶两处。下面以正门处台阶为例，介绍台阶的绘制方法。

台阶的绘制思路与前面介绍的楼梯平面绘制思路基本相似，因此，可以参考楼梯画法进行绘制。如图8-52所示为别墅正门处台阶平面图。

图8-51 添加箭头和文字

图8-52 正门处台阶平面图

具体绘制方法为：

❶单击"图层"工具栏中的"图层特性管理器"按钮，打开"图层管理器"对话框，创建新图层，将新图层命名为"台阶"，并将其设置为当前图层。

❷单击"绘图"工具栏中的"直线"按钮　，以别墅正门中点为起点，垂直向上绘制一条长度为 3600mm 的辅助线段；然后，以辅助线段的上端点为中点，绘制一条长度为 1770mm 的水平线段，此线段则为台阶第一条踏步线。

❸单击"修改"工具栏中的"矩形阵列"按钮　，输入行数为 4、列数为 1、行间距为－300，列间距为 0；在绘图区域点选择第一条踏步线为阵列对象，完成第二、三、四条踏步线的绘制，如图 8-53 所示。

❹单击"绘图"工具栏中的"矩形"按钮　，在踏步线的左右两侧分别绘制两个尺寸为 340mm×1980mm 的矩形，为两侧条石平面。

❺绘制方向箭头：输入"QLEADER"命令，在台阶踏步的中间位置绘制带箭头的引线，标示踏步方向，如图 8-54 所示。

图8-53　绘制台阶踏步线

图8-54　添加方向箭头

❻绘制立柱：在本例中，两个室外台阶处均有立柱，其平面形状为圆形，内部填充为实心，下面为方形基座。由于立柱的形状、大小基本相同，可以将其做成图块，再把图块插入各相应点即可。具体绘制方法如下：

1）单击"图层"工具栏中的"图层特性管理器"按钮，打开"图层管理器"对话框，创建新图层，将新图层命名为"立柱"，并将其设置为当前图层。

2）单击"绘图"工具栏中的"矩形"按钮，绘制边长为 340mm 的正方形基座。

3）单击"绘图"工具栏中的"圆"按钮，绘制直径为 240mm 的圆形柱身平面。

4）单击"绘图"工具栏中的"图案填充"按钮，打开"图案填充和渐变色"对话框，如图 8-55 所示，选择填充类型为"预定义"、图案为"SOLID"，在"边界"一栏点击"添加：选择对象"按钮，在绘图区域选择已绘的圆形柱身为填充对象，如图 8-56 所示。

5）单击"绘图"工具栏中的"创建块"按钮，将图 8-56 所示的图形定义为"立柱"图块。

6）单击"绘图"工具栏中的"插入块"按钮，将定义好的"立柱"图块，插入平面图中相应位置，如图 8-44 所示，完成正门处台阶平面的绘制。

图8-55 "图案填充和渐变色"对话框

图8-56 绘制立柱平面

8.1.6 绘制家具

在建筑平面图中，通常要绘制室内家具，以增强平面方案的视觉效果。在本例别墅的首层平面中，共有 7 种不同功能的房间，分别是客厅、工人休息室、厨房、餐厅、书房、卫生间和车库。不同功能种类的房间内所布置的家具也有所不同，对于这些种类和尺寸都不尽相同的室内家具，如果利用直线、偏移等简单的二维线条编辑工具——绘制，不仅绘制过程反复繁琐容易出错，而且浪费绘图者的时间和精力。因此，笔者推荐借助 AutoCAD 图库来完成平面家具的绘制。

AutoCAD 图库的使用方法，在前面介绍门窗画法的时候曾有所提及。下面将结合首层客厅家具和卫生间洁具的绘制实例，详细讲述一下 AutoCAD 图库的用法。

01 绘制客厅家具。客厅是主人会客和休闲的空间，因此，在客厅里通常会布置沙发、茶几、电视柜等家具，如图 8-57 所示。

❶单击"标准"工具栏中的"打开"按钮，在弹出的"选择文件"对话框中，通过"光盘：源文件\AutoCAD \ 图库"路径，找到"CAD 图库.dwg"文件并将其打开，如图 8-58 所示。

❷在名称为"沙发和茶几"的一栏中，选择名称为"组合沙发—002P"的图形模块，如图 8-59 所示，选中该图形模块，然后点击鼠标右键，在快捷菜单中选择"复制"命令；

❸返回"别墅首层平面图"的绘图界面，打开"编辑"下拉菜单，选择"粘贴为块"命令，将复制的组合沙发图形，插入客厅平面相应位置。

❹在图库中，在名称为"灯具和电器"的一栏中，选择"电视柜 P"图块，如图 8-60 所示，将其复制并粘贴到首层平面图中；单击"绘图"工具栏中的"旋转"按钮，使该图

形模块以自身中心点为基点旋转 90°，然后将其插入客厅相应位置。

图8-57　客厅平面家具

图8-58　打开图库文件

图8-59　组合沙发模块

图8-60　电视柜模块

⑤按照同样方法，在图库中选择"电视墙 P"、"文化墙 P"、"柜子—01P"和"射灯组 P"图形模块分别进行复制，并在客厅平面内依次插入这些家具模块，绘制结果如图 8-57 所示。

02 绘制卫生间洁具。卫生间主要是供主人盥洗和沐浴的房间，因此，卫生间内应设置浴盆、坐便器、洗手池和洗衣机等设施，如图 8-61 所示的卫生间，由两部分组成。在家具安排上，外间设置洗手盆和洗衣机；内间则设置浴盆和坐便器。下面介绍一下卫生间洁具的绘制步骤。

❶在"图层"下拉列表中选择"家具"图层,将其设置为当前图层;

❷打开 CAD 图库,在"洁具和厨具"一栏中,选择适合的洁具模块,进行复制后,依次粘贴到平面图中的相应位置,绘制结果如图 8-62 所示。

图8-61　卫生间平面图　　　　　　图8-62　绘制卫生间洁具

 注意

在图库中,图形模块的名称经常很简要,除汉字外还经常包含英文字母或数字,通常来说,这些名称都是用来表明该家具的特性或尺寸的。例如,前面使用过的图形模块"组合沙发—004P",其名称中"组合沙发"表示家具的性质;"004"表示该家具模块是同类型家具中的第四个;字母"P"则表示这是该家具的平面图形。例如,一个床模块名称为"单人床9×20",就是表示该单人床宽度为900mm、长度为2000mm。有了这些简单又明了的名称,绘图者就可以依据自己的实际需要快捷地选择有用的图形模块,而无需费神地辨认、测量了。

8.1.7　平面标注

在别墅的首层平面图中,标注主要包括 4 部分,即:轴线编号、平面标高、尺寸标注和文字标注。完成标注后的首层平面图,如图 8-63 所示。

下面将依次介绍这 4 种标注方式的绘制方法。

01 轴线编号。在平面形状较简单或对称的房屋中,平面图的轴线编号一般标注在图形的下方及左侧。对于较复杂或不对称的房屋,图形上方和右侧也可以标注。在本例中,由于平面形状不对称,因此需要在上、下、左、右 4 个方向均标注轴线编号。

具体绘制方法为:

❶单击"图层"工具栏中的"图层特性管理器"按钮🗇,打开"图层特性管理器"对话框,打开"轴线"图层,使其保持可见。创建新图层,将新图层命名为"轴线编号",并将其设置为当前图层。

❷单击平面图上左侧第一根纵轴线，将十字光标移动至轴线下端点处单击，将夹持点激活（此时，夹持点成红色），然后鼠标向下移动，在命令行中输入3000后，按回车键，完成第一条轴线延长线的绘制。

图8-63 首层平面标注

❸单击"绘图"工具栏中的"圆"按钮 ⊙，以已绘的轴线延长线端点作为圆心，绘制半径为350mm的圆。单击"修改"工具栏中的"移动"按钮 ✛，向下移动所绘圆，移动距离为350mm，如图8-64所示。

图8-64 绘制第一条轴线的延长线及编号圆

❹重复上述步骤，完成其他轴线延长线及编号圆的绘制。

❺单击"绘图"工具栏中的"多行文字"按钮 A，设置文字"样式"为"仿宋GB2312"，文字高度为300；在每个轴线端点处的圆内输入相应的轴线编号，如图8-65所示。

02 平面标高。建筑物中的某一部分与所确定的标准基点的高度差称为该部位的标高，在图样中通常用标高符号结合数字来表示。建筑制图标准规定，标高符号应以直角等腰三角形表示，如图8-66所示。

图8-65　添加轴线编号

　注意

平面图上水平方向的轴线编号用阿拉伯数字，从左向右依次编写；垂直方向的编号，用大写英文字母自下而上顺次编写。I、O及Z三个字母不得作轴线编号，以免与数字1、0及2混淆。

如果两条相邻轴线间距较小而导致它们的编号有重叠时，可以通过"移动"命令⊕将这两条轴线的编号分别向两侧移动少许距离。

具体绘制方法为：

❶在"图层"下拉列表中选择"标注"图层，将其设置为当前图层。

❷单击"绘图"工具栏中的"多边形"按钮⬠，绘制边长为350mm的正方形。

❸单击"修改"工具栏中的"旋转"按钮○，将正方形旋转45°；单击"绘图"工具栏中的"直线"按钮╱，连结正方形左右两个端点，绘制水平对角线。

❹单击水平对角线，将十字光标移动其右端点处单击，将夹持点激活（此时，夹持点成红色），然后鼠标向右移动，在命令行中输入600后，敲击回车键，完成绘制。

❺单击"绘图"工具栏中的"创建块"按钮▱，将如图8-66所示的标高符号定义为图块。

❻单击绘"图"工具栏中的"插入块"按钮▱，将已创建的图块插入到平面图中需要标高的位置。

237

❼单击"绘图"工具栏中的"多行文字"按钮 **A**，设置字体为"仿宋 GB2312"、文字高度为 300，在标高符号的长直线上方添加具体的标注数值。

如图 8-67 所示为台阶处室外地面标高。

图8-66　标高符号

图8-67　台阶处室外标高

 注意

　　一般来说，在平面图上绘制的标高反映的是相对标高，而不是绝对标高。绝对标高指的是一我国青岛市附近的黄海海平面作为零点面测定的高度尺寸。

　　通常情况下，室内标高要高于室外标高，主要使用房间标高要高于卫生间、阳台标高。在绘图中，常见的是将建筑首层室内地面的高度设为零点，标作±0.000；低于此高度的建筑部位标高值为负值，在标高数字前加"−"号；高于此高度的部位标高值为正值，标高数字前不加任何符号。

03 尺寸标注。本例中采用的尺寸标注分两道，一道为各轴线之间的距离，另一道为平面总长度或总宽度。

具体绘制方法为：

❶在"图层"下拉列表中选择"标注"图层，将其设置为当前图层。

❷设置标注样式。单击"格式"工具栏中的"标注样式"按钮 ，打开"标注样式管理器"对话框，如图 8-68 所示；单击"新建"按钮，打开"创建新标注样式"对话框，在"新样式名"一栏中输入"平面标注"，如图 8-69 所示。

单击"继续"按钮，打开"新建标注样式：平面标注"对话框，进行以下设置：

选择"符号和箭头"选项卡，在"箭头"选项组中的"第一项"和"第二个"下拉列表中均选择"建筑标记"，在"引线"下拉列表中选择"实心闭合"，在"箭头大小"微调框中输入 100，如图 8-70 所示；

选择"文字"选项卡，在"文字外观"选项组中的"文字高度"微调框中输入 300，如图 8-71 所示。

单击"确定"按钮，回到"标注样式管理器"对话框。在"样式"列表中激活"平面标注"标注样式，单击"置为当前"按钮，如图 8-72 所示。单击"关闭"按钮，完成标注样式的设置。

图8-68 "标注样式管理器"对话框

图8-69 "创建新标注样式"对话框

图8-70 "符号与箭头"选项卡

图8-71 "文字"选项卡

图8-72 "标注样式管理器"对话框

❸单击"标注"工具栏中的"线性标注"按钮□和"连续标注"按钮□□标注相邻两轴

239

线之间的距离。

❹重复"线性标注"命令，在已绘制的尺寸标注的外侧，对建筑平面横向和纵向的总长度进行尺寸标注。

❺完成尺寸标注后，单击"图层"工具栏中的"图层特性管理器"按钮，打开"图层特性管理器"对话框，关闭"轴线"图层，如图 8-73 所示。

图8-73 添加尺寸标注

04 文字标注。在平面图中，各房间的功能用途可以用文字进行标识。下面以首层平面中的厨房为例，介绍文字标注的具体方法。

❶在"图层"下拉列表中选择"文字"图层，将其设置为当前图层；

❷单击"绘图"工具栏中的"多行文字"按钮 **A**，在平面图中指定文字插入位置后，弹出的"多行文字编辑器"对话框，如图 8-74 所示；在对话框中设置文字样式为"Standard"、字体为"仿宋 GB2312"、文字高度为 300；

❸在"文字编辑框"中输入文字"厨房"，并拖动"宽度控制"滑块来调整文本框的宽度，然后，点击"确定"按钮，完成该处的文字标注。

文字标注结果如图 8-75 所示。

图8-74 "多行文字编辑器"对话框

图8-75 标注厨房文字

8.1.8　绘制指北针和剖切符号

在建筑首层平面图中应绘制指北针以标明建筑方位；如果需要绘制建筑的剖面图，则还应在首层平面图中画出剖切符号以标明剖面剖切位置。

01 绘制指北针。

❶单击"图层"工具栏中的"图层特性管理器"按钮，打开"图层特性管理器"对话框，创建新图层，将新图层命名为"指北针与剖切符号"，并将其设置为当前图层。

❷单击"绘图"工具栏中的"圆"按钮，绘制直径为 1200mm 的圆。

❸单击"绘图"工具栏中的"直线"按钮，绘制圆的垂直方向直径作为辅助线。

❹单击"修改"工具栏中的"偏移"按钮，将辅助线分别向左右两侧偏移，偏移量均为 75mm。

❺单击"绘图"工具栏中的"直线"按钮，将两条偏移线与圆的下方交点同辅助线上端点连接起来；单击"修改"工具栏中的"删除"按钮，删除三条辅助线（原有辅助线及两条偏移线），得到一个等腰三角形，如图 8-76 所示。

❻单击"绘图"工具栏中的"图案填充"按钮，打开"图案填充和渐变色"对话框，选择填充类型为"预定义"、图案为"SOLID"，对所绘的等腰三角形进行填充。

❼单击"绘图"工具栏中的"多行文字"按钮 **A**，设置文字高度为 500mm，在等腰三角形上端顶点的正上方书写大写的英文字母"N"，标示平面图的正北方向，如图 8-77 所示。

02 绘制剖切符号。

❶单击"绘图"工具栏中的"直线"按钮，在平面图中绘制剖切面的定位线，并使得该定位线两端伸出被剖切外墙面的距离均为 1000mm，如图 8-78 所示。

图8-76　圆与三角形　　　图8-77　指北针　　　图8-78　绘制剖切面定位线

❷单击"绘图"工具栏中的"直线"按钮，分别以剖切面定位线的两端点为起点，向剖面图投影方向绘制剖视方向线，长度为 500mm。

❸单击"绘图"工具栏中的"圆"按钮，分别以定位线两端点为圆心，绘制两个半径为 700mm 的圆。

❹单击"修改"工具栏中的"修剪"按钮，修剪两圆之间的投影线条；然后删除两圆，

得到两条剖切位置线。

⑤将剖切位置线和剖视方向线的线宽都设置为 0.30mm。

⑥单击"绘图"工具栏中的"多行文字"按钮 A，设置文字高度为300mm，在平面图两侧剖视方向线的端部书写剖面剖切符号的编号为1，如图 8-79 所示，完成首层平面图中剖切符号的绘制。

图8-79　绘制剖切符号

 注意

　　剖面的剖切符号，应由剖切位置线及剖视方向线组成，均应以粗实线绘制。剖视方向线应垂直于剖切位置线，长度应短于剖切位置线，绘图时，剖面剖切符号不宜与图面上的图线相接触。

　　剖面剖切符号的编号，宜采用阿拉伯数字，按顺序由左至右，由下至上连续编排，并应注写在剖视方向线的端部。

8.1.9　别墅二层平面图与屋顶平面图绘制

　　在本例别墅中，二层平面图与首层平面图在设计中有很多相同之处，两层平面的基本轴线关系是一致的，只有部分墙体形状和内部房间的设置存在着一些差别。因此，可以在首层平面图的基础上对已有图形元素进行修改和添加，进而完成别墅二层平面图的绘制，如图 8-80 所示。

　　在本例中，别墅的屋顶设计为复合式坡顶，由几个不同大小、不同朝向的坡屋顶组合而成。因此在绘制过程中，应该认真分析它们之间的结合关系，并将这种结合关系准确地表现出来。

图8-80　别墅二层平面图

别墅屋顶平面图的主要绘制思路为：首先根据已有平面图绘制出外墙轮廓线，接着偏移外墙轮廓线得到屋顶檐线，并对屋顶的组成关系进行分析，确定屋脊线条；然后绘制烟囱平面和其他可见部分的平面投影，最后对屋顶平面进行尺寸和文字标注。下面就按照这个思路绘制别墅的屋顶平面图，如图8-81所示。

图8-81　屋顶平面图

8.2 客厅平面布置图的绘制

客厅平面布置图的主要绘制思路大致为：首先利用已绘制的首层平面图生成客厅平面图轮廓，然后在客厅平面中添加各种家具图形；最后对所绘制的客厅平面图进行尺寸标注，如有必要，还有添加室内方向索引符号进行方向标识。下面按照这个思路绘制别墅客厅的平面图（如图 8-82 所示）。

图8-82　别墅客厅平面布置图图

实讲实训
多媒体演示

多媒体演示参见配套光盘中的\\动画演示\第8章\客厅平面布置图的绘制.avi。

8.2.1 设置绘图环境

01 创建图形文件。打开随书源文件中的"别墅首层平面图.dwg"文件，选择菜单栏中的"文件"→"另存为"命令，打开"图形另存为"对话框。在"文件名"下拉列表框中输入新的图形文件名称为"客厅平面图.dwg"，如图 8-83 所示。单击"保存"按钮，建立图形文件。

图8-83　"图形另存为"对话框

02 清理图形元素。

❶单击"修改"工具栏中的"删除"按钮，删除平面图中多余图形元素，仅保留客厅四周的墙线及门窗。

❷单击"绘图"工具栏中的"图案填充"按钮，在打开的"图案填充和渐变色"对话框中，选择填充图案为"SOLID"，填充客厅墙体，填充结果如图 8-84 所示。

8.2.2　绘制家具

客厅是别墅主人会客和休闲娱乐的场所。在客厅中，应设置的家具有：沙发、茶几、电视柜等。除此之外，还可以设计和摆放一些可以体现主人个人品位和兴趣爱好的室内装饰物品，利用"插入块"命令，将上述家具插入到客厅，结果如图 8-85 所示。

图8-84　填充客厅墙体　　　　　　　　图8-85　绘制客厅家具

8.2.3　室内平面标注

01 轴线标识。单击"图层"工具栏中的"图层特性管理器"按钮，打开"图层特性管理器"对话框，选择"轴线"和"轴线编号"图层，并将它们打开，除保留客厅相关轴线与轴号外，删除所有多余的轴线和轴号图形。

02 尺寸标注。

❶在"图层"下拉列表中选择"标注"图层，将其设置为当前图层。

❷单击"标注"工具栏中的"标注样式"按钮，打开"标注样式管理器"对话框，创建新的标注样式，并将其命名为"室内标注"。

❸单击"继续"按钮，打开"新建标注样式：室内标注"对话框，进行以下设置：

选择"符号和箭头"选项卡，在"箭头"选项组中的"第一项"和"第二个"下拉列表中均选择"建筑标记"，在"引线"下拉列表中选择"点"，在"箭头大小"微调框中输入50；选择"文字"选项卡，在"文字外观"选项组中的"文字高度"微调框中输入150。

❹完成设置后，将新建的"室内标注"设为当前标注样式。

❺在"标注"下拉菜单中选择"线性标注"命令，对客厅平面中的墙体尺寸、门窗位置和主要家具的平面尺寸进行标注。

标注结果如图 8-86 所示。

03 方向索引。在绘制一组室内设计图样时，为了统一室内方向标识，通常要在平面图中添加方向索引符号。

❶在"图层"下拉列表中选择"标注"图层，将其设置为当前图层。

❷选择菜单栏中的"绘图"→"矩形"命令，绘制一个边长为300mm的正方形；接着，单击"绘图"工具栏中的"直线"按钮，绘制正方形对角线；然后，单击"修改"工具栏中的"旋转"按钮，将所绘制的正方形旋转45°。

❸单击"绘图"工具栏中的"圆"按钮，以正方形对角线交点为圆心，绘制半径为150mm的圆，该圆与正方形内切。

❹单击"修改"工具栏中的"分解"按钮，将正方形进行分解，并删除正方形下半部的两条边和垂直方向的对角线，剩余图形为等腰直角三角形与圆；然后，利用"修剪"命令，结合已知圆，修剪正方形水平对角线。

❺单击"绘图"工具栏中的"图案填充"按钮，在打开的"图案填充和渐变色"对话框中，选择填充图案为"SOLID"，对等腰三角形中未与圆重叠的部分进行填充，得到如图8-87所示的索引符号。

❻单击"绘图"工具栏中的"创建块"按钮，将所绘索引符号定义为图块，命名为"室内索引符号"。

❼单击"插入点"工具栏中的"插入块"按钮，在平面图中插入索引符号，并根据需要调整符号角度。

❽单击"绘图"工具栏"多行文字"按钮，在索引符号圆内添加字母或数字进行标识。

图8-86　添加轴线标识和尺寸标注

图8-87　绘制方向索引符号

8.3　客厅立面图A的绘制

　　首先利用已绘制的客厅平面图生成墙体和楼板剖立面，然后利用图库中的图形模块绘制各种家具立面；最后对所绘制的客厅平面图进行尺寸标注和文字说明。下面按照这个思路绘制别墅客厅的立面图A（如图8-88所示）。

图8-88 客厅立面图A

实讲实训
多媒体演示

多媒体演示参见配套光盘中的\\动画演示\第8章\客厅立面图A的绘制.avi。

8.3.1 设置绘图环境

01 创建图形文件。打开已绘制的"客厅平面图.dwg"文件,选择菜单栏中的"文件"→"保存"命令,打开"图形另存为"对话框。在"文件名"下拉列表框中输入新的图形文件名称"客厅立面图A.dwg"。单击"保存"按钮,建立图形文件。

02 清理图形元素。

❶单击"图层"工具栏中的"图层特性管理器"按钮,打开"图层特性管理器"对话框,关闭与绘制对象相关不大的图层,如"轴线"、"轴线编号"图层等。

❷选择菜单栏中的"修改"→"修剪"命令,清理平面图中多余的家具和墙体线条。

❸清理后,所得平面图形如图 8-89 所示。

图8-89 清理后的平面图形

247

8.3.2 绘制地面、楼板与墙体

在室内立面图中，被剖切的墙线和楼板线都用粗实线表示。

01 绘制室内地坪。

❶单击"图层"工具栏中的"图层特性管理器"按钮📑，打开"图层特性管理器"对话框，创建新图层，将新图层命名为"粗实线"，设置该图层线宽为 0.30mm；并将其设置为当前图层。

❷单击"绘图"工具栏中的"直线"按钮✐，在平面图上方绘制长度为 4000mm 的室内地坪线，其标高为±0.000。

02 绘制楼板线和梁线。

❶单击"修改"工具栏中的"偏移"按钮🖝，将室内地坪线连续向上偏移两次，偏移量依次为 3200mm 和 100mm，得到楼板定位线。

❷单击"特性"工具栏中的"图层特性管理器"按钮📑，打开"图层特性管理器"对话框，创建新图层，将新图层命名为"细实线"，并将其设置为当前图层。

❸单击"修改"工具栏中的"偏移"按钮🖝，将室内地坪线向上偏移 3000mm，得到梁底面位置。

❹将所绘梁底定位线转移到"细实线"图层。

03 绘制墙体。

❶单击"绘图"工具栏中的"直线"按钮✐，由平面图中的墙体位置，生成立面图中的墙体定位线。

❷单击"绘图"工具栏中的"直线"按钮✐，对墙线、楼板线以及梁底定位线进行修剪，如图 8-90 所示。

图8-90 绘制地面、楼板与墙体

8.3.3 绘制文化墙

01 绘制墙体。

❶单击"图层"工具栏中的"图层特性管理器"按钮📑，打开"图层特性管理器"对话框，创建新图层，将新图层命名为"文化墙"，并将其设置为当前图层。

❷单击"修改"工具栏中的"偏移"按钮🖝，将左侧墙线向右偏移，偏移量为 150mm，得到文化墙左侧定位线。

❸单击"绘图"工具栏中的"矩形"按钮▭，以定位线与室内地坪线交点为左下角点绘制"矩形 1"，尺寸为 2100mm×2720mm；然后利用"删除"命令，删除定位线。

❹单击"绘图"工具栏中的"矩形"按钮▢，依次绘制绘制"矩形 2"、"矩形 3"、"矩形 4"、"矩形 5"和"矩形 6"，各矩形尺寸依次为 1600mm×2420mm、 1700mm×100mm、300mm×420mm、1760mm×60mm 和 1700mm×270mm；使得各矩形底边中点均与"矩形 1"底边中点重合。

❺单击"修改"工具栏中的"移动"按钮✛，依次向上移动"矩形 4"、"矩形 5"和"矩形 6"，移动距离分别为 2360mm、1120mm、850mm。

❻选择菜单栏中的"修改"→"修剪"命令，修剪多余线条，如图 8-91 所示。

02 绘制装饰挂毯。

❶单击"标准"工具栏中的"打开"按钮📂，在打开的"选择文件"对话框中，选择"光盘：\ 图库"路径，找到"CAD 图库.dwg"文件并将其打开。

❷在名称为"装饰"的一栏中，选择"挂毯"图形模块进行复制，如图 8-92 所示。

图8-91 绘制文化墙墙体

图8-92 挂毯模块

返回"客厅立面图"的绘图界面，将复制的图形模块粘贴到立面图右侧空白区域。

❸由于"挂毯"模块尺寸为 1140mm×840mm，小于铺放挂毯的矩形区域（1600mm×2320mm），因此，有必要对挂毯模块进行重新编辑：

1）单击"修改"工具栏中的"修剪"按钮✂，将"挂毯"图形模块进行分解。

2）利用"复制"命令，以挂毯中的方格图形为单元，复制并拼贴成新的挂毯图形。

3）将编辑后的挂毯图形填充到文化墙中央矩形区域，绘制结果如图 8-93 所示。

图8-93 绘制装饰挂毯

03 绘制筒灯。

❶单击"标准"工具栏中的"打开"按钮📂，在打开的"选择文件"对话框中，选择"光

盘：\图库"路径，找到"CAD图库.dwg"文件并将其打开。

❷在名称为"灯具和电器"的一栏中，选择"筒灯立面"，如图8-94所示；选中该图形后，单击鼠标右键，在快捷菜单中点击"带基点复制"命令，点取筒灯图形上端顶点作为基点。

❸返回"客厅立面图"的绘图界面，将复制的"筒灯立面"模块，粘贴到文化墙中"矩形4"的下方，如图8-95所示。

图8-94　筒灯立面

图8-95　绘制筒灯

8.3.4　绘制家具

01 绘制柜子底座。

❶在"图层"下拉列表中选择"家具"图层，将其设置为当前图层。

❷单击"绘图"工具栏中的"矩形"按钮□，以右侧墙体的底部端点为矩形右下角点，绘制尺寸为480㎜×800㎜的矩形。

02 绘制装饰柜。

❶单击"标准"工具栏中的"打开"按钮▷，在打开的"选择文件"对话框中，选择"光盘：\图库"路径，找到"CAD图库.dwg"文件并将其打开。

❷在名称为"柜子"的一栏中，选择"柜子—01CL"，如图8-96所示；选中该图形，将其复制。

❸返回"客厅立面图A"的绘图界面，将复制的图形粘贴到已绘制的柜子底座上方。

03 绘制射灯组。

❶单击"修改"工具栏中的"偏移"按钮▣，将室内地坪线向上偏移，偏移量为2000㎜，得到射灯组定位线。

❷单击"标准"工具栏中的"打开"按钮▷，在打开的"选择文件"对话框中，选择"光盘：\图库"路径，找到"CAD图库.dwg"文件并将其打开。

❸在名称为"灯具"的一栏中，选择"射灯组CL"，如图8-97所示；选中该图形后，在鼠标右键的快捷菜单中选择"复制"命令。

❹返回"客厅立面图A"的绘图界面，将复制的"射灯组CL"模块，粘贴到已绘制的定位线处。

❺单击"修改"工具栏中的"删除"按钮✐，删除定位线。

04 绘制装饰画。在装饰柜与射灯组之间的墙面上，挂有裱框装饰画一幅。从本图中，只看到画框侧面，其立面可用相应大小的矩形表示。

具体绘制方法为：

❶单击"修改"工具栏中的"偏移"按钮⬚，将室内地坪线向上偏移，偏移量为1500mm，得到画框底边定位线。

❷单击"绘图"工具栏中的"矩形"按钮▢，以定位线与墙线交点作为矩形右下角点，绘制尺寸为30mm×420mm的画框侧面。

❸单击"修改"工具栏中的"删除"按钮✐，删除定位线。

如图8-98所示为以装饰柜为中心的家具组合立面。

图8-96 "柜子—01CL"图形模块　图8-97 "射灯组CL"图形模块　图8-98 以装饰柜为中心的家具组合

8.3.5 室内立面标注

01 室内立面标高。

❶在"图层"下拉列表中选择"标注"图层，将其设置为当前图层。

❷单击"插入点"工具栏中的"插入块"按钮⬚，在立面图中地坪、楼板和梁的位置插入标高符号。

❸单击"绘图"工具栏中的"多行文字"按钮A，在标高符号的长直线上方添加标高数值。

02 尺寸标注。在室内立面图中，对家具的尺寸和空间位置关系都要使用"线性标注"命令进行标注。

❶在"图层"下拉列表中选择"标注"图层，将其设置为当前图层。

❷单击"标注"工具栏中的"标注样式"按钮⬚，打开"标注样式管理器"对话框，选择"室内标注"作为当前标注样式。

❸单击"标注"工具栏中的"线性"按钮⬚，对家具的尺寸和空间位置关系进行标注。

03 文字说明。在室内立面图中通常用文字说明来表达各部位表面的装饰材料和装修做法。

❶在"图层"下拉列表中选择"文字"图层，将其设置为当前图层。

❷在命令行输入"QLEADER"命令，绘制标注引线。

❸单击"绘图"工具栏中的"多行文字"按钮A，设置字体为"仿宋GB2312"，文字高

度为100，在引线一端添加文字说明。

❹标注的结果如图8-99所示。

图8-99 室内立面标注

8.4 客厅立面图 B 的绘制

　　客厅立面图 B 的主要绘制思路为：首先利用已绘制的客厅平面图生成墙体和楼板，然后利用图库中的图形模块绘制各种家具和墙面装饰；最后对所绘制的客厅平面图进行尺寸标注和文字说明。下面按照这个思路绘制别墅客厅的立面图 B（如图 8-100 所示）。

图8-100 客厅立面图B

实讲实训
多媒体演示

多媒体演示参见配套光盘中的\\动画演示\第8章\客厅立面图B的绘制.avi。

8.4.1 设置绘图环境

01 创建图形文件。打开 "客厅平面图.dwg"文件，选择菜单栏中的"文件"→"另存为"命令，打开"图形另存为"对话框。在"文件名"下拉列表框中输入新的图形文件名称为"客厅立面图 B.dwg"。单击"保存"按钮，建立图形文件。

02 清理图形元素。

❶单击"图层"工具栏中的"图层特性管理器"按钮 💼，打开"图层特性管理器"对话框，关闭与绘制对象相关不大的图层，如"轴线"、"轴线编号"图层等。

❷单击"修改"工具栏中的"旋转"按钮 ⟲，将平面图进行旋转，旋转角度为90°。

❸单击"修改"工具栏中的"删除"按钮 ✍和"修剪"按钮 ⌐，清理平面图中多余的家具和墙体线条。

❹清理后，所得平面图形如图 8-101 所示。

图8-101 清理后的平面图形

8.4.2 绘制地坪、楼板与墙体

01 绘制室内地坪。

❶单击"图层"工具栏中的"图层特性管理器"按钮 💼，打开"图层特性管理器"对话框，创建新图层，图层名称为"粗实线"，设置图层线宽为 0.30mm；并将其设置为当前图层。

❷单击"绘图"工具栏中的"直线"按钮 ╱，在平面图上方绘制长度为 6000mm 的客厅室内地坪线，标高为±0.000。

02 绘制楼板。

❶单击"修改"工具栏中的"偏移"按钮 ⏴，将室内地坪线连续向上偏移两次，偏移量依次为 3200mm 和 100mm，得到楼板位置。

❷单击工具栏中的"图层特性管理器"按钮，打开"图层管理器"对话框，创建新图层，将新图层命名为"细实线"，并将其设置为当前图层。

❸单击"修改"工具栏中的"偏移"按钮 ⏴，将室内地坪线向上偏移 3000mm，得到梁底位置。

❹将偏移得到的梁底定位线转移到"细实线"图层。

03 绘制墙体。

❶单击"绘图"工具栏中的"直线"按钮 ╱，由平面图中的墙体位置，生成立面墙体定位线。

❷单击"修改"工具栏中的"修剪"按钮 ⌐，对墙线和楼板线进行修剪，得到墙体、楼板和梁的轮廓线，如图 8-102 所示。

图8-102 绘制地坪、楼板与墙体轮廓

8.4.3 绘制家具

在立面图 B 中，需要着重绘制的是两个家具装饰组合。第一个是以沙发为中心的家具组合，包括三人沙发、双人沙发、长茶几和位于沙发侧面用来摆放电话和台灯的小茶几。另外一个是位于左侧的，以装饰柜为中心的家具组合，包括装饰柜及其底座、裱框装饰画和射灯组。

下面就分别来介绍这些家具及组合的绘制方法。

01 绘制沙发与茶几。

❶在"图层"下拉列表中选择"家具"图层，将其设置为当前图层。

❷单击"标准"工具栏中的"打开"按钮 ，在打开的"选择文件"对话框中，选择"光盘：\图库"路径，找到"CAD 图库.dwg"文件并将其打开。

❸在名称为"沙发和茶几"的一栏中，选择"沙发—002B"、"沙发—002C"和"茶几—03L"和"小茶几与台灯"4 个图形模块，分别对它们进行复制。

❹返回"客厅立面图 B"的绘图界面，按照平面图中提供的各家具之间的位置关系，将复制的家具模块依次粘贴到立面图中相应位置，如图 8-103 所示。

图8-103 粘贴沙发和茶几图形模块

❺由于各图形模块在此方向上的立面投影有交叉重合现象，因此有必要对这些家具进行重新组合。具体方法为：

1）将图中的沙发和茶几图形模块分别进行分解。

2）根据平面图中反映的各家具间的位置关系，删去家具模块中被遮挡的线条，仅保留立面投影中可见的部分。

3）将编辑后的图形组合定义为块。

❻如图 8-104 所示为绘制完成的以沙发为中心的家具组合。

图8-104 重新组合家具图形模块

注意

　　在图库中，很多家具图形模块都是以个体为单元进行绘制的，因此，当多个家具模块被选取并插入到同一室内立面图中时，由于投影位置的重叠，不同家具模块间难免会出现互相重叠和相交的情况，线条变得繁多而杂乱。对于这种情况，可以采用重新编辑模块的方法进行绘制，具体步骤如下：

　　首先，利用"分解"命令，将相交或重叠的家具模块分别进行分解。

　　然后，利用"修剪"和"删除"命令，根据家具立面图投影的前后次序，清除图形中被遮挡的线条，仅保留家具立面投影的可见部分。

　　最后，将编辑后得到的图形定义为块，避免因分解后的线条过于繁杂而影响图形的绘制。

02 绘制装饰柜。

❶单击"绘图"工具栏中的"矩形"按钮▭，以左侧墙体的底部端点为矩形左下角点，绘制尺寸为 1050mm×800mm 的矩形底座。

❷单击"标准"工具栏中的"打开"按钮▱，在打开的"选择文件"对话框中，选择"光盘：\ 图库"路径，找到"CAD 图库.dwg"文件并将其打开。

❸在名称为"装饰"的一栏中，选择"柜子—01ZL"，如图 8-105 所示；选中该图形模块进行复制。

图8-105 装饰柜正立面

❹返回"客厅立面图 B"的绘图界面,将复制的图形模块,粘贴到已绘制的柜子底座上方。

03 绘制射灯组与装饰画。

❶单击"修改"工具栏中的"偏移"按钮🖢,将室内地坪线向上偏移,偏移量为 2000mm,得到射灯组定位线。

❷单击"标准"工具栏中的"打开"按钮🗁,在打开的"选择文件"对话框中,选择"光盘:\ 图库"路径,找到"CAD 图库. dwg"文件并将其打开。

❸在名称为"灯具和电器"的一栏中,选择"射灯组 ZL",如图 8-106 所示;选中该图形模块进行复制。

❹返回"客厅立面图 B"的绘图界面,将复制的模块粘贴到已绘制的定位线处。

❺单击"修改"工具栏中的"删除"按钮🖉,删除定位线。

❻打开图库文件,在名称为"装饰"的一栏中,选择"装饰画 01",如图 8-107 所示;对该模块进行"带基点复制",复制基点为画框底边中点。

图8-106 射灯组正立面   图8-107 装饰画正立面

❼返回"客厅立面图 B"的绘图界面,以装饰柜底座的底边中点为插入点,将复制的模块粘贴到立面图中。

❽单击"修改"工具栏中的"移动"按钮✣,将装饰画模块垂直向上移动,移动距离为 1500mm。

❾如图 8-108 所示为绘制完成的以装饰柜为中心的家具组合。

图8-108 以装饰柜为中心的家具组合

8.4.4　绘制墙面装饰

01　绘制条形壁龛。

❶单击"图层"工具栏中的"图层特性管理器"按钮，打开"图层特性管理器"对话框，创建新图层，将新图层命名为"墙面装饰"，并将其设置为当前图层。

❷单击"修改"工具栏中的"偏移"按钮，将梁底面投影线向下偏移180mm，得到"辅助线1"；再次利用"偏移"命令，将右侧墙线向左偏移900mm，得到"辅助线2"。

❸单击"绘图"工具栏中的"矩形"按钮，以"辅助线1"与"辅助线2"的交点为矩形右上角点，绘制尺寸为1200mm×200mm的矩形壁龛。

❹单击"修改"工具栏中的"删除"按钮，删除两条辅助线。

02　绘制挂毯。在壁龛下方，垂挂一条咖啡色挂毯作为墙面装饰。此处挂毯与立面图A中文化墙内的挂毯均为同一花纹样式，不同的是此处挂毯面积较小。因此，可以继续利用前面章节中介绍的挂毯图形模块进行绘制。

❶重新编辑挂毯模块：将挂毯模块进行分解，然后以挂毯表面花纹方格为单元，重新编辑模块，得到规格为4×6的方格花纹挂毯模块（4、6分别指方格的列数与行数），如图8-109所示。

❷绘制挂毯垂挂效果：挂毯的垂挂方式是将挂毯上端伸入壁龛，用壁龛内侧的细木条将挂毯上端压实固定，并使其下端垂挂在壁龛下方墙面上。

1）单击"修改"工具栏中的"移动"按钮，将绘制好的新挂毯模块，移动到条形壁龛下方，使其上侧边线中点与壁龛下侧边线中点重合。

2）单击"修改"工具栏中的"移动"按钮，将挂毯模块垂直向上移动40mm。

3）单击"修改"工具栏中的"偏移"按钮，将壁龛下侧边线向上偏移，偏移量为10mm。

4）单击"修改"工具栏中的"分解"按钮，将新挂毯模块进行分解，并利用"修剪"和"删除"命令，以偏移线为边界，修剪并删除挂毯上端多余部分。

❸绘制结果如图8-110所示。

图8-109　重新编辑挂毯模块

图8-110　垂挂的挂毯

03　绘制瓷器。

❶在"图层"下拉列表中选择"墙面装饰"图层，将其设置为当前图层。

❷单击"标准"工具栏中的"打开"按钮 📂，在打开的"选择文件"对话框中，选择"光盘：\图库"路径，找到"CAD图库.dwg"文件并将其打开。

❸在名称为"装饰"的一栏中，选择"陈列品6"、"陈列品7"和"陈列品8"模块，对选中的图形模块进行复制，并将其粘贴到立面图B中。

❹根据壁龛的高度，分别对每个图形模块的尺寸比例进行适当调整，然后将它们依次插入壁龛中，如图8-111所示。

图8-111　绘制壁龛中的瓷器

8.4.5　立面标注

01 室内立面标高。

❶在"图层"下拉列表中选择"标注"图层，将其设置为当前图层。

❷单击"插入点"工具栏中的"插入块"按钮 🔲，在立面图中地坪、楼板和梁的位置插入标高符号。

❸单击"绘图"工具栏中的"多行文字"按钮 A，在标高符号的长直线上方添加标高数值。

02 尺寸标注。在室内立面图中，对家具的尺寸和空间位置关系都要使用"线性标注"命令进行标注。

❶在"图层"下拉列表中选择"标注"图层，将其设置为当前图层。

❷单击"标注"工具栏中的"标注样式"按钮 ✍，打开"标注样式管理器"对话框，选择"室内标注"作为当前标注样式。

❸单击"标注"工具栏中的"线性"按钮 ⊢，对家具的尺寸和空间位置关系进行标注。

03 文字说明。在室内立面图中，通常用文字说明来表达各部位表面的装饰材料和装修做法。

❶在"图层"下拉列表中选择"文字"图层，将其设置为当前图层。

❷在命令行输入"QLEADER"命令，绘制标注引线。

❸单击"绘图"工具栏中的"多行文字"按钮 A，设置字体为"仿宋GB2312"，文字高度为100，在引线一端添加文字说明。

标注结果如图8-100所示。

8.5 别墅首层地坪图的绘制

　　首先，由已知的首层平面图生成平面墙体轮廓；接着，各门窗洞口位置绘制投影线；然后，根据各房间地面材料类型，选取适当的填充图案对各房间地面进行填充；最后，添加尺寸和文字标注。下面就按照这个思路绘制别墅的首层地坪图（如图8-112所示）。

实讲实训
多媒体演示

　　多媒体演示参见配套光盘中的\\动画演示\第8章\别墅首层地坪图的绘制.avi。

图8-112　别墅首层地坪图

8.5.1　设置绘图环境

01　创建图形文件。打开已绘制的"别墅首层平面图.dwg"文件，在"文件"菜单中选择"另存为"命令，打开"图形另存为"对话框。在"文件名"下拉列表框中输入新的图形名称为"别墅首层地坪图.dwg"。单击"保存"按钮，建立图形文件。

02　清理图形元素。

❶单击"图层"工具栏中的"图层特性管理器"按钮，打开"图层特性管理器"对话

框，关闭"轴线"、"轴线编号"和"标注"图层。

❷单击"修改"工具栏中的"删除"按钮 ✐，删除首层平面图中所有的家具和门窗图形。

❸选择菜单栏中"文件"→"绘图实用程序"→"清理"命令，清理无用的图形元素。清理后，所得平面图形如图 8-113 所示。

图8-113　清理后的平面图

8.5.2　补充平面元素

01 填充平面墙体。

❶在"图层"下拉列表中选择"墙体"图层，将其设置为当前图层。

❷单击"绘图"工具栏中的"图案填充"按钮 🎇，打开"图案填充和渐变色"对话框，在对话框中选择填充图案为"SOLID"，在绘图区域中拾取墙体内部点，选择墙体作为填充对象进行填充。

02 绘制门窗投影线。

❶在"图层"下拉列表中选择"门窗"图层，将其设置为当前图层。

❷单击"绘图"工具栏中的"直线"按钮 ✐，在门窗洞口处，绘制洞口平面投影线，如图 8-114 所示。

8.5.3　绘制地板

01 绘制木地板。在首层平面中，铺装木地板的房间包括工人房和书房。

❶单击"图层"工具栏中的"图层特性管理器"按钮 🗐，打开"图层特性管理器"对话框，创建新图层，将新图层命名为"地坪"，并将其设置为当前图层。

❷单击"绘图"工具栏中的"图案填充"按钮 🎇，打开"图案填充和渐变色"对话框，

在对话框中选择填充图案为"LINE"并设置图案填充比例为60；在绘图区域中依次选择工人房和书房平面作为填充对象，进行地板图案填充。如图 8-115 所示，为书房地板绘制效果。

图8-114　补充平面元素

02 绘制地砖。在本例中，使用的地砖种类主要有两种，即卫生间、厨房使用的防滑地砖和入口、阳台等处地面使用普通地砖。

❶绘制防滑地砖。在卫生间和厨房里，地面的铺装材料为 200×200 防滑地砖。

1）单击"绘图"工具栏中的"图案填充"按钮 ，打开"图案填充和渐变色"对话框，在对话框中选择填充图案为"ANGEL"，并设置图案填充比例为 30。

2）在绘图区域中依次选择卫生间和厨房平面作为填充对象，进行防滑地砖图案的填充。如图 8-116 所示，为卫生间地板绘制效果。

图8-115　绘制书房木地板

图8-116　绘制卫生间防滑地砖

❷绘制普通地砖。在别墅的入口和外廊处，地面铺装材料为 400×400 普通地砖。利用"图案填充"命令，打开"图案填充和渐变色"对话框，在对话框中选择填充图案

为"NET"，并设置图案填充比例为120；在绘图区域中依次选择入口和外廊平面作为填充对象，进行普通地砖图案的填充。如图 8-117 所示，为主入口处地板绘制效果。

03 绘制大理石地面。通常客厅和餐厅的地面材料可以有很多种选择，如普通地砖、耐磨木地板等。在本例中，设计者选择在客厅、餐厅和走廊地面铺装浅色大理石材料，光亮、易清洁而且耐磨损。

❶单击"绘图"工具栏中的"图案填充"按钮，打开"图案填充和渐变色"对话框，在对话框中选择填充图案为"NET"，并设置图案填充比例为210。

❷在绘图区域中依次选择客厅、餐厅和走廊平面作为填充对象，进行大理石地面图案的填充。如图 8-118 所示，为客厅地板绘制效果。

04 绘制车库地板。本例中车库地板材料采用的是车库专用耐磨地板。

❶单击"绘图"工具栏中的"图案填充"按钮，打开"图案填充和渐变色"对话框，在对话框中选择填充图案为"GRATE"、并设置图案填充角度为 90º、比例为 400。

❷在绘图区域中选择车库平面作为填充对象，进行车库地面图案的填充，如图 8-119 所示。

图8-117　绘制入口地砖

图8-118　绘制客厅大理石地板

图8-119　绘制车库地板

8.5.4　尺寸标注与文字说明

01 尺寸标注与标高。在本图中，尺寸标注和平面标高的内容及要求与平面图基本相同。由于本图是基于已有首层平面图基础上绘制生成的，因此，本图中的尺寸标注可以直接沿用首层平面图的标注结果。

02 文字说明。

❶在"图层"下拉列表中选择"文字"图层，将其设置为当前图层。

❷在命令行输入"QLEADER"命令，并设置引线的箭头形式为"点"，箭头大小为60。

❸单击"绘图"工具栏中的"多行文字"按钮 **A**，设置字体为"仿宋 GB2312"，文字高度为300，在引线一端添加文字说明，标明该房间地面的铺装材料和做法。

8.6　别墅首层顶棚图的绘制

　　首先，清理首层平面图，留下墙体轮廓，并在各门窗洞口位置绘制投影线；然后绘制吊顶并根据各房间选用的照方式绘制灯具；最后进行文字说明和尺寸标注。下面按照这个思路绘制别墅首层顶棚平面图（如图 8-120 所示）。

8.6.1　设置绘图环境

01 创建图形文件。打开已绘制的"别墅首层平面图.dwg"文件，在"文件"菜单中选择"另存为"命令，打开"图形另存为"对话框。在"文件名"下拉列表框中输入新的图形文件名称为"别墅首层顶棚平面图.dwg"。单击"保存"按钮，建立图形文件。

实讲实训
多媒体演示

多媒体演示参见配套光盘中的\\动画演示\第8章\别墅首层顶棚图的绘制.avi。

图8-120　别墅首层顶棚图

02 清理图形元素。

❶单击"图层"工具栏中的"图层特性管理器"按钮，打开"图层特性管理器"对话框，关闭"轴线"、"轴线编号"和"标注"图层。

❷单击"修改"工具栏中的"删除"按钮，删除首层平面图中的家具、门窗图形以及所有文字。

❸选择菜单栏中的"文件"→"绘图实用程序"→"清理"命令，清理无用的图层和其他图形元素。清理后，所得平面图形如图 8-121 所示。

8.6.2 补绘平面轮廓

01 绘制门窗投影线。

❶在"图层"下拉列表中选择"门窗"图层，将其设置为当前图层。

❷单击"绘图"工具栏中的"直线"按钮 ，在门窗洞口处，绘制洞口投影线。

02 绘制入口雨篷轮廓。

❶单击"图层"工具栏中的"图层特性管理器"按钮 ，打开"图层特性管理器"对话框，创建新图层，将新图层命名为"雨篷"，并将其设置为当前图层。

❷单击"绘图"工具栏中的"直线"按钮 ，以正门外侧投影线中点为起点向上绘制长度为 2700mm 的雨篷中心线；然后，以中心线的上侧端点为中点，绘制长度为 3660mm 的水平边线。

❸单击"修改"工具栏中的"偏移"按钮 ，将屋顶中心线分别向两侧偏移，偏移量均为 1830mm，得到屋顶两侧边线。

❹重复"偏移"命令，将所有边线均向内偏移 240mm，得到入口雨篷轮廓线，如图 8-122 所示。

图 8-121　清理后的平面图

图8-122　绘制入口雨篷投影轮廓

经过补绘后的平面图，如图 8-123 所示。

图8-123 补绘顶棚平面轮廓

8.6.3 绘制吊顶

在别墅首层平面中，有三处做吊顶设计，即卫生间、厨房和客厅。其中，卫生间和厨房是出于防水或防油烟的需要，安装铝扣板吊顶；在客厅上方局部设计石膏板吊顶，既美观大方又为各种装饰性灯具的设置和安装提供了方便。下面分别介绍这三处吊顶的绘制方法。

01 绘制卫生间吊顶。基于卫生间使用过程中的防水要求，在卫生间顶部安装铝扣板吊顶。

❶单击工具栏中的"图层特性管理器"按钮，打开"图层管理器"对话框，创建新图层，将新图层命名为"吊顶"，并将其设置为当前图层。

❷选择菜单栏中的"绘图"→"图案填充"命令，打开"图案填充和渐变色"对话框，在对话框中选择填充图案为"LINE"；并设置图案填充角度为90、比例为60。

❸在绘图区域中选择卫生间顶棚平面作为填充对象，进行图案填充，如图 8-124 所示。

02 绘制厨房吊顶。基于厨房使用过程中的防水和防油的要求，在厨房顶部安装铝扣板吊顶。

❶在"图层"下拉列表中选择"吊顶"图层，将其设置为当前图层。

❷选择菜单栏中的"绘图"→"图案填充"命令，打开"图案填充和渐变色"对话框，在对话框中选择填充图案为"LINE"；并设置图案填充角度为90、比例为60。

❸在绘图区域中选择厨房顶棚平面作为填充对象，进行图案填充，如图 8-125 所示。

03 绘制客厅吊顶。客厅吊顶的方式为周边式，不同于前面介绍的卫生间和厨房所采用的完全式吊顶。客厅吊顶的重点部位在西面电视墙的上方。

❶单击"修改"工具栏中的"偏移"按钮，将客厅顶棚东、南两个方向轮廓线向内偏移，偏移量分别为 600mm 和 100mm，得到"轮廓线 1"和"轮廓线 2"。

图8-124 绘制卫生间吊顶   图8-125 绘制厨房吊顶

❷单击"绘图"工具栏中的"样条曲线"按钮，以客厅西侧墙线为基准线，绘制样条曲线，如图 8-126 所示。

❸单击"修改"工具栏中的"移动"按钮，将样条曲线水平向右移动，移动距离为 600mm；

❹单击"绘图"工具栏中的"直线"按钮，连结样条曲线与墙线的端点。

❺单击"修改"工具栏中的"修剪"按钮，修剪吊顶轮廓线条，完成客厅吊顶的绘制，如图 8-127 所示。

图8-126 绘制样条曲线   图8-127 客厅吊顶轮廓

8.6.4 绘制入口雨篷顶棚

别墅正门入口雨篷的顶棚由一条水平的主梁和两侧数条对称布置的次梁组成。

具体绘制方法为：

01 单击"图层"工具栏中的"图层特性管理器"按钮，打开"图层特性管理器"对话框，创建新图层，将新图层命名为"顶棚"，并将其设置为当前图层。

02 绘制主梁：单击"修改"工具栏中的"偏移"按钮，将雨篷中心线依次向左右两侧进行偏移，偏移量均为 75mm；然后，单击"修改"工具栏中的"删除"按钮，将原有中心线删除。

03 绘制次梁：选择菜单栏中的"绘图"→"图案填充"，打开"图案填充和渐变色"

对话框，在对话框中选择填充图案为"STEEL"、并设置图案填充角度为135、比例为135。

04 在绘图区域中选择中心线两侧矩形区域作为填充对象，进行图案填充，如图 8-128 所示。

图8-128 绘制入口雨篷的顶棚

8.6.5 绘制灯具

不同种类的灯具由于材料和形状的差异，其平面图形也大有不同。在本别墅实例中，灯具种类主要包括：工艺吊灯、吸顶灯、筒灯、射灯和壁灯等。在 AutoCAD 图样中，并不需要详细描绘出各种灯具的具体式样，一般情况下，每种灯具都是用灯具图例来表示的。下面分别介绍几种灯具图例的绘制方法。

01 绘制工艺吊灯。工艺吊灯仅在客厅和餐厅使用，与其他灯具相比，形状比较复杂。

❶单击"图层"工具栏中的"图层特性管理器"按钮，打开"图层特性管理器"对话框，创建新图层，将新图层命名为"灯具"，并将其设置为当前图层。

❷单击"绘图"工具栏中的"圆"按钮，绘制两个同心圆，它们的半径分别为150mm和 200mm。

❸单击"绘图"工具栏中的"直线"按钮，以圆心为端点，向右绘制一条长度为400mm的水平线段。

❹单击"绘图"工具栏中的"圆"按钮，以线段右端点为圆心，绘制一个较小的圆，其半径为50mm。

❺单击"修改"工具栏中的"移动"按钮，水平向左移动小圆，移动距离为 100mm，如图 8-129 所示。

❻单击"修改"工具栏中的"环形阵列"按钮，输入项目总数为8、填充角度为360；选择同心圆圆心为阵列中心点；选择图 8-129 中的水平线段和右侧小圆为阵列对象，生成工艺吊灯图例，如图 8-130 所示。

图8-129 绘制第一个吊灯单元　　　　　图8-130 工艺吊灯图例

02 绘制吸顶灯。在别墅首层平面中，使用最广泛的灯具要算吸顶灯了。别墅入口、卫生间和卧室的房间都使用吸顶灯来进行照明。

常用的吸顶灯图例有圆形和矩形两种。在这里，主要介绍圆形吸顶灯图例。

❶单击"绘图"工具栏中的"圆"按钮⊙，绘制两个同心圆，它们的半径分别为 90mm 和120mm。

❷单击"绘图"工具栏中的"直线"按钮／，绘制两条互相垂直的直径；激活已绘直径的两端点，将直径向两侧分别拉伸，每个端点处拉伸量均为40mm，得到一个正交十字。

❸选择菜单栏中的"绘图"→"图案填充"，打开"图案填充和渐变色"对话框，选择填充图案为"SOLID"，对同心圆中的圆环部分进行填充。

如图 8-131 所示为绘制完成的吸顶灯图例。

03 绘制格栅灯。在别墅中，格栅灯是专用于厨房的照明灯具。

❶单击"绘图"工具栏中的"矩形"按钮▢，绘制尺寸为 1200mm×300 mm 的矩形格栅灯轮廓。

❷单击"修改"工具栏中的"分解"按钮，将矩形分解；然后，单击"修改"工具栏中的"偏移"按钮，将矩形两条短边分别向内偏移，偏移量均为80mm。

❸单击"绘图"工具栏中的"矩形"按钮▢，绘制两个尺寸为 1040 mm×45mm 的矩形灯管，两个灯管平行间距为70mm。

❹选择菜单栏中的"绘图"→"图案填充"，打开"图案填充和渐变色"对话框，在对话框中选择填充图案为"ANSI32"、并设置填充比例为10，对两矩形灯管区域进行填充。

❺如图 8-132 所示为绘制完成的格栅灯图例。

04 绘制筒灯。筒灯体积较小，主要应用于室内装饰照明和走廊照明。

常见筒灯图例由两个同心圆和一个十字组成。

❶单击"绘图"工具栏中的"圆"按钮⊙，绘制两个同心圆，它们的半径分别为 45mm 和 60mm。

图8-131　吸顶灯图例　　　　　　　　图8-132　格栅灯图例

❷单击"绘图"工具栏中的"直线"按钮 ╱，绘制两条互相垂直的直径；

❸激活已绘两条直径的所有端点，将两条直径分别向其两端方向拉伸，每个方向拉伸量均为 20mm，得到正交的十字。.

❹如图 8-133 所示为绘制完成的筒灯图例。

05 绘制壁灯。在别墅中，车库和楼梯侧墙面都通过设置壁灯来辅助照明。本图中使用的壁灯图例由矩形及其两条对角线组成。

❶单击"绘图"工具栏中的"矩形"按钮 □，绘制尺寸为 300mm×150mm 的矩形。

❷单击"绘图"工具栏中的"直线"按钮 ╱，绘制矩形的两条对角线。

如图 8-134 所示为绘制完成的壁灯图例。

图8-133　筒灯图例　　　　　　　图8-134　壁灯图例

06 绘制射灯组。射灯组的平面图例在绘制客厅平面图时已有介绍，具体绘制方法可参看前面章节内容。

07 在顶棚图中插入灯具图例。

❶单击"绘图"工具栏中的"创建块"按钮 ⛁，将所绘制的各种灯具图例分别定义为图块。

❷单击"插入点"工具栏中的"插入块"按钮 ⛁，根据各房间或空间的功能，选择适合的灯具图例并根据需要设置图块比例，然后将其插入顶棚中相应位置。

❸如图 8-135 所示为客厅顶棚灯具布置效果。

图8-135　客厅灯具

8.6.6　尺寸标注与文字说明

01　尺寸标注。在顶棚图中，尺寸标注的内容主要包括灯具和吊顶的尺寸以及它们的水平位置。这里的尺寸标注依然同前面一样，是通过"线性标注"命令来完成的。

❶在"图层"下拉菜单中选择"标注"图层，将其设置为当前图层。

❷在"标注"下拉菜单中选择"标注样式"命令，将"室内标注"设置为当前标注样式。

❸在"标注"下拉菜单中选择"线性标注"命令，对顶棚图进行尺寸标注。

02　标高标注。在顶棚图中，各房间顶棚的高度需要通过标高来表示。

❶单击"插入点"工具栏中的"插入块"按钮，将标高符号插入到各房间顶棚位置。

❷单击"绘图"工具栏中的"多行文字"按钮 A，在标高符号的长直线上方添加相应的标高数值。

❸标注结果如图 8-136 所示。

图8-136　添加尺寸标注与标高

03　文字说明。在顶棚图中，各房间的顶棚材料做法和灯具的类型都要通过文字说明来表达。

❶在"图层"下拉列表中选择"文字"图层，将其设置为当前图层；

❷在命令行输入"QLEADER"命令，并设置引线箭头大小为60；

❸单击"绘图"工具栏中的"多行文字"按钮 A，设置字体为"仿宋 GB2312"，文字高度为300，在引线的一端添加文字说明。

第9章

董事长办公室室内设计平面图的绘制

办公空间室内设计是现代城市室内设计的一个非常重要的部分。本章将以董事长办公室内设计为例，详细讲述办公空间室内设计平面图的绘制过程。在讲述过程中，将逐步带领读者完成平面图的绘制，并讲述关于办公空间平面设计的相关知识和技巧。

- ◉ 轴线的绘制

- ◉ 墙线的绘制

- ◉ 楼梯的绘制

- ◉ 室内装饰的绘制

- ◉ 尺寸及文字的标注

9.1　设计思想

> 办公空间是展示一个企业或单位部门形象的最主要的窗口。好的办公空间室内设计不仅能够为员工提供一个舒适愉悦的办公场所，大大提高工作效率，也能在外来访客面前大大提升公司的形象，促进合作成功的几率。随着经济的发展，城市公务交流活动前所未有地加强，所以办公空间室内设计是任何企业和单位所不能忽视的。

办公室设计是指对布局、格局、空间的物理和心理分割。办公空间设计需要考虑多方面的问题，涉及科学、技术、人文、艺术等诸多因素。办公空间室内设计的最大目标就是要为工作人员创造一个舒适、方便、卫生、安全、高效的工作环境，以便更大限度地提高员工的工作效率。这一目标在当前商业竞争日益激烈的情况下显得更加重要，它是办公空间设计的基础，是办公空间设计的首要目标。

办公空间应根据使用性质、建筑规模和 标准的不同来合理设计各类空间。办公空间一般由办公用房、公共用房、服务用房和其他附属设施用房等组成。完善的办公空间应体现管理上的秩序性及空间系统的协调性。设计时应先分析各个空间的动静关系与主次关系，还要考虑采用隔声、吸声等措施来满足管理人员和会议室等重要空间的需求。在办公空间的装饰和陈设设计上，特别要把空间界面的装饰和陈设与整个办公空间的办公风格、色调统一协调处理。如图 9-1 所示为某办公室室内设计效果图。

图9-1　办公室室内设计效果图

9.1.1　办公空间的设计目标

办公室设计有三个层次的目标：

1. 经济实用

一方面要满足实用要求、给办公人员的工作带来方便，另一方面要尽量低费用、追求最佳的功能费用比。

2. 美观大方

能够充分满足人的生理和心理需要，创造出一个赏心悦目的良好工作环境。

3. 独具品味

办公室是企业文化的物质载体，要努力体现企业物质文化和精神文化，反映企业的特色和形象，对置身其中的工作人员产生积极的、和谐的影响。

这三个层次的目标虽然由低到高、由易到难，但它们不是孤立的、而是有着紧密的内在联系，出色的办公室设计应该努力同时实现这三个目标。

9.1.2　办公空间的布置格局

在任何企业里，办公室布置都因其使用人员的岗位职责、工作性质、使用要求等不同而应该有所区别。

处于企业决策层的董事长、执行董事或正副厂长（总理经）、党委书记等主要领导，由于他们的工作对企业的生存发展有着重大作用，能否有一个良好的日常办公环境，对决策效果、管理水平都有很大影响；此外，他们的办公室环境在保守企业机密、传播企业形象等方面也有一些特殊的需要。因此，这类人员的办公室布置有如下特点：

1. 相对封闭

一般是一人一间单独的办公室，有不少企业都将高层领导的办公室安排在办公大楼的最高层或平面结构最深处，目的就是创造一个安静、安全、少受打扰的环境。

2. 相对宽敞

除了考虑使用面积略大之外，一般采用较矮的办公家具设计，目的是为了扩大视觉空间，因为过于拥挤的环境束缚人的思维，带来心理上的焦虑等问题。

3. 方便工作

一般要把接待室、会议室、秘书办公室等安排在靠近决策层人员办公室的位置，有不少企业的厂长（经理）办公室都建成套间，外间就安排接待室或秘书办公室。

4. 特色鲜明

企业领导的办公室要反映企业形象，具有企业特色，例如墙面色彩采用企业标准色、办公桌上摆放国旗和企业旗帜以及企业标志、墙角安置企业吉祥物等。另外，办公室设计布置要追求高雅而非豪华，切勿给人留下俗气的印象。图 9-2 所示为某董事长办公室室内设计效果图。

图9-2　董事长办公室室内设计效果图

对于一般管理人员和行政人员，许多现代化的企业常用大办公室、集中办公的方式，办公室设计其目的是增加沟通、节省空间、便于监督、提高效率。这种大办公室的缺点是相互干扰较大，为此，一般采取以下方法进行设计：

（1）按部门或小部门分区，同一部门的人员一般集中在一个区域。

（2）采用低隔断，高度 1.2～1.5m 的范围，为的是给每一名员工创造相对封闭和独立的工作空间，减少相互间的干扰。

（3）有专门的接待区和休息区，不致因为一位客户的来访而破坏了其他人的安静工作。

这种大办公室方式在三资企业和一些高科技企业采用得比较多，对于创造性劳动为主的技术人员和社交工作较多的公共关系人员，他们的办公室则不宜用这一布置方式。图9-3 所示为某企业中层管理人员办公室室内设计效果图。

图9-3　企业中层管理人员办公室室内设计效果图

9.1.3　配套用房的布置和办公室设计的关系

配套用房主要指会议室、接待室（会客室）、资料室等。

会议室是企业必不可少的办公配套用房，一般分为大中小不同类型，有的企业中小会议室有多间。大的会议室常采用教室或报告厅式布局，座位分主席台和听众席；中小会议室常采用圆桌或长条桌式布局，与会人员围座，利于开展讨论。

会议室布置应简单朴素，光线充足，空气流通。可以采用企业标准色装修墙面，或在里面悬挂企业旗帜，或在讲台、会议桌上摆放企业标志（物），以突出本企业特点。中国企业会议多、效率低，为解决这一问题，除企业领导和会议召集人注意以外，可以在办公室布置上采取一些措施：一是不设沙发（软椅）等供长时间坐着的家具，甚至不设椅子和凳子，提倡站着开会；二是在会议室显著位置摆放或悬挂时钟，以提示会议进行时间；三是减少会议室数量，既提高会议效率，又提高了会议室的利用率。

接待室（会客室）设计是企业对外交往的窗口，设置的数量、规格要根据企业公共关系活动的实际情况而定。接待室要提倡公用，以提高利用率。接待室的布置要干净美观大方，可摆放一些企业标志物和绿色植物及鲜花，以体现企业形象和烘托室内气氛。图 9-4 所示为某公司接待室室内设计效果图。

图9-4 公司接待室室内设计效果图

9.1.4 本例绘制思路

本章将逐步介绍董事长室平面图的绘制。在讲述过程中，将循序渐进地介绍室内设计的基本知识以及 AutoCAD 的基本操作方法。

董事长室平面图的最终结果如图 9-5 所示。

<table>
<tr><td>实讲实训</td></tr>
<tr><td>多媒体演示</td></tr>
<tr><td>多媒体演示参见配套光盘中的\\动画演示\第9章\董事长室室内设计平面图.avi。</td></tr>
</table>

图9-5 董事长室平面图

绘图过程如下：

1. 绘制轴线

首先绘制平面图的轴线，定好位置以便绘制墙线及室内装饰的其他内容。在绘图过程中逐步熟悉"直线"、"定位"、"捕捉"、"修剪"等绘图基本命令。

2．绘制墙线

在绘制好的轴线上绘制墙线。逐步熟悉"修剪"、"偏移"等绘图编辑命令。

3．装饰部分

绘制室内装饰及门窗等部分。掌握弧线和块的基本操作方法。

4．室内装饰部分

绘制室内装饰图块，定义图块，及插入图块。

5．文字说明

添加平面图中必要的文字说明。学习文字编辑、文字样式的创建等操作。

6．尺寸标注

添加平面图中的尺寸标注。学习尺寸线的绘制、尺寸标注样式的修改，连续标注等操作。

9.2　绘制轴线

在进行平面图的绘制之前必须先进行绘图准备，做好绘图准备工作会给后续的设计工作带来方便。

9.2.1　绘图准备

打开 AutoCAD2014 应用程序，单击"标准"工具栏中的"新建"按钮 🔲，弹出"选择样板"对话框，如图 9-6 所示，以"acadiso.dwt"为样板文件，建立新文件，并保持到适当的位置。

图9-6　新建样板文件

新建文件时，可以选用样板文件，这样可以省去很多设置。

在绘图过程中，往往有不同的绘图内容，如轴线、墙线、装饰布置图块、地板、标注、文字等，如果将这些内容放置在一起，绘之后如果要删除或编辑某一类型图形，将带来选取上的困难。AutoCAD 提供了图层功能，为编辑带来了极大的方便。具体创建过程如下：

01 单击"图层"工具栏中的"图层特性管理器"按钮 ，弹出"图层特性管理器"对话框，如图 9-7 所示。

图9-7 "图层特性管理器"对话框

02 单击"图层特性管理器"对话框中的"新建图层"按钮 新建图层，如图 9-8 所示。

图9-8 新建图层

03 新建图层的图层名称默认为"图层 1"，将其修改为"轴线"。图层名称后面的选项由左至右依次为："开/关图层"、"在所有视口中冻结/解冻图层"、"锁定/解锁图层"、"图层默认颜色"、"图层默认线型"、"图层默认线宽"、"打印样式"等。其中，编辑图形时最常用的是"图层的开/关"、"锁定以及图层颜色"、"线型的设置"等。

04 单击新建的"轴线"图层"颜色"栏中的色块，弹出"选择颜色"对话框，如图 9-9 所示，选择红色为轴线图层的默认颜色。单击"确定"按钮，返回"图层特性管理器"对话框。

05 单击"线型"栏中的选项，弹出"选择线型"对话框，如图 9-10 所示。轴线一般在绘图中应用点划线进行绘制，因此应将"轴线"图层的默认线型设为中心线。单击"加载"按钮，弹出"加载或重载线型"对话框，如图 9-11 所示。

06 在"可用线型"列表框中选择"CENTER"线型，单击"确定"按钮，返回"选择线型"对话框。选择刚刚加载的线型，如图 9-12 所示，单击"确定"按钮，轴线图层设置完毕。

📖 说 明

> 在绘图初期可以建立不同的图层，将不同类型的图形绘制在不同的图层当中，在编辑时可以利用图层的显示和隐藏功能、锁定功能来操作图层中的图形，便于编辑运用。

图9-9 "选择颜色"对话框   图9-10 "选择线型"对话框

图9-11 "加载或重载线型"对话框   图9-12 加载线型

07 采用相同的方法按照以下说明，新建其他几个图层。

"墙线"图层：颜色为白色，线型为实线，线宽为0.3mm。

"门窗"图层：颜色为蓝色，线型为实线，线宽为默认。

"装饰"图层：颜色为蓝色，线型为实线，线宽为默认。

"文字"图层：颜色为白色，线型为实线，线宽为默认。

"尺寸标注"图层：颜色为绿色，线型为实线，线宽为默认。

在绘制的平面图中，包括轴线、门窗、装饰、文字和尺寸标注几项内容，分别按照上面所介绍的方式设置图层。其中的颜色可以依照读者的绘图习惯自行设置，并没有具体的要求。设置完成后的"图层特性管理器"对话框如图9-13所示。

📖 说 明

有时在绘制过程中需要删除使用不到的图线，我们可以将无用的图线所在的图层关闭，当全选图形图线，复制粘贴至一新文件中时，那些无用的图层就不会粘贴过来。如果曾经在这个关闭的图层中定义过块，又在另一图层中插入了这个块，那么这个图层是不能用这种方法删除的。

图9-13 设置图层

9.2.2 绘制轴线

01 在"图层"工具栏的下拉列表中，选择"轴线"图层为当前层，如图9-14所示。

图9-14 设置当前图层

02 单击"绘图"工具栏中的"直线"按钮✐，绘制一条竖直轴线长度为12150和一条水平轴线长度为16800，如图9-15所示。

图9-15 绘制轴线

03 轴线的线型虽然为中心线，但是由于比例太小，显示出来还是实线的形式。选择刚刚绘制的轴线并右击，在弹出的如图9-16所示的快捷菜单中选择"特性"命令，弹出"特性"对话框，如图9-17所示。将"线型比例"设置为50，轴线显示如图9-18所示。

📖 说 明

    使用"直线"命令时，若为正交轴网，可按下状态栏上的"正交"按钮，根据正交方向提示，直接输入下一点的距离，即可，而不需要输入@符号，若为斜线，则可按下"极轴"按钮，设置斜线角度，此时，图形即进入了自动捕捉所需角度的状态，其可大大提高制图时直线输入距离的速度。注意，两者不能同时使用。

04 单击"修改"工具栏中的"偏移"按钮⬚，然后在"偏移距离"提示行后面输入1950，回车确认后选择水平直线，在直线上侧单击鼠标左键，将直线向上偏移1950的距离，

279

命令行提示与操作如下：

命令：_offset
当前设置：删除源=否　图层=源　OFFSETGAPTYPE=0
指定偏移距离或[通过(T)/删除(E)/图层(L)]<通过>：1950↙
选择要偏移的对象或[退出(E)/放弃(U)]<退出>：（选择水平直线）
指定要偏移的那一侧上的点或[退出(E)/多个(M)/放弃(U)]<退出>（在水平直线上侧单击鼠标左键）
选择要偏移的对象或[退出(E)/放弃(U)]<退出>：↙

05 依照以上方式，继续偏移其他轴线，偏移的尺寸分别为：水平直线向上偏移9200、1000、.垂直直线向左偏移6700、9100、1000，最后结果如图 9-19 所示。

图9-16　下拉菜单

图9-17　"特性"对话框

图9-18　修改轴线比例

图9-19　偏移竖直直线

说　明

通过全局修改或单个修改每个对象的线型比例因子，可以以不同的比例使用同一个线型。默认情况下，全局线型和单个线型比例均设置为 1.0。比例越小，每个绘图单位中生成的重复图案就越多。例如，设置为0.5时，每一个图形单位在线型定义中显示重复两次的同一图案。 不能显示完整线型图案的短线段显示为连续线。对于太短，甚至不能显示一个虚线小段的线段，可以使用更小的线型比例。

9.3 绘制外部墙线

一般的建筑结构的墙线均利用 AutoCAD 中的多线命令按钮绘制。本例中将利用"多线"、"修剪"和"偏移"命令按钮完成绘制的。

9.3.1 编辑多线

01 在"图层"工具栏的下拉列表中，选择"墙线"图层为当前层，如图 9-20 所示。

图9-20 设置当前图层

02 设置隔墙线型。在建筑结构中，包括承载受力的承重结构和用来分割空间、美化环境的非承重墙。

❶选取菜单栏"格式"→"多线样式"命令，打开多线样式对话框，如图 9-21 所示。

❷在多线样式对话框中，可以看到样式栏中只有系统自带的 STANDARD 样式，单击右侧的"新建"按钮，打开创建多线样式对话框，如图 9-22 所示。在新样式名的空白文本框中输入"wall_1"，作为多线的名称。单击"继续"按钮，打开编辑多线的对话框，如图 9-23 所示。

❸"wall"为绘制外墙时应用的多线样式，由于外墙的宽度为 240，所以按照图 9-23 中所示，将偏移分别修改为 120 和-120，并将左端封口选项栏中的直线后面的两个复选框勾选，单击"确定"按钮，回到多线样式对话框中，单击"确定"回到绘图状态。

图9-21 多线样式对话框

图9-22 新建多线样式

图9-23　编辑新建多线样式

9.3.2　绘制墙线

选取菜单栏"绘图"→"多线"命令，命令行提示与操作如下：

命令：mline
当前设置：对正=上，比例=20.00，样式=STANDARD
指定起点或[对正(J)/比例(S)/样式(ST)]：st（设置多线样式）
输入多线样式名或[?]：wall_1（多线样式为 wall_1）
当前设置：对正=上，比例=20.00，样式=WALL_1
指定起点或[对正(J)/比例(S)/样式(ST)]：j
输入对正类型[上(T)/无(Z)/下(B)]<上>：z（设置对中模式为无）
当前设置：对正=无，比例=20.00，样式=WALL_1
指定起点或[对正(J)/比例(S)/样式(ST)]：s
输入多线比例<20.00>：1（设置线型比例为1）
当前设置：对正=无，比例=1.00，样式=WALL_1
指定起点或[对正(J)/比例(S)/样式(ST)]：（选择底端水平轴线左端）
指定下一点：（选择底端水平轴线右端）
指定下一点或[放弃(U)]：

如图9-24所示。

图9-24　绘制外墙线

9.4 绘制柱子

绘制柱子首先要绘制矩形，再进行图案填充，最后将柱子复制到轴线上。

01 单击"绘图"工具栏中的"矩形"按钮⬜，在空白处任选一点为矩形起点，绘制一个 900×900 的矩形，如图 9-25 所示。

图9-25 绘制矩形

02 单击"绘图"工具栏中的"图案填充"按钮▦，打开填充对话框，如图 9-26 所示。此时可以看到在左侧"样例"标签后面的填充图案为方格状的图案，为了改变图案，单击该图案部位，打开填充图案选项板，并切换到 ANSI 图案标题栏下，如图 9-27 所示。

图9-26 填充对话框

图9-27 填充图案选择

03 选择第一个图案"ANSI31"，然后单击"确定"按钮，回到填充对话框。再单击右侧最上方的"添加拾取点"按钮，回到绘图界面，在某一个矩形的中心，单击鼠标，此时可以看到矩形的图线变成虚线，说明已经选择了边界，回车确认，回到填充对话框，将"角度"标签下的数值修改为 90，"比例"标签下的数值修改为 30，单击"确定"按钮。

04 同样方法对矩形填充图案"AR—CONC"。 将"角度"标签下的数值修改为 0,"比例"标签下的数值修改为 1,单击"确定"按钮,结果如图 9-28 所示。

05 单击"修改"工具栏中的"复制"按钮，然后单击 900×900 截面的柱子,选择任意一点为复制基点,将其复制到轴线的位置,如图 9-29 所示。

图9-28 填充矩形

图9-29 复制图形

06 单击"修改"工具栏中的"复制"按钮，将其他柱子截面复制到轴线图中,复制完成后如图 9-30 所示。

图9-30 插入柱子

9.5 绘制内部墙线

绘制完成了墙线和窗线,但是在多线的交点处没有进行处理,运用分解命令和修剪命令可以完成多线处理。

01 单击"修改"工具栏中的"分解"按钮，选择绘制的多线墙体,回车确认,将其分解。

02 单击"修改"工具栏中的"偏移"按钮，选取上步分解的墙线向内偏移,偏移距离为 400。

03 单击"修改"工具栏中的"修剪"按钮 ，修剪偏移直线交叉部分，如图 9-31 所示。

图9-31 偏移直线

04 单击"修改"工具栏中的"延伸"按钮 ，选取偏移墙线将墙线延伸至柱子一边，命令行提示与操作如下：

命令：_extend

当前设置：投影=UCS，边=无

选择边界的边…

选择对象或〈全部选择〉：　找到1个（选择矩形柱子边为延伸边界）

选择对象：↙

选择要延伸的对象或按住Shift键选择要修剪的对象或[栏选(F)/窗交(C)/投影(P)/边(E)/放弃(U)]：（选择墙线进行延伸）

……

选择要延伸的对象或按住Shift键选择要修剪的对象或[栏选(F)/窗交(C)/投影(P)/边(E)/放弃

结果如图 9-32 所示。

图9-32 修剪墙线

05 选择菜单栏中的"格式"→"多线样式"命令，在系统打开的"多线样式"对话框中单击"新建"按钮，系统打开"创建新的多线样式"对话框，在对话框中输入新样式名为"内墙"，如图 9-33 所示。在打开的编辑对话框中设置"内墙"样式。

06 将偏移距离分别修改为：50、-50，同时也将封口选项选中，如图 9-34 所示。

图9-33　新建多线样式

07 选择菜单栏中的"绘图"→"多线"命令，然后将比例设置为1，对正方式为下，绘制内部墙线。绘制时注意对准轴线绘制完成后如图9-35所示。

图9-34　编辑多线样式

图9-35　绘制内墙线

08 单击"绘图"工具栏中的"直线"按钮，绘制一条垂直直线，如图9-36所示。

09 单击"修改"工具栏中的"修剪"按钮，修剪过长直线，如图9-37所示。

10 选择菜单栏中的"格式"→"多线样式"命令，在系统打开的"多线样式"对话框中单击"新建"按钮，系统打开"创建新的多线样式"对话框，在对话框中输入新样式名为450，如图9-38所示。

11 将偏移距离分别修改为：225、-225，同时也将封口选项中的"起点"和"端点"

选项进行勾选，如图 9-39 所示。

图9-36　绘制直线　　　　　　　　　　图9-37　修剪直线

📖 说 明

在使用修剪这个命令的时候，通常在选择修剪对象的时候，是逐个点击选择的，有时显得效率不高，要比较快地实现修剪的过程，可以这样操作：执行修剪命令"TR"或"TRIM"，命令行提示"选择修剪对象"时，不选择对象，继续回车或单击空格键，系统默认选择全部对象！这样做可以很快的完成修剪的过程。

图9-38　新建多线样式　　　　　　　　　图9-39　编辑多线样式

12 选择菜单栏中的"绘图"→"多线"命令，然后将比例设置为1，对正方式为"下"，比例为1，绘制450厚墙线。绘制时注意对准轴线绘制完成后如图9-40所示。

13 利用上述方法，利用已知多线样式绘制剩余墙体，并调整图形，结果如图9-41所示。

14 选取菜单栏"修改"→"对象"→"多线"命令，打开多线编辑窗口，如图9-42所示。其中共包含了12种多线样式，用户可以根据自己的需要对多线进行编辑。本例中，将要对多线与多线的交点进行编辑。

15 单击第一个多线样式"十形闭合"，然后选择图9-41中所示的多线。首先选择垂直多线，选择水平多线，多线交点变成如图9-43所示。

16 利用上述方法，修改其他多线的交点，如图9-44所示。

图9-40　绘制450厚墙体

图9-41　绘制剩余墙线

图9-42　多线编辑工具

图9-43　修改后多线

图9-44　编辑多线结果

9.6　绘制门窗

　　首先根据门窗的具体绘制在对应的墙上创建门窗洞，然后绘制各种型号的门，再将门创建成块，将其插入到门洞。

9.6.1　开门窗洞

　　01 单击"绘图"工具栏中的"直线"按钮，根据门和窗户的具体位置，在对应的墙上绘制出这些门窗的一边边界。

　　02 单击"修改"工具栏中的"偏移"按钮，根据各个门和窗户的具体大小，让前边绘制的门窗边界偏移对应的距离，就能得到门窗洞的在图上的具体位置，绘制结果如图9-45所示。

　　03 单击"修改"工具栏中"修剪"按钮，按下回车键选择自动修剪模式，然后把各个门窗洞修剪出来，就能得到门窗洞，绘制结果如图9-46所示。

图9-45　绘制门洞线

图9-46　修剪门窗洞

　　04 利用上述方法修剪出所有门窗洞，如图9-47所示。

图9-47　修剪所有门洞

9.6.2 绘制门

01 在"图层"工具栏的下拉列表中，选择"门窗"图层为当前层，如图9-48所示。

图9-48 设置当前图层

02 单击"绘图"工具栏中的"矩形"按钮□，选择墙体中线为起点，绘制一个边长为60×800的矩形，如图9-49所示。绘制完成双扇门的门垛。

03 单击"绘图"工具栏中的"圆弧"按钮，利用"起点、端点、角度"绘制一段角度为90°的圆弧，命令行提示与操作如下：

命令：_arc

指定圆弧的起点或 [圆心(C)]：（矩形上步端点）

指定圆弧的第二个点或 [圆心(C)/端点(E)]：_e（人选一点）

指定圆弧的端点：

指定圆弧的圆心或 [角度(A)/方向(D)/半径(R)]：_a 指定包含角：a

需要有效的数值角度或第二点。

指定包含角：-90

结果如图9-50所示。

绘制圆弧时，注意指定合适的端点或圆心，指定端点的时针方向也即为绘制圆弧的方向。例如要绘制图示的下半圆弧，则起始端点应在左侧，终端店应在右侧，此时端点的时针方向为逆时针，则即得到相应的逆时针圆弧。

04 单击"修改"工具栏中的"镜像"按钮，选择上步绘制的门垛，回车后单击"捕捉到中点"命令按钮，选择矩形的中轴作为基准线，对称到另外一侧，如图9-51所示。

📖 **说明**

为了绘图简单，如果绘制图形中为对称图形，可以创建表示半个图形的对象，选择这些对象并沿指定的线进行镜像以创建另一半。

05 单扇门的绘制方法与双扇门基本相同在这里不在详细阐述，如图9-52所示。

图9-49 绘制矩形　　　　图9-50 绘制圆弧　　图9-51 绘制双扇门　　　　图9-52 绘制单扇门

06 单击"绘图"工具栏中的"创建块"按钮，打开"块定义"对话框。如图9-53

所示。在图形上选择一点为基点，将名称修改为"单扇门"，选择刚刚绘制的门图块，单击
"确定"按钮，创建该图块。

07 单击"绘图"工具栏中的"插入块"按钮，打开"插入"对话框，如图 9-54 所示。名称下拉菜单中选取"单扇门"，单击"确定"按钮，按照图 9-55 的位置插入到刚刚绘制的平面图中（选择基点时为了绘图方便，可将基点选择在右侧门垛中点位置，这样可以便于插入定位）。

08 利用前面讲述绘制墙体的方法绘制两段 100 厚的墙体，如图 9-56 所示。

> **说 明**
>
> 指定块的名称。名称最多可以包含255个字符，包括字母、数字、空格，以及操作系统或程序未作他用的任何特殊字符。块名称及块定义保存在当前图形中。

图9-53 创建门图块

图9-54 插入图块

图9-55 插入门图形

图9-56 绘制墙体

09 单击"绘图"工具栏中的"插入块"按钮，继续插入门图形，如图 9-57 所示。

> **说 明**
>
> 插入块的位置取决于 UCS 的方向。

10 单击"绘图"工具栏中的"直线"按钮，在图形内适当位置绘制一条水平直线，如图 9-58 所示。

11 单击"绘图"工具栏中的"插入块"按钮，选择以定义的单扇门图形插入到图形中，如图 9-59 所示。

图9-57　插入门图形

图9-58　绘制直线　　　　　　　　　　　　　　图9-59　插入门

12 单击"绘图"工具栏中的"圆"按钮，轴线上选取一点为圆心，绘制一个半径为 500 的圆，如图 9-60 所示。

13 单击"绘图"工具栏中的"直线"按钮，在圆内绘制两条水平直线，如图 9-61 所示。

图9-60　绘制圆　　　　　　　　　　　　　图9-61　绘制直线

14 单击"修改"工具栏中的"复制"按钮，选取上步绘制的门图形任选一点为复制基点，向下复制 2 个，如图 9-62 所示。

15 单击"绘图"工具栏中的"直线"按钮和"修改"工具栏中的"偏移"按钮，绘制剩余图形，如图 9-63 所示。

图9-62 复制圆图形

图9-63 绘制直线

16 单击"绘图"工具栏中的"图案填充"按钮，打开填充对话框，如图 9-64 所示。此时可以看到在左侧"样例"标签后面的填充图案为方格状的图案，为了改变图案，单击该图案部位，打开填充图案选项板，并切换到 ANSI 图案标题栏下，如图 9-65 所示。

17 选择第一个图案"ANSI31"，然后单击"确定"按钮，回到填充对话框。再单击右侧最上方的"添加拾取点"按钮，回到绘图界面，在某一个矩形的中心，单击鼠标，此时可以看到矩形的图线变成虚线，说明已经选择了边界，回车确认，回到填充对话框，再将"比例"标签下的数值修改为 40，单击"确定"按钮，结果如图 9-66 所示。

293

图9-64 填充对话框

图9-65 填充图案选择

图9-66 填充图形

9.7 绘制楼梯

绘制楼梯时需要知道以下参数：楼梯形式（单跑、双跑、直行、弧形等）；楼梯各部位长、宽、高 3 个方向的尺寸，包括楼梯总宽、总长、楼梯宽度、踏步宽度、踏步高度、平台宽度等；楼梯的安装位置。下面简单讲述楼梯的具体绘制步骤。

01 新建"楼梯"图层，颜色为"蓝色"其余属性默认。并将楼梯层设为当前图层，如图 9-67 所示。

图9-67 设置当前图层

02 单击"绘图"工具栏中的"直线"按钮，绘制一条水平直线作为楼梯的梯断线。如图 9-68 所示。

图9-68 绘制直线

03 单击"修改"工具栏中的"偏移"按钮，选取上步绘制的楼梯踢断线，分别向上下偏移 6 次，偏移距离为 250，如图 9-69 所示。

04 单击"绘图"工具栏中的"直线"按钮，绘制折弯线。单击"修改"工具栏中的"修剪"按钮，修剪折弯线，如图 9-70 所示。

图9-69 偏移楼梯线   图9-70 绘制折弯线

9.8 绘制室内装饰

下面绘制装饰中所需的设施模块，例如沙发茶几组合、餐桌椅组合、床和床头柜、衣柜等。

9.8.1　绘制沙发茶几组合

01 在"图层"工具栏的下拉列表中，选择"装饰"图层为当前层，如图 9-71 所示。

图9-71　设置当前图层

02 单击"绘图"工具栏中的"矩形"按钮□，在空白处，绘制边长为 600×550 的矩形，如图 9-72 所示。

03 单击"绘图"工具栏中的"矩形"按钮□，在上步绘制的矩形内绘制三个 480×50 的矩形，如图 9-73 所示。

04 单击"修改"工具栏中的"修剪"按钮⊹，修剪上步绘制的矩形，如图 9-74 所示。

图9-72　绘制矩形　　　　图9-73　绘制3个矩形　　　　图9-74　绘制3个矩形

05 单击"修改"工具栏中的"分解"按钮◉，选取上步绘制的矩形，回车确认，完成分解。

06 单击"修改"工具栏中的"圆角"按钮◻，对矩形两短边进行圆角处理，圆角半径为 50，如图 9-75 所示。

07 单击"绘图"工具栏中的"矩形"按钮□，在图形内在绘制一个矩形，如图 9-76 所示。

08 单击"修改"工具栏中的"分解"按钮◉，选取上步绘制的矩形，回车确认，分解矩形。

09 单击"修改"工具栏中的"圆角"按钮◻，选取上步绘制的矩形的 4 条边进行圆角处理，圆角半径为 15，如图 9-77 所示。

图9-75　圆角处理　　　　图9-76　绘制矩形　　　　图9-77　圆角处理

10 单击"修改"工具栏中的"矩形"按钮□，在绘制的椅子前方绘制一个 520×800 的矩形，如图 9-78 所示。

11 单击"修改"工具栏中的"镜像"按钮，以矩形的长边中点为镜像轴，镜像椅子图形，如图 9-79 所示。

图9-78　绘制矩形　　　　　　　　　　图9-79　镜像椅子

12 选取上步的两个椅子图形，以矩形短边中点为镜像轴，进行镜像，如图 9-80 所示。

图9-80　绘制沙发茶几组合

9.8.2　绘制餐桌椅组合

01 单击"绘图"工具栏中的"直线"按钮，绘制连续线段，如图 9-81 所示。

02 单击"绘图"工具栏中的"圆弧"按钮，绘制两段圆弧。如图 9-82 所示。命令行提示与操作如下：

命令：_arc

指定圆弧的起点或 [圆心(C)]：(选取左端内侧竖直直线下断点)

指定圆弧的第二个点或 [圆心(C)/端点(E)]：_e

指定圆弧的端点：(选取右侧内部竖直直线下端点)

指定圆弧的圆心或 [角度(A)/方向(D)/半径(R)]：_a 指定包含角：a

需要有效的数值角度或第二点。

指定包含角：90

03 单击"绘图"工具栏中的"矩形"按钮□，在椅子前方选一点为起始点，绘制一个矩形，如图 9-83 所示。

04 单击"修改"工具栏中的"复制"按钮，选取椅子图形任选一点为复制基点向下复制椅子。

05 单击"修改"工具栏中的"旋转"按钮，选取椅子底部圆弧中点为旋转基点，将椅子图形旋转 90°。

06 单击"修改"工具栏中的"镜像"按钮，分别以矩形长边和短边中点为镜像点，对椅子进行镜像，结果如图 9-84 所示。

图9-81　绘制连续直线　　　　　　图9-82　绘制圆弧

图9-83　绘制一个矩形　　　　　　图9-84　餐桌桌椅

9.8.3　绘制床和床头柜组合

01 单击"绘图"工具栏中的"矩形"按钮，绘制一个 2000×1500 的矩形，如图 9-85 所示。

02 选择菜单栏中的"绘图"→"样条曲线"命令，绘制枕头图形的外部轮廓。然后单击"绘图"工具栏中的"直线"按钮，绘制枕头图形内部的细节线条。

03 单击"修改"工具栏中的"复制"按钮，选取上步绘制完成的枕头图形向右复制，如图 9-86 所示。

04 单击"绘图"工具栏中的"直线"按钮，在上步绘制完的枕头图形下方绘制一条直线，如图 9-87 所示。

05 单击"修改"工具栏中的"偏移"按钮，选择上步绘制的直线连续向下偏移，偏移距离为 60，30、30、30，如图 9-88 所示。

图9-85 绘制矩形　　　　　　　图9-86 绘制枕头　　　　　　　图9-87 绘制直线

06 单击"修改"工具栏中的"圆角"按钮，对矩形底边进行圆角处理，圆角半径为100，如图9-89所示。

07 单击"绘图"工具栏中的"直线"按钮，绘制矩形底边对角线，如图9-90所示。

图9-88 偏移直线　　　　　　　图9-89 圆角处理　　　　　　　图9-90 绘制对角线

08 单击"修改"工具栏中的"修剪"按钮，对上步绘制的对角线与水平直线相交部分的多余线段进行修剪，如图9-91所示。

09 单击"绘图"工具栏中的"矩形"按钮，以床图形外部矩形上端点为起点绘制一个500×500的矩形，如图9-92所示。

10 单击"修改"工具栏中的"偏移"按钮，选取矩形向内偏移，偏移距离为50，如图9-93所示。

图9-91 修剪多余线段　　　　　图9-92 绘制一个矩形　　　　　图9-93 偏移矩形

11 单击"绘图"工具栏中的"直线"按钮，绘制矩形的水平中心线和垂直中心线。如图9-94所示。

12 单击"绘图"工具栏中的"圆"按钮，在中心线交点为圆心，绘制一个半径为100的圆，如图9-95所示。

图9-94 绘制中心线

图9-95 绘制圆

13 单击"修改"工具栏中的"偏移"按钮，将圆向外偏移，偏移距离为 20，如图 9-96 所示。

14 单击"修改"工具栏中的"打断"按钮，将绘制的两条直线进行打断处理，如图 9-97 所示。

说 明

AUTOCAD会沿逆时针方向将圆上从第一断点到第二断点之间的那段线段删除。

图9-96 绘制圆

图9-97 打断线段

15 单击"修改"工具栏中的"镜像"按钮，选取已经绘制完的床头图形，以绘制的床外边矩形中点为镜像线。完成右侧床头柜图形的绘制，如图 9-98 所示。

图9-98 镜像图形

9.8.4　绘制衣柜

01　单击"绘图"工具栏中的"矩形"按钮▢，绘制一个 520×1460 的矩形，如图 9-99 所示。

02　单击"修改"工具栏中的"偏移"按钮，选取上步绘制的矩形向内偏移，偏移距离为 30，如图 9-100 所示。

03　单击"绘图"工具栏中的"矩形"按钮▢和"修改"工具栏中的"偏移"按钮，完成衣柜内部图形的绘制。如图 9-101 所示。

图9-99　绘制矩形　　　　图9-100　偏移矩形　　　　图9-101　绘制内部线段

9.8.5　绘制电视柜

01　单击"绘图"工具栏中的"矩形"按钮▢，绘制一个 1550×800 的矩形，如图 9-102 所示。

02　单击"绘图"工具栏中的"多段线"按钮，指定起点宽度和端点宽度为 5，绘制一段连续线段，单击"修改"工具栏中的"镜像"按钮，镜像左侧图形，如图 9-103 所示。

图9-102　绘制矩形

图9-103　绘制连续多段线

03　单击"绘图"工具栏中的"直线"按钮，在多段线内绘制连续直线，如图 9-104 所示。

04　单击"绘图"工具栏中的"圆弧"按钮，在上步绘制的连续直线左端点为起点，右端点为终点，绘制一段圆弧，如图 9-105 所示。

图9-104　绘制连续直线

图9-105　绘制圆弧

9.8.6　绘制洗手盆

01 单击"绘图"工具栏中的"矩形"按钮□，绘制一个 730×420 的矩形，如图 9-106 所示。

02 单击"修改"工具栏中的"偏移"按钮叠，选取上步绘制的矩形向内偏移，偏移 距离为 15，如图 9-107 所示。

图9-106　绘制矩形

图9-107　偏移矩形

03 单击"绘图"工具栏中的"圆"按钮⊙，在矩形上方适当位置绘制两个半径为 30 的圆，如图 9-108 所示。

04 单击"绘图"工具栏中的"矩形"按钮□，在上步绘制的两个圆之间绘制一个 35 ×280 的矩形如图 9-109 所示。

图9-108　绘制圆

图9-109　绘制矩形

05 单击"修改"工具栏中的"修剪"按钮≠，修剪矩形和矩形相交线段如图 9-110 所示。

06 单击"绘图"工具栏中的"圆"按钮⊙，在矩形下方适当位置绘制，一个半径为 16 圆，如图 9-111 所示。

图9-110　修剪图形　　　　　　　　　　图9-111　绘制圆图形

9.8.7　绘制坐便器

01　单击"绘图"工具栏中的"多段线"按钮，绘制一段连续线段，起点宽度和端点宽度默认为0，如图9-112所示。

02　单击"修改"工具栏中的"偏移"按钮，选取上步绘制的多段线向内偏移，如图9-113所示。

图9-112　绘制连续多段线　　　　　图9-113　偏移多段线

03　单击"绘图"工具栏中的"椭圆"按钮，指定适当起点和端点，指定适当半轴长度，绘制一个椭圆图形，命令行提示与操作如下：

命令：_ellipse

指定椭圆的轴端点或［圆弧(A)/中心点(C)］：

指定轴的另一个端点：

指定另一条半轴长度或［旋转(R)］：

如图9-114所示。

04　单击"修改"工具栏中的"偏移"按钮，选取上步绘制的椭圆向内偏移，如图9-115所示。

05　单击"绘图"工具栏中的"圆弧"按钮，绘制一段圆弧连接绘制的两图形，如图9-116所示。

06　单击"修改"工具栏中的"镜像"按钮，选取上步绘制的圆弧，镜像到另外一侧，如图9-117所示。

07　单击"修改"工具栏中的"移动"按钮和"复制"按钮，选取已经绘制好的图形布置到室内平面图中，如图9-118所示。

08　用同样的方法，绘制此平面图中的其他基本设施模块，并整理图形，结果如图9-119所示。

图9-114　绘制一个椭圆

图9-115　偏移椭圆图形

图9-116　绘制圆弧

图9-117　镜像圆弧

图9-118　布置图例

图9-119　布置图例

9.9　尺寸、文字标注

　　绘制完图形后，还需要对一些重要的尺寸进行标注。首先设置标注样式，然后对图形进行尺寸标注，最后标注文字。

9.9.1 尺寸标注

01 在"图层"工具栏的下拉列表中，选择"尺寸标注"图层为当前层，如图 9-120 所示。

图9-120 设置当前图层

02 选择菜单栏中的"标注"→"标注样式"命令，弹出"标注样式管理器"对话框，如图 9-121 所示。

03 单击"修改"按钮，弹出"修改标注样式"对话框。单击"线"选项卡，对话框显示如图 9-122 所示，按照图中的参数修改标注样式。单击"符号和箭头"选项卡，按照图 9-123 所示的设置进行修改，箭头样式选择为"建筑标记"，箭头大小修改为100。在"文字"选项卡中设置"文字高度"为150，从尺寸线偏移50，如图 9-124、图 9-125 所示。

图9-121 "标注样式管理器"对话框

本例尺寸分为两道，第一道为轴线间距，第二道是总尺寸。本例不需要标注轴号。

图9-122 "线"选项卡

图9-123 "符号和箭头"选项卡

图9-124 "文字"选项卡

图9-125 "主单位"选项卡

方法一：DIMSCALE 决定了尺寸标注的比例其值为整数，默认为 1，在图形有了一定比例缩放时应最好将其改为缩放比例。

方法二：格式——标注样式（选择要修改的标注样式）——修改——主单位——比例因子，修改即可。

04 在任意的空白处单击右键，在弹出的快捷菜单上选择"标注"选项，如图 9-126 所示，将"标注"工具栏显示在屏幕上，如图 9-127 所示。

图9-126 选择"标注"选项

图9-127 "标注"工具栏

05 将"尺寸标注"图层设为当前层，单击"标注"工具栏中的"线性标注"按钮□，标注轴线间的距离，命令行提示与操作如下：

命令：DIMLINEAR

指定第一个尺寸界线原点或〈选择对象〉：

指定第二条尺寸界线原点：〈正交　开〉

指定尺寸线位置或［多行文字(M)/文字(T)/角度(A)/水平(H)/垂直(V)/旋转(R)］：

标注文字：

如图9-128所示。

9.9.2　文字标注

01 在"图层"工具栏的下拉列表中，选择"文字"图层为当前层，如图9-129所示。

图9-128　尺寸标注

图9-129　设置当前图层

02 选择菜单栏栏中的"格式"→"文字样式"命令，弹出"文字样式"对话框，如图9-130所示。

03 单击"新建"按钮，弹出"新建文字样式"对话框，将文字样式命名为"说明"，如图9-131所示。

04 单击"确定"按钮，在"文字样式"对话框中取消勾选"使用大字体"复选框，然后在"字体名"下拉列表中选择"宋体"，"高度"设置为300，如图9-132所示。

在CAD中输入汉字时，可以选择不同的字体，在"字体名"下拉列表时，有些字体前面有"@"标记，如"@仿宋_GB2312"，这说明该字体是为横向输入汉字用的，即输入的汉字逆时针旋转90°。如果要输入正向的汉字，不能选择前面带"@"标记的字体。

05 将"文字"图层设为当前层，在图中相应位置输入需要标注的文字，如图9-133所示。

图9-130 "文字样式"对话框

图9-131 "新建文字样式"对话框

图9-132 修改文字样式

图9-133 文字标注

9.9.3　方向索引

01 在绘制一组室内设计图时，为了统一室内方向标识，通常要在平面图中添加方向索引符号。

02 选择菜单栏中的"绘图"→"矩形"命令，绘制一个边长为 600 的正方形；如图 9-134 所示，单击"修改"工具栏中的"旋转"按钮 ○，将所绘制的正方形旋转 45°，如图 9-135 所示。单击"绘图"工具栏中的"直线"按钮 ✎，绘制正方形对角线如图 9-136 所示。

图9-134　绘制矩形　　　　图9-135　旋转45°　　　　图9-136　绘制对角线

03 单击"绘图"工具栏中的"圆"按钮 ⊘，以正方形对角线交点为圆心，绘制半径为 250 的圆，该圆与正方形内切，如图 9-137 所示。

04 单击"修改"工具栏中的"分解"按钮 ⬚，将正方形进行分解，并删除正方形下半部的两条边和垂直方向的对角线，剩余图形为等腰直角三角形与圆；然后，单击"修改"工具栏中的"修剪"按钮 ⊬，结合已知圆，修剪正方形水平对角线。如图 9-138 所示。

05 单击"绘图"工具栏中的"图案填充"按钮 ▥，在打开的"图案填充和渐变色"对话框中，选择填充图案为"SOLID"，对等腰三角形中未与圆重叠的部分进行填充，得到如图 9-139 所示的索引符号。

06 单击"绘图"工具栏中的"创建块"按钮 ⬚，将所绘索引符号定义为图块，命名为"室内索引符号"。

07 单击"插入点"工具栏中的"插入块"按钮 ⬚，在平面图中插入索引符号，并根据需要调整符号角度。

图9-137　绘制圆　　　　图9-138　修剪图形　　　　图9-139　填充图形

08 单击"绘图"工具栏中的"多行文字"按钮 A，在索引符号的圆内添加字母或数字进行标识。

第10章

董事长办公室立面图绘制

在进行平面设计时，要同时考虑立面的合理性和可行性；现在重点在立面设计，可能也会发现一些新问题，需要结合平面来综合处理。

作为一套完整的室内设计图，在必要时应该绘制所有立面的立面图。本书为了节约篇幅，只挑两个具有代表性的立面图来介绍。

本章将逐步绘制董事长办公室中的各立面图，包括：董事长办公室 A 立面图、董事长秘书室 B 立面图以及董事长休息室 B 立面图。本章还将讲解部分陈设的立面图绘制方法。通过本章的学习，将掌握装饰图中立面图的基本画法，并初步学习住宅建筑立面的布置方法。

◎ 董事长办公室立面图

◎ 董事长秘书室立面图

◎ 董事长休息室立面图

10.1 绘制董事长办公室 A 立面图

为了符合董事长办公室的特点，本例室内立面图着重表现庄重典雅、具有文化气息的设计风格，并考虑与室内地面的协调。装饰的重点在于墙面、屏风造型及其交接部位，采用的材料主要为天然石材、木材、不锈钢、局部软包等。

首先根据绘制的董事长办公室平面图绘制立面图轴线，并绘制立面墙上的装饰物；最后对所绘制的客厅立面图进行尺寸标注和文字说明，如图 10-1 所示。

图10-1 董事长办公室A立面图

10.1.1 绘制 A 立面

01 将当前图层设置为 0 层，即默认层。

02 单击"绘图"工具栏中的"多段线"按钮⏦，指定起点宽度为 10，端点宽度为 10，绘制长度为 10000 的水平直线作为地平线，结果如图 10-2 所示。

图10-2 绘制地平线

03 单击"绘图"工具栏中的"直线"按钮✎，绘制一条长为 2600 的竖直直线，如图 10-3 所示。

04 单击"修改"工具栏中的"偏移"按钮⏏，将竖直直线向右偏移，偏移距离为 300 命令行提示与操作如下：

命令：_offset

实讲实训
多媒体演示

多媒体演示参见配套光盘中的\\动画演示\第11章\董事长办公室A立面图.avi。

当前设置：删除源=否　图层=源　OFFSETGAPTYPE=0

指定偏移距离或[通过(T)/删除(E)/图层(L)]<通过>：300（设置偏移距离为300）

选择要偏移的对象或[退出(E)/放弃(U)]<退出>：（选择竖直中线）

指定要偏移的那一侧上的点或[退出(E)/多个(M)/放弃(U)]<退出>：（在中线右侧单击）

图10-3　绘制竖直直线

📖 说　明

　　使用直线时若为正交直线，可单击"正交"按钮，根据正交方向提示，直接输入下一点的距离即可，而不需要输入@符号；若为斜线，则可单击"极轴"按钮，弹出窗口，可设置斜线的捕捉角度，此时，图形即进入了自动捕捉所需角度的状态，其可大大提高制图时输入直线长度的效率。

05 依照以上方式，继续偏移其他轴线，偏移的尺寸分别为：竖直直线向右偏移500、2100、1000、1000、1000、3300、400。水平直线向上偏移 25、25，2350、200，结果如图10-4所示。

图10-4　偏移直线

06 单击"修改"工具栏中的"修剪"按钮 ⤙，将偏移后的线段进行修剪，命令行提示与操作如下：

命令：TRIM

当前设置:投影=UCS，边=无

选择剪切边...

选择对象或〈全部选择〉：　（框选住全部图形）

选择要修剪的对象，或按住 Shift 键选择要延伸的对象，

或 [栏选(F)/窗交(C)/投影(P)/边(E)/删除(R)/放弃(U)]：　指定对角点：（选择要修剪对象）

结果如图 10-5 所示。

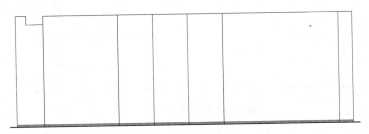

图10-5　修剪线段

07 单击"修改"工具栏中的"矩形"按钮▭，在左侧图形右下角，绘制一个 120×120 的正方形，如图 10-6 所示。

图10-6　绘制一个矩形

08 单击"修改"工具栏中的"修剪"按钮⊬，修剪掉矩形内线段，如图 10-7 所示。

图10-7　修剪图形

09 单击"修改"工具栏中的"偏移"按钮▣，选取上边水平直线连续向下偏移，偏移距离为 620、10、650、10、650、10、600。如图 10-8 所示。

图10-8　偏移直线

10 单击"修改"工具栏中的"修剪"按钮⊬，修剪偏移后线段，结果如图 10-9 所示。

11 单击"绘图"工具栏中的"矩形"按钮▭，以角点1为起点绘制一个760×2415 的矩形，如图10-10所示。

图10-9　偏移竖直直线

图10-10　绘制矩形

12 单击"修改"工具栏中的"移动"按钮✛，选取上步绘制的矩形向右移动120，向下移动80，命令行提示与操作如下：

命令:MOVE

选择绘制的矩形

指定基点或〔位移(D)〕〈位移〉:

指定第二个点或〈使用第一个点作为位移〉: 120

命令:MOVE

选择绘制的矩形

指定基点或〔位移(D)〕〈位移〉:

指定第二个点或〈使用第一个点作为位移〉: 80

结果如图10-11所示。

图10-11　绘制对角线

13 单击"修改"工具栏中的"修剪"按钮┴，修剪掉多余线段，如图10-12所示。

图10-12　修剪图形

14 单击"绘图"工具栏中的"直线"按钮✎，绘制矩形对角线，结果如图10-13

所示。

15 相同方法绘制另外两扇门及玻璃，如图10-14所示。

16 单击"绘图"工具栏中的"图案填充"按钮，填充矩形。单击"图案填充"命令按钮，打开"图案填充和渐变色"对话框，单击填充图案后的浏览按钮，选择"GOST_WOOD"填充图案进行填充，如图10-15所示。

图10-13 绘制对角线

图10-14 绘制相同图形

图10-15 填充图形

图10-15　填充图形（续）

17 选择菜单栏中的"绘图"→"点"→"多点"命令，绘制图形内装饰图形，如图10-16。

图10-16　绘制点

18 单击"绘图"工具栏中"直线"按钮✐，开启"极轴捕捉"功能绘制多段斜向45°直线，或者单击"绘图"工具栏中的"图案填充"按钮▨，选择填充图案为"JIS_STN_1E"，设置比例为500，角度为0°，填充门，将其作为玻璃图形，如图10-17所示。

图10-17　绘制玻璃

19 单击"绘图"工具栏中的"图案填充"按钮▨，打开"图案填充和渐变色"对话框，在对话框中选择填充图案为"ANSI31"，并设置图案填充比例为30、角度为0°，如图10-18所示。

图10-18　填充图形

20 单击"修改"工具栏中的"偏移"按钮▱，选取上边水平直线向上偏移，偏移距离为200、150，如图10-19所示。

图10-19 偏移水平直线

21 单击"修改"工具栏中的"偏移"按钮，选取左侧竖直直线向右偏移，偏移距离为2000，400、5700、400，如图10-20所示。

图10-20 偏移竖直直线

22 单击"修改"工具栏中的"延伸"按钮，选取竖直直线延伸至水平直线之上，如图10-21所示。

图10-21 延伸直线

23 单击"修改"工具栏中的"修剪"按钮，修剪延伸直线，如图10-22所示。

图10-22 修剪图形

24 单击"绘图"工具栏中的"插入块"按钮，弹出"插入"对话框，如图10-23所示。

25 选择"立面灯具"插入到图形中，如图10-24所示。

图10-23 "插入"对话框

图10-24 插入立面灯具

10.1.2 尺寸和文字标注

01 标注尺寸。

❶选择菜单栏中的"标注"→"标注样式"命令,打开"标注样式管理器"对话框,如图10-25所示。

图 10-25 "标注样式管理器"对话框

❷单击"修改"按钮,打开修改标注样式的对话框。首先单击线标签栏,如图10-26

所示，按照图中的参数修改标注样式。然后单击符号与箭头标签栏，按照图10-27的样式修改，箭头样式选择为"建筑标记"，箭头大小修改为80。用同样的方法，修改文字标签栏中的"文字高度"为100，如图10-28所示。

图 10-26　修改直线

图 10-27　修改箭头

❸单击"标注"工具栏中的"线性"按钮╟╾和"连续"按钮╟╢╢，标注尺寸，结果如图10-29所示。

❹单击"绘图"工具栏中的"插入块"按钮🔲，选择标高符号插入到立面图形中，结果如图10-30所示。

02 文字说明。

❶单击"文字"工具栏中的"文字样式"按钮 🄰，弹出"文字样式"对话框，新建"说明"文字样式，设置高度为100，并将其置为当前。

图 10-28　修改文字

图10-29　标注尺寸

图10-30　标注标高符号

❷在命令行中输入QLEADER命令，标注文字说明，单击"绘图"工具栏中的"直线"
按钮╱和"多行文字"按钮Ａ，标注剩余文字，结果如图10-31所示。

❸利用上述方法绘制董事长办公室B立面图，如图10-32所示。

图10-31 标注文字说明

说 明

在使用AutoCAD时中、西文字高不等，一直困扰着设计人员，并影响图面质量和美观，若分成几段文字编辑又比较麻烦。通过对AutoCAD字体文件的修改，使中、西文字体协调、扩展了字体功能，并提供了对于道路、桥梁、建筑等专业有用的特殊字符，提供了上下标文字及部分希腊字母的输入。可通过选用大字体调整字体组合得到，如gbenor.shx 与gbcbig.shx组合，可得到中英文字一样高的文本，其他组合，可根据各专业需要，自行调整字体组合。

图10-32 董事长办公室B立面图

10.2 绘制董事长秘书室B立面图

在此立面图中，大致按立面轮廓绘制、立面装饰元素及细部处理、尺寸标注、文字说明及其他符号标注、线宽设置的顺序来介绍，如图10-33所示。

白橡木线清水漆
水曲柳黑色显纹漆

10宽黑色填缝胶
美国灰麻大理石

图10-33　董事长秘书室B立面图

10.2.1　绘制B立面

01 单击"绘图"工具栏中的"多段线"按钮⊃，指定起点宽度为10，端点宽度为10，绘制长度为4800的地坪线。结果如图10-34所示。

图10-34　绘制地坪线

02 单击"绘图"工具栏中的"直线"按钮╱，绘制长度为2660的竖直直线，结果如图10-35所示。

图10-35　绘制地坪线

03 单击"修改"工具栏中的"偏移"按钮⊕，选取地坪线向上偏移，偏移距离为60、60、600、660、660、620。选取竖直直线向右偏移，偏移距离为900、2400、900，结果如图10-36所示。

04 单击"修改"工具栏中的"修剪"按钮⊬，对偏移线段进行修剪，如图10-37所示。

05 单击"修改"工具栏中的"偏移"按钮⊕，选取水平直线向上偏移，偏移距离为10，结果如图10-38所示。

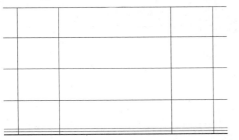

图10-36　偏移线段　　　　　　　　　　　图10-37　修剪直线

06 选择菜单栏中的"绘图"→"直线"命令，绘制多段装饰直线，如图10-39所示。

　　　图10-38　偏移线段　　　　　　　　　　图10-39　绘制线段

07 选择菜单栏中的"绘图"→"点"命令，在图形中适当位置绘制多个点，如图10-40所示。

08 单击"绘图"工具栏中的"矩形"按钮▢，在图形内绘制一个1000×580的矩形，结果如图10-41所示。

　　　图10-40　绘制线段　　　　　　　　　　图10-41　偏移竖直直线

09 单击"修改"工具栏中的"偏移"按钮，选取上步绘制的矩形向内偏移，偏移距离为20，100。结果如图10-42所示。

10 单击"绘图"工具栏中的"直线"按钮，在矩形内绘制几段斜向直线，作为装饰线，如图10-43所示。

10.2.2　尺寸和文字标注

01 标注尺寸。

❶单击"标注"工具栏中的"线性"按钮和"连续"按钮，标注尺寸，结果如

图10-44所示。

图10-42　偏移矩形

图10-43　绘制图案

图10-44　标注尺寸

❷单击"绘图"工具栏中的"插入块"按钮 ，弹出"插入"对话框，选择"标高符号"插入到图形中。单击"修改"工具栏中的"分解"按钮 ，选择标高符号回车确认进行分解，单击标高上文字进行修改，结果如图10-45所示。

图10-45　标注标高符号

📖 说　明

处理字样重叠的问题，亦可以在标注样式中进行相关设置，这样电脑会自动处理，但处理效果有时不太理想，也可以点击"标注"工具栏"编辑标注文字"按钮 来调整文字位置，读者可以试一试。

02 文字说明。

324

①单击"文字"工具栏中的"文字样式"按钮**A**，弹出"文字样式"对话框，新建"说明"文字样式，设置高度为100，并将其置为当前。

②在命令行中输入QLEADER命令，标注文字说明，单击"绘图"工具栏中的"直线"按钮 **✓** 和"多行文字"按钮**A**，标注剩余文字，结果如图10-46所示。

图10-46　标注文字说明

> 📖 **说明**
>
> 在使用AutoCAD时中、西文字高不等，一直困扰着设计人员，并影响图面质量和美观，若分成几段文字编辑又比较麻烦。通过对AutoCAD字体文件的修改，使中、西文字体协调、扩展了字体功能，并提供了对于道路、桥梁、建筑等专业有用的特殊字符，提供了上下标文字及部分希腊字母的输入。此问题，可通过选用大字体，调整字体组合来得到，如gbenor.shx 与 gbcbig.shx组合，即可得到中英文字一样高的文本，其他组合，用户可根据各专业需要，自行调整字体组合。

03 利用上述方法绘制董事长秘书室C立面图，如图10-47所示。

04 利用上述方法绘制董事长秘书室D立面，如图10-48所示。

图10-47　董事长秘书室C立面图

图10-48　董事长秘书室D立面图

10.3　绘制董事长休息室B立面图

　　休息室作为个人休息的场所，要显得相对私密，静谧。装饰色调要相对暗淡一些，给人一种安全、放松和舒适的感觉，如图 10-49 所示。

图10-49　董事长休息室B立面图

10.3.1 绘制 B 立面

01 单击"绘图"工具栏中的"多段线"按钮⊃，指定起点宽度为10，端点宽度为10，绘制长度为4340的地坪线，结果如图10-50所示。

图10-50 绘制地坪线

02 单击"绘图"工具栏中的"直线"按钮／，绘制长度为2450的竖直直线，结果如图10-51所示。

> 📖 **说 明**
>
> 单击"正交""对象捕捉""对象追踪"等工具准确绘制图线，保持相应端点对齐。

03 单击"修改"工具栏中的"偏移"按钮⊆，选取左侧竖直直线向右偏移，偏移距离为1300、1540、800、300。选取水平距离向上偏移50，50、2350，结果如图10-52所示。

图10-51 绘制地坪线　　　　　　　　　　　　图10-52 偏移线

04 单击"修改"工具栏中的"修剪"按钮✄，修剪偏移直线，如图10-53所示。

05 单击"绘图"工具栏中的"直线"按钮／和"修改"工具栏中的"修剪"按钮绘制一条线段，如图10-54所示。

图10-53 修剪线段

图10-54 修剪线段

06 单击"绘图"工具栏中的"直线"按钮／，绘制连续线段，如图10-55所示。

07 单击"绘图"工具栏中的"图案填充"按钮，打开"图案填充和渐变色"对话框，在对话框中选择填充图案为"GOST_WOOD"并设置图案填充比例为10，角度为0，如图10-56所示。

图10-55 绘制线段   图10-56 填充图案

08 单击"修改"工具栏中的"偏移"按钮 ⊿，选取上边直线向下偏移，偏移距离为400，如图10-57所示。

09 单击"修改"工具栏中的"修剪"按钮 ⊬，修剪偏移线段，结果如图10-58所示。

图10-57 偏移直线   图10-58 偏移竖直直线

10 单击"绘图"工具栏中"直线"按钮 ✎，绘制不锈钢门拉手，结果如图10-59所示。

11 单击"绘图"工具栏中的"直线"按钮 ✎，绘制内部对角线，如图10-60所示。

图10-59 绘制不锈钢门拉手   图10-60 绘制直线

12 此时的线型为实线，将其设置为"中心线"，但是由于线型比例设置的问题，在图中仍然显示为实线。选择刚刚绘制的直线，右击鼠标，选择"特性"。将"线型比例"

修改为15，修改后轴线如图10-61所示。

13 单击"绘图"工具栏中的"直线"按钮，和"修改"工具栏中的"修剪"按钮，绘制矩形内装饰图形，如图10-62所示。

图10-61　修改直线线型　　　　　　　　　　图10-62　绘制直线

14 单击"绘图"工具栏中的"图案填充"按钮，填充矩形。单击"图案填充"命令按钮，打开"图案填充和渐变色"对话框，单击填充图案后的浏览按钮，选择"AR-SAND"填充图案进行填充，如图10-63所示。

图10-63　填充图形

15 填充后的图形如图10-64所示。

16 单击"绘图"工具栏中的"矩形"按钮，绘制两个50×50的矩形，单击"修改"工具栏中的"偏移"按钮，将绘制的两个矩形分别向内偏移，偏移距离为3，结果如图10-65所示。

图10-64　填充图形

图10-65　绘制剩余图形

10.3.2　尺寸和文字标注

01 标注尺寸。

❶单击"标注"工具栏中的"线性"按钮┌┐和"连续"按钮┼┼┼，标注尺寸，结果如图10-66所示。

图10-66　标注尺寸

❷单击"插入块"命令按钮，弹出"插入"对话框，选择标高符号插入到立面图形中。

❸单击"绘图"工具栏中的"多行文字"按钮A，输入标高数值，结果如图10-67所示。

> **说 明**
>
> 处理字样重叠的问题，亦可以在标注样式中进行相关设置，这样电脑会自动处理，但处理效果有时不太理想，也可以点击"标注"工具拦"编辑标注文字"按钮来调整文字位置，读者可以试一试。

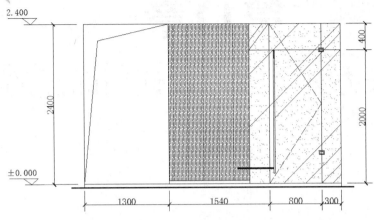

图10-67　标注标高符号

02 文字说明。

❶单击"文字"工具栏中的"文字样式"按钮，弹出"文字样式"对话框，新建"说明"文字样式，设置高度为100，并将其置为当前。

❷在命令行中输入QLEADER命令，标注文字说明，单击"绘图"工具栏中的"直线"按钮和"多行文字"按钮，标注剩余文字，结果如图10-49所示。

❸利用上述方法绘制董事长休息室A立面图，如图10-68所示，这里就不再赘述。

图10-68　董事长休息室A立面图

第11章

董事长办公室室内设计剖面图的绘制

　　剖面图是指用一剖切面将建筑物的某一位置剖开，移去一侧后，剩下的一侧沿剖视方向的正投影图。本章将以董事长办公室内设计剖面图绘制为例，详细讲述办公空间室内设计剖面图的绘制过程。在讲述过程中，将逐步带领读者完成剖面图的绘制，并讲述关于办公空间剖面设计的相关知识和技巧。

　　◉　轴线的绘制

　　◉　墙线的绘制

　　◉　楼梯的绘制

　　◉　室内装饰的绘制

　　◉　尺寸及文字的标注

11.1 董事长办公室 A 剖面图的绘制

本节以董事长办公室 A 剖面图为例，通过绘制剖面的墙体、玻璃等剖面图形，建立董事长办公室 A 剖面图，并标注文字和尺寸，完成整个剖面图绘制。如图 11-1 所示是董事长办公室 A 剖面图。

图11-1　董事长办公室A剖面图

11.1.1 绘制董事长办公室 A 剖面图

01 单击"绘图"工具栏中的"直线"按钮✐，绘制连续线段，结果如图 11-2 所示。

02 单击"修改"工具栏中的"偏移"按钮，选取两条水平直线分别上和向下偏移，偏移距离为 10，选取竖直直线向左偏移，偏移距离为 10，结果如图 11-3 所示。

03 单击"修改"工具栏中的"修剪"按钮，修剪掉偏移后相交的线段，结果如图 11-4 所示。

图11-2　绘制连续线段　　　　图11-3　偏移直线　　　　图11-4　修剪图形

04 单击"绘图"工具栏中的"直线"按钮✐，绘制两条对角线，如图 11-5 所示。

05 单击"修改"工具栏中的"偏移"按钮，选取水平直线分别向内偏移，偏移距离为 38，选取竖直直线向左偏移，偏移距离为 38，结果如图 11-6 所示。

图11-5　绘制对角线　　　　　　　　　图11-6　偏移直线

06 单击"修改"工具栏中的"修剪"按钮 ━，修剪偏移后的线段，如图 11-7 所示。

07 单击"绘图"工具栏中的"多段线"按钮 ⏎，指定起点宽度为 5，端点宽度为 5，绘制一段多段线，如图 11-8 所示。

图 11-7　修剪线段

图 11-8　绘制多段线

08 单击"绘图"工具栏中的"直线"按钮 ，绘制一条水平直线和一条竖直直线，如图 11-9 所示。

09 单击"绘图"工具栏中的"图案填充"按钮 ，打开"图案填充和渐变色"对话框，在对话框中选择填充图案为"ANSI35"并设置图案填充比例为 5，角度为 0°，如图 11-10 所示。

图 11-9　绘制直线

图 11-10　填充图形

10 选择菜单栏中的"绘图"→"点"→"定数等分"命令，选取图形上部中间的水平直线，将其 9 等分，命令行提示与操作如下：

命令：DIVIDE

选择要定数等分的对象：

输入线段数目或 ［块(B)]:9

如图11-11所示。

11 单击"绘图"工具栏中的"直线"按钮 ，根据上步的等分点向下绘制垂直线段，如图 11-12 所示。

12 单击"绘图"工具栏中的"直线"按钮 ，继续绘制线段，如图 11-13 所示。

13 利用相同方法绘制剩余线段，如图 11-14 所示。

图 11-11　等分边

图 11-12　绘制垂直线段

图 11-13　绘制线段

图 11-14　绘制内部图形

14 单击"修改"工具栏中的"删除"按钮，选择图形中所有点样式进行删除，如图 11-15 所示。

15 单击"绘图"工具栏中的"直线"按钮，绘制一条竖直直线和一段水平直线，如图 11-16 所示。

图11-15　删除点样式

图11-16　绘制线段

16 单击"修改"工具栏中的"偏移"按钮，选取上步绘制的直线分别向两侧偏移，偏移距离为 7.5，如图 11-17 所示。

17 单击"修改"工具栏中的"圆角"按钮，圆角半径为 0，对偏移后的直线进行倒圆角处理，如图 11-18 所示。

18 单击"修改"工具栏中的"删除"按钮，选择绘制的辅助线段进行删除，如图 11-19 所示。

19 单击"修改"工具栏中的"修剪"按钮，修剪偏移后图形与填充图形的相交部分，如图 11-20 所示。

图11-17　偏移线段　　　　　　　　　　　图11-18　圆角处理

图11-19　删除线段　　　　　　　　　　　图11-20　修剪线段

20 单击"绘图"工具栏中的"直线"按钮 ✐，绘制两条角度为 45°的斜向直线，如图 11-21 所示。

图11-21　绘制线段

21 单击"修改"工具栏中的"复制"按钮 ％，连续复制上步绘制的线段，如图 11-22 所示。

22 利用上述方法绘制出剩余线段，如图 11-23 所示。

23 剩余图形的绘制方法与上述图形的绘制方法基本相同这里不再详细阐述，如图 11-24 所示。

图11-22 复制线段　　　　　　　　　　图11-23 绘制线段

图11-24 绘制图形

11.1.2 标注董事长办公室 A 剖面图

01 单击"标注"工具栏中的"标注样式"按钮，弹出"标注样式管理器"对话框，新建"详图"标注样式。

02 在"线"选项卡中设置超出尺寸线为 30，起点偏移量为 10；"符号和箭头"选项卡中设置箭头符号为"建筑标记"，箭头大小为 10；"文字"选项卡中设置文字大小为 20；"主单位"选项卡中设置"精度"为 0，小数分割符为"句点"。

03 单击"标注"工具栏中的"线性"按钮和"连续"按钮，标注详图尺寸，如图 11-25 所示。

图11-25 标注尺寸

337

04 单击"文字"工具栏中的"文字样式"按钮 **A**，弹出"文字样式"对话框，新建"说明"文字样式，设置高度为 30，并将其置为当前。

05 在命令行中输入 QLEADER 命令，并通过"引线设置"对话框设置参数，标注说明部分文字，单击"绘图"工具栏中的"直线"按钮 **/** 和"多行文字"按钮 **A** 补充剩余文字。

结果如图 11-26 所示。

横纹白橡木清水漆

50

轻钢龙骨
12厚石膏板
9mm夹板基层
横纹白橡木清水漆

15厚钢化磨砂玻璃

15厚钢化磨砂玻璃

美国灰麻花岗石
18厚细木工板基层

300   10

图11-26　标注文字

11.1.3　董事长办公室其他剖面图的绘制

01 利用上述方法绘制董事长办公室 B 剖面图，如图 11-27 所示。

15

12厚夹板基层
墙布饰面

9厚夹板找平
墙布饰面

12厚夹板基层
墙布饰面

图11-27　董事长办公室B剖面图

02 利用上述方法绘制董事长办公室 C 剖面图，如图 11-28 所示。

03 利用上述方法绘制董事长办公室 D 剖面图，如图 11-29 所示。

图11-28　董事长办公室C剖面图　　　　图11-29　董事长办公室D剖面图

11.2　董事长秘书室 A 剖面图的绘制

对建筑空间需要理解透彻，对建筑构造做法也要熟悉。只有掌握了建筑不同空间的构造关系，才能准确快速绘制其剖面图。图 11-30 所示为董事长秘书室 A 剖面图。

> **实讲实训**
> **多媒体演示**
>
> 多媒体演示参见配套光盘中的\\动画演示\第11章\董事长秘书室A剖面图.avi。

图11-30　董事长秘书室A剖面图

11.2.1 绘制董事长秘书室 A 剖面图

01 单击"绘图"工具栏中的"直线"按钮，绘制一条长为 141 垂直线段，结果如图 11-31 所示。

02 单击"修改"工具栏中的"偏移"按钮，选取上步绘制的垂直直线向右偏移，偏移距离为 1.2、9、1.2、9、1.2，结果如图 11-32 所示。

03 单击"绘图"工具栏中的"直线"按钮，绘制两段水平直线，结果如图 11-33 所示。

图11-31 绘制线段　　　图11-32 偏移直线　　　图11-33 绘制直线

04 单击"修改"工具栏中的"偏移"按钮，选取上步绘制的两条水平直线，分别向内偏移 1.2，如图 11-34 所示。

05 单击"修改"工具栏中"修剪"按钮，修剪掉多余线段，如图 11-35 所示。

06 单击"绘图"工具栏中"直线"按钮，一条长度为 200 的水平直线，如图 11-36 所示。

图11-34 偏移直线　　　图11-35 修剪线段　　　图11-36 绘制水平直线

07 单击"修改"工具栏中的"偏移"按钮，选取水平直线向上偏移，偏移距离为 1.2，87.5、1.2、5、1.2、5，结果如图 11-37 所示。

08 单击"绘图"工具栏中的"直线"按钮，绘制一条垂直直线，如图 11-38 所示。

图11-37 偏移直线　　　　　图11-38 绘制直线

09 单击"绘图"工具栏中的"直线"按钮，绘制连续线段，单击"修改"工具栏中的"修剪"按钮，修剪线段。绘制出折弯线，如图11-39所示。

10 单击"绘图"工具栏中的"图案填充"按钮，打开"图案填充和渐变色"对话框，在对话框中选择填充图案为"ANSI31"并设置图案填充比例为2，角度为0°；继续填充图案，选择填充图案为"AR-CONC"并设置图案填充比例为0.2，角度为0°，如图11-40所示。

图11-39　绘制折弯线　　　　　　　　图11-40　填充图形

11 单击"绘图"工具栏中"直线"按钮，绘制一条长度为290的水平直线，如图11-41所示。

图11-41　绘制一条水平直线

12 单击"修改"工具栏中的"偏移"按钮，将绘制的水平直线向下偏移10，如图11-42所示。

图11-42　绘制水平直线

13 单击"修改"工具栏中的"修剪"按钮，修剪掉多余线段，如图11-43所示。

图11-43　修剪图形

14 单击"绘图"工具栏中的"直线"按钮✐，绘制两条斜向 45°直线，如图 11-44 所示。

图 11-44　绘制斜线

15 单击"修改"工具栏中的"复制"按钮❀，复制我们上步绘制的图形，如图 11-45 所示。

图 11-45　复制图形

16 单击"绘图"工具栏中的"直线"按钮✐，绘制外部图形如图 11-46 所示。

图 11-46　绘制外部图形

17 单击"修改"工具栏中的"修剪"按钮⊢，对上步绘制的图形进行修剪如图 11-47 所示。

图11-47　修剪图形

18 单击"绘图"工具栏中的"直线"按钮✐，绘制图形外部折弯线，如图 11-48 所示。

19 单击"修改"工具栏中的"修剪"按钮⊢，修剪上步绘制的折弯线，如图 11-49 所示。

20 单击"绘图"工具栏中的"直线"按钮✐和"多段线"按钮⊃，绘制剩余图形，如图 11-50 所示。

图11-48　绘制直线

图11-49　修剪线段

图11-50　绘制线段

11.2.2　标注董事长秘书室A剖面图

01 单击"标注"工具栏中的"标注样式"按钮，弹出"标注样式管理器"对话框，修改标注样式。

02 在"线"选项卡中设置超出尺寸线为 5，起点偏移量为 8；"符号和箭头"选项卡中设置箭头符号为"建筑标记"，箭头大小为2；"文字"选项卡中设置文字大小为5；"主单位"选项卡中设置"精度"为0，小数分割符为"句点"。

03 单击"标注"工具栏中的"线性"按钮和"连续"按钮，标注详图尺寸，如图 11-51 所示。

图11-51　标注尺寸

04 单击"文字"工具栏中的"文字样式"按钮，弹出"文字样式"对话框，新建"说明"文字样式，设置高度为5，并将其置为当前。

05 在命令行中输入 QLEADER 命令，并通过"引线设置"对话框设置参数，标注部分说明文字，单击"绘图"工具栏中的"直线"按钮和"多行文字"按钮补充剩余文字，结果如图 11-30 所示。

11.2.3 董事长休息室 A 剖面图的绘制

利用相同方法绘制董事长休息室 A 剖面图，如图 11-52 所示，这里就不再赘述。

图11-52 董事长休息室A剖面图

第12章

咖啡吧室内装潢图的绘制

300宽地沟（不锈钢格栅）
300×300防滑地砖

深灰色地新岩

60宽喷砂玻璃（下置LED）灯　300×600深灰色地新岩　50宽条形木地板

咖啡吧是现代都市人休闲生活中的重要去处，是人们休息时间与朋友畅聊的最佳场所。作为一种典型的都市商业建筑，咖啡吧一般设施健全，环境幽雅。是喧嚣都市内难得的安静去处。

本章将以某写字楼底层咖啡吧室内设计为例讲述咖啡吧这类休闲商业建筑室内设计的基本思路和方法。

◉　咖啡吧建筑平面图绘制

◉　咖啡吧装饰平面图绘制

◉　咖啡吧顶棚平面图绘制

◉　咖啡吧地面平面图绘制

12.1 设计思想

 消费者喝咖啡之际，不仅对于咖啡在物理性及实质上的吸引力有所反应，甚至对于整个环境，诸如服务、广告、印象、包装、乐趣及其他各种附带因素等也会有所反应。而其中最重要的因素之一就是休闲环境。

顾客在喝咖啡时往往会选择适合自己所需氛围的咖啡馆，因此在从事咖啡馆室内设计时，必须考虑下列几项重点：

（1）应先确定以哪些顾客为目标。

（2）依据他们喝咖啡的经验，对咖啡馆的气氛有何期望。

（3）了解哪些气氛能加强顾客对咖啡馆的信赖度及引起情绪上的反应。

（4）对于所构想的气氛，应与竞争店的气氛作一比较，以分析彼此的优劣点。

同时在气氛表现之际，必须慎重地由咖啡馆所经营的咖啡品牌售价并透过整个营业的空间，让顾客充分地感觉到，所以对于咖啡陈列展示的技巧与效果，是整体气氛塑造战略运用上的要领。

商业建筑的室内设计装潢，有不同的风格，大商场、大酒店有豪华的外观装饰，具有现代感；咖啡馆也应的自己的风格和特点。在具体装潢上，可从以下两方面去设计：

（1）装潢要具有广告效应。即要给消费者以强烈的视觉刺激。可以把咖啡馆门面装饰成形状独特或怪异的形状，争取在外观上别出心裁，以吸引消费者。

（2）装潢要结合咖啡特点加以联想，新颖独特的装潢不仅是对消费者进行视觉刺激，更重要的是使消费者没进店门就知道里面可能有什么东西。

咖啡馆内的装饰和设计，主要注意以下几个问题：

（1）防止人流进入咖啡馆后拥挤。

（2）吧台应设置在显眼处，以便顾客咨询。

（3）咖啡馆内布置要体现了一种独特的与咖啡适应的气氛。

（4）咖啡馆中应尽量设置一个休息之处，备好坐椅。

（5）充分利用各种色彩。墙壁、天花板、灯、陈列咖啡和饮料组成了咖啡馆内部环境。

不同的色彩对人的心理刺激不一样。以紫色为基调，布置显得华丽、高贵；以黄色为基调，布置显得柔和；以蓝以为基调，布置显得不可捉摸；以深色为基调，布置显得大方、整洁；以白色为基调，布置显得毫无生气；以红色为基调，布置显得热烈。色彩运用不是单一的，而是综合的。不同时期，不同季节，节假日，色彩运用不一样；冬天与夏天也不一样。不同的人，对色彩的反映也不一样。儿童对红、桔黄、蓝绿反应强烈；年轻女性对流行色的反应敏锐。这方面，灯光的运用尤其重要。

（6）咖啡馆内最好在光线较暗或微弱处设置一面镜子。这样做好处在于，镜子可以反射灯光，使咖啡更显亮、更醒目、更具有光泽。有的咖啡馆用整面墙作镜子，除了上述好处外，还给人一种空间增大了的假象。

（7）收银台设置在吧台两侧且应高于吧台。

下面具体讲述咖啡吧的具体室内设计的思路和方法。

12.2 绘制咖啡吧建筑平面图

就建筑功能而言，咖啡吧平面需要设置的空间虽然不多，但应齐全，满足客人消费基本需要。咖啡吧平面一般设置的主要有下面一些设计单元：

（1）厅：门厅和消费大厅等。

（2）辅助房间：厨房、更衣室等。

（3）生活配套：卫生间、吧台等。

其中消费大厅是主体，应设置尽量大的空间。厨房由于磨制咖啡时容易发出声响，不利于创造幽静的消费氛围，所以要尽量与消费大厅间隔开来或加强隔声措施。厕所等方便设施应该尽量充裕而宽敞，满足大量消费人群的需要，同时提供一种温馨而舒适的环境。

与其他建筑平面图绘制方法类似，同样是先建立各个功能单元的开间和进深轴线，然后按轴线位置绘制各个功能开间墙体及相应的门窗洞口的平面造型，最后绘制楼梯、电梯井及管道等辅助空间的平面图形，同时标注相应的尺寸和文字说明，如图 12-1 所示。

> **实讲实训**
> **多媒体演示**
>
> 多媒体演示参见配套光盘中的\\动画演示\第12章\绘制咖啡吧建筑平面图.avi。

图12-1 建筑平面图

12.2.1 绘图前准备

01 建立新文件。在具体的设计工作中，为了图样统一，许多项目需要一个统一标准，如文字样式、标注样式、图层等。建立标准绘图环境有效方法是使用样板文件，样板文件保存了各种标准设置。这样，每当建立新图时，新图以样板文件为原型，使得新图与原图具有相同的绘图标准。AutoCAD 样板文件的扩展名为"dwt."用户可根据需要建立自己的样板文件。

本名建立名为"咖啡吧平面图"的图形文件。

02 设置绘图区域。AutoCAD的绘图空间是很大，绘图时要设定绘图区域。可以通过两种方法设定绘图区域。

❶可以绘制一个已知长度的矩形，将图形充满程序窗口，就可以估计出当前的绘图大小。

❷选择菜单栏中的"格式"→"图形界限"命令，来设定绘图区大小。命令行提示如下：

命令：Limits

重新设置模型空间界限：

指定左下角点或［开(ON)/关(OFF)]〈0.0000, 0.0000〉:

指定右上角点〈420.0000, 297.0000〉: 42000, 29700

绘图区域就设置好了。

03 设置图层、颜色、线型及线宽。绘图时应考虑图样划分为哪些图层以及按什么样的标准划分。图层设置合理。会使图形信息更加清晰有序。

❶单击"图层"工具栏中的"图层特性管理器"按钮 ，弹出"图层特性管理器"对话框，如图12-2所示。单击"新建图层"按钮 ，将新建图层名修改为"轴线"。

❷单击"轴线"图层的图层颜色，弹出"选择颜色"对话框，如图12-3所示，选择红色为轴线图层颜色，单击"确定"按钮。

图12-2　"图层特性管理器"对话框　　　　图12-3　"选择颜色"对话框

❸单击"轴线"图层的图层线型，弹出"选择线型"对话框，如图12-4所示，单击"加载"按钮，弹出"加载或重载线型"对话框，如图12-5，选择"CENTER"线型，单击"确定"按钮。返回到"选择线型"对话框，选择"CENTER"线型，单击"确定"按钮，完成线型的设置。

同理创建其他图层，如图12-6所示。

注意

如果绘制的是共享工程中的图形或是基于一组图层标准的图形，删除图层时要小心。

图12-4 "选择线型"对话框

图12-5 "加载或重载线型"对话框

图12-6 "图层特性管理器"对话框

12.2.2 绘制轴线

01 单击"图层"工具栏中的"图形特性管理器"按钮，在其下拉列表中选择"轴线"，将其设置为当前图层。

02 单击"绘图"工具栏中的"直线"按钮，在状态栏中单击"正交"按钮，绘制长度为 36000 的水平轴线和长度为 19000 竖直轴线。

03 选中上步创建的直线，单击鼠标右键，在弹出的快捷菜单中选择"特性"，如图 12-7 所示，在弹出的"特性"对话框中修改线型比例为 30，结果如图 12-8 所示。

04 单击"修改"工具栏中的"偏移"按钮，将竖直轴线向右偏移，偏移，距离为 1100、4800、3050、3050、7050、5800、6000 和 2500，将水平轴线向上偏移，偏移，距离为 7200、3800 和 1000。

05 单击"绘图"工具栏中的"圆弧"按钮，在起始水平直线 3000 处绘制一段长度为 36000 的圆弧，结果如图 12-9 所示。

06 绘制轴号。

❶单击"绘图"工具栏中的"圆"命令按钮，绘制一个半径为 500 的圆，圆心在轴线的端点，如图 12-10 所示。

❷选取菜单栏中的"绘图"→"块"→"定义属性"命令，弹出"属性定义"对话框，如图 12-11 所示，单击"确定"按钮，在圆心位置，写入一个块的属性值。设置完成后的效

果如图 12-12 所示。

图12-7　右键快捷菜单　　　　　　　　　　　图12-8　绘制轴线

图12-9　添加轴网

图12-10　绘制圆

图12-11　块属性定义

图12-12　在圆心位置写入属性值

❸单击"创建块"命令按钮 ⬚，弹出"块定义"对话框，如图 12-13 所示。在"名称"文本框中写入"轴号"，指定圆心为基点；选择整个圆和刚才的"轴号"标记为对象，单击

"确定"按钮，弹出如图所示的"编辑属性"对话框，输入轴号为"8"，单击"确定"按钮如图 12-14 所示，轴号效果图如图 12-15 所示。

图12-13 创建块

图12-14 "编辑属性"对话框

图12-15 输入轴号

❹利用上述方法绘制出图形所有轴号，如图 12-16 所示。

图12-16 标注轴号

12.2.3 绘制柱子

01 单击"图层"工具栏中的"图形特性管理器"按钮🗐，在其下拉列表中选择"柱子"，将其设置为当前图层。

02 单击"绘图"工具栏中的"矩形"按钮⬜，在空白处绘制 900×900 的矩形，结果如图 12-17 所示。

03 单击"绘图"工具栏中的"图案填充"按钮🖽，弹出如图 12-18 所示的"图案填充和渐变色"对话框，单击 🛁 按钮，弹出如图 12-19 所示的"填充图案选项板"对话框，选择"SOLID"图例，单击"确定"按钮，返回到"图案填充和渐变色"对话框，单击"添加：拾取点"按钮⊞，拾取上步绘制的矩形，按回车键，返回到"图案填充和渐变色"对话框，单击"确定"按钮，完成柱子的填充，结果如图 12-20 所示。

图12-17 绘制矩形　　　　　　　　图12-18 "图案填充和渐变色"对话框

图12-19 "填充图案选项板"对话框　　　　　　图12-20 柱子

04 单击"修改"工具栏中的"复制"按钮🗐，将上步绘制的柱子复制到如图 12-21

所示的位置。命令行提示如下：

命令：_copy

选择对象:找到 2 个

选择对象:

当前设置： 复制模式 = 多个

指定基点或 [位移(D)/模式(O)] <位移>： （捕捉柱子上边线的中点）

指定第二个点或 [阵列(A)] <使用第一个点作为位移>： （捕捉第二根水平轴线和偏移后轴线的交点）

指定第二个点或 [阵列(A)/退出(E)/放弃(U)] <退出>：

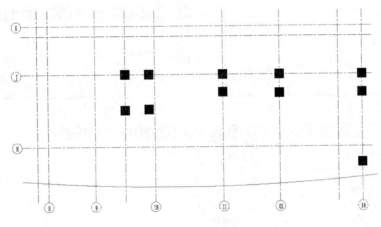

图12-21　布置柱子

12.2.4　绘制墙线、门窗、洞口

01 绘制建筑墙体。

❶单击"图层"工具栏中的"图形特性管理器"按钮 🔏，在其下拉列表中选择"墙线"，将其设置为当前图层。

❷单击"修改"工具栏中的"偏移"按钮 🔼，将轴线"J"向上偏移1000。

❸选择菜单栏中的"格式"→"多线样式"命令，弹出如图12-22所示的"多线样式"对话框，单击"新建"按钮，弹出如图12-23所示的"创建新的多线样式"对话框，输入新样式名为240，单击"继续"按钮，弹出如图12-24所示的"新建多线样式：240"对话框，在偏移文本框中输入120和-120，单击"确定"按钮，返回到"多线样式"对话框。

❹选择菜单栏中的"绘图"→"多线"命令，绘制主要墙体，并整理图形，结果如图12-25所示。

02 绘制新砌95砖墙。

❶单击"绘图"工具栏中的"直线"按钮 ⟋，绘制一段长3850的直线，单击"修改"工具栏中的"偏移"按钮 🔼，将直线向下偏移95，如图12-26所示。

❷单击"绘图"工具栏中的"图案填充"按钮 🔲，弹出"图案填充与渐变色"对话框，在对话框中单击"拾取点"按钮，拾取上部绘制的墙体为边界对象。选取图案及比例设置如

图 12-27 所示，结果如图 12-28 所示。

图12-22　"多线样式"对话框

图12-23　"创建新的多线样式"对话框

图12-24　"新建多线样式：240"对话框

图12-25　绘制大厅两侧墙体

图12-26　绘制新砌95砖墙

图12-27 选取图案及比例设置　　　　　图12-28 95砖墙的绘制

❸相同方法绘制剩余的新砌95砖墙结果如图12-29所示。

图12-29 95新砌95砖墙的绘制

03 绘制轻质砌块墙体。

❶单击"修改"工具栏中的"偏移"按钮，将底边内墙线向上偏移120，单击"绘图"工具栏中的"直线"按钮，表示砖块砌体，如图12-30所示。

图12-30 砖块墙体

注意

轻质砌块必须在工程砌筑前一个月进场，使其完全达到强度。施工中严格按砌筑工程施工验收规范要求进行施工。转角筋、拉墙筋必须严格按图样要求进行施工。顶砖应待墙体施工半月后进行顶砖。

❷相同方法绘制剩余的轻质砖块墙体，如图12-31所示。

图12-31　所有轻质砖块墙体

04 选择菜单中的"绘图"→"多线"命令，设置多线比例50，绘制轻钢龙骨墙体作为卫生间隔断。

图12-32　所有墙体绘制

注意

> 玻璃幕墙由于设有隔热保温结构，并可预制成或在现场组装成墙体，因而能有效降低能源消耗。

05 单击"绘图"工具栏中的"多线"按钮 ╱，绘制玻璃墙体。完成所有墙体的绘制结果如图12-32所示。

06 绘制打单台。

❶单击"绘图"工具栏中的"矩形"按钮 ▢，绘制一个1000×1000的矩形，如图12-33所示。

❷单击"修改"工具栏中的"偏移"按钮 ▱，矩形向外偏移30，将作为装饰柱，如图12-34所示。

❸单击"绘图"工具栏中的"直线"按钮 ╱，在矩形内绘制4条连接线。并选取连接线中点绘制两条垂直线，如图12-35所示。

❹单击"修改"工具栏中的"修剪"按钮 ┱，修剪图形完成装饰柱的轮廓绘制，如图12-36所示。

图12-33 绘制矩形　　　图12-34 偏移矩形　　　图12-35 绘制线段　　　图12-36 修剪图形

❺单击"绘图"工具栏中的"图案填充"按钮 ▨，将小矩形填充为黑色。完成打单台的绘制，如图12-37所示。

❻单击"修改"工具栏中的"移动"按钮 ✛，将上步绘制的打单台移动搭配适当位置。最终结果如图12-38所示。

图12-37 装饰柱图形　　　　　　　　　　图12-38 移动打单台

07 绘制洞口。

❶单击"图层"工具栏中的"图形特性管理器"按钮 ▦，在其下拉列表中选择"门窗"，

将其设置为当前图层。

❷单击"绘图"工具栏中的"直线"按钮／，绘制长度为900的门，单击"修改"工具栏中的"偏移"按钮，偏移直线距离端部1050，结果如图12-39所示。

❸单击"修改"工具栏中的"分解"按钮，将墙线进行分解。

❹单击"修改"工具栏中的"修剪"按钮／，对多余的线进行修剪，然后封闭端线，结果如图12-40所示。

图12-39 偏移直线   图12-40 修剪直线

08 绘制单扇门。

❶单击"绘图"工具栏中的"直线"按钮／，绘制一段长为900的直线，如图12-41所示。

❷单击"绘图"工具栏中的"圆弧"按钮／，绘制一个角度为90的弧线，结果如图12-42所示。

图12-41 绘制直线   图12-42 绘制圆弧

❸单击"绘图"工具栏中的"创建块"按钮和"插入块"按钮，将单扇门定义为块并插入到适当的位置，最终结果如图12-43。

图12-43 插入单扇门

注意

绘制门洞时，要先将墙线分解，在进行修剪。

09 绘制双扇门。

❶单击"绘图"工具栏中的"直线"按钮✎，连接两端墙的中点作为辅助线。

❷单击"绘图"工具栏中的"圆弧"按钮✎，绘制两条90°的弧线。

❸单击"绘图"工具栏中的"创建块"按钮，弹出"创建块"对话框，拾取门上矩形端点为基点，选取门为对象，输入名称为"双开门"，单击"确定"按钮，完成双开门块的创建。

❹单击"绘图"工具栏中的"插入块"按钮，弹出"插入块"对话框，将上步创建的双开门图块插入到适当位置，结果如图12-44所示。

图12-44 绘制双扇门-

12.2.5 绘制楼梯及台阶

01 绘制台阶。

❶单击"图层"工具栏中的"图形特性管理器"按钮，新建"台阶"图层属性默认，将其设置为当前图层。图层设置如图12-45所示。

◁ 台阶 　　|　♀ ☼ 🔓 ■洋红 Contin... ── 默认 Color_6 🖨 🗟

图12-45 台阶图层设置

❷单击"绘图"工具栏中的"直线"按钮✎，绘制一段长度为1857的水平直线。

❸单击"修改"工具栏中的"偏移"按钮，将直线向下偏移，距离250，连续向下偏移两次。结果如图12-46所示。

02 绘制楼梯。

❶单击"图层"工具栏中的"图形特性管理器"按钮，新建"楼梯"图层属性默认，

将其设置为当前图层。图层设置如图12-47所示。

图12-46　绘制台阶-

⬜ 楼梯　　　｜　💡　☀　🔓　■ 蓝　Contin... ── 默认　Color_5　🖨 🖺

图12-47　楼梯图层设置

❷单击"绘图"工具栏中的"矩形"按钮⬜，绘制一个3600×300的矩形。单击 "修改"工具栏中的"偏移"按钮⬗将绘制的矩形向外偏移30，如图12-48所示。

❸单击"绘图"工具栏中的"直线"按钮╱，绘制楼梯扶手的辅助线。

❹单击"修改"工具栏中的"偏移"按钮⬗做出扶手宽度线，扶手宽度为150，长度为3600。

❺单击"修改"工具栏中的"修剪"按钮⊬命令，修剪出扶手。

❻单击单击"修改"工具栏中的"偏移"按钮⬗，将偏移修剪后图形向外偏移30，如图12-48所示。

❼单击"绘图"工具栏中的"直线"按钮╱，绘制出一条长1200的直线。单击"修改"工具栏中的"偏移"按钮⬗，将绘制的直线向内偏移250，结果如图12-49所示。

图12-48　绘制楼梯扶手

图12-49　绘制楼梯踏步-

❽单击"绘图"工具栏中的"多段线"按钮⤵，绘制方向线。命令行提示如下：

命令：PLINE

指定起点：

当前线宽为 300.0000

指定下一个点或 [圆弧(A)/半宽(H)/长度(L)/放弃(U)/宽度(W)]：w

指定起点宽度 <300.0000>：0

指定端点宽度 <0.0000>：200

指定下一个点或 [圆弧(A)/半宽(H)/长度(L)/放弃(U)/宽度(W)]：

指定下一点或 [圆弧(A)/闭合(C)/半宽(H)/长度(L)/放弃(U)/宽度(W)]: w

指定起点宽度 <200.0000>: 0

指定端点宽度 <0.0000>: 0

指定下一点或 [圆弧(A)/闭合(C)/半宽(H)/长度(L)/放弃(U)/宽度(W)]:

指定下一点或 [圆弧(A)/闭合(C)/半宽(H)/长度(L)/放弃(U)/宽度(W)]:

指定下一点或 [圆弧(A)/闭合(C)/半宽(H)/长度(L)/放弃(U)/宽度(W)]:

指定下一点或 [圆弧(A)/闭合(C)/半宽(H)/长度(L)/放弃(U)/宽度(W)]:

图12-50　完成楼梯绘制-

完成楼梯的绘制。如图12-50所示。

12.2.6　绘制装饰凹槽

01 单击"图层"工具栏中的"图形特性管理器"按钮，新建"装饰凹槽"图层属性默认，将其设置为当前图层。图层设置如图12-51所示。

 装饰凹槽　　○　　☼　　🔓　■白　　Contin...　　── 默认　　0　　　Color_7

图12-51　楼梯图层设置

02 单击"绘图"工具栏中的"矩形"按钮，绘制一个800×110的矩形作为装饰凹槽。如图12-52所示。

03 单击"修改"工具栏中的"修剪"按钮，对装饰凹槽进行修剪，结果如图12-53所示。

图12-52　绘制装饰凹槽

图12-53　修剪装饰凹槽

04 利用上述方法绘制剩余装饰凹槽，如图12-54所示。

图12-54　修剪装饰凹槽

12.2.7 标注尺寸

01 设置标注样式。

❶单击"图层"工具栏中的"图形特性管理器"按钮，将"标注"图层设置为当前图层。

❷单击"标注"工具栏中的"标注样式"按钮，弹出"标注样式管理器"对话框，如图12-55所示。

❸单击"新建"按钮，弹出"创建新标注样式"对话框，输入新样式名为"建筑"，如图12-56所示。

图12-55 "标注样式管理器"对话框   图12-56 "创建新标注样式"对话框

❹单击"继续"按钮，弹出"新建标注样式：建筑"对话框，各个选项卡，设置参数如图12-57所示。设置完参数后，单击"确定"按钮，返回到"标注样式管理器"对话框，将"建筑"样式置为当前。

图12-57 "新建标注样式：建筑"对话框

图12-57　"新建标注样式：建筑"对话框（续）

02 标注图形。

❶单击"标注"工具栏中的"线性"按钮┠┤和"连续"按钮┠┼┤，标注细节尺寸，如图12-58所示。

❷单击"标注"工具栏中的"线性"按钮┠┤和"连续"按钮┠┼┤，标注第一道尺寸，如图12-59所示。

❸单击"标注"工具栏中的"线性"按钮┠┤和"连续"按钮┠┼┤，标注图形总尺寸，如图12-60所示。

图12-58　细节标注

图12-59　标注第一道尺寸

图12-60　标注图形总尺寸

12.2.8 标注文字

在工程图中，设计人员需要用文字对图形进行文字说明。适当的设置文字样式，使图样看起来干净整洁。

01 设置文字样式。

❶选择菜单栏中的"格式"→"文字样式"命令，弹出"文字样式"对话框，如图12-61所示。

❷单击"新建"按钮，打开"新建文字样式"对话框，在"样式名"文本框中输入"平面图，如图12-62所示。

图12-61　文字样式对话框　　　　图12-62　"新建文字样式"对话框

❸在"高度"文本框中输入300，其他设置如图12-63所示。

图12-63　设置文字样式

02 标注文字。

❶单击"图层"工具栏中的"图形特性管理器"按钮，在其下拉列表中选择"文字"将其设置为当前图层。

❷单击"绘图"工具栏中的"多行文字"按钮 A ，在平面图的适当位置输入文字，如图12-64所示。

❸单击"绘图"工具栏中的"插入块"按钮，插入"源文件/图块/方向符号。咖

啡吧平面图绘制完成如图12-65所示。

图12-64　标注文字

图12-65　咖啡吧平面图

注意

　　图样是用来交流的，不同的单位使用的字体可能会不同，对于图样中的文字，如果不是专门用于印刷出版的话，不一定必须要找回原来的字体显示。只要能看懂其中文字所要说明的内容就够了。所以，找不到的字体首先考虑的是使用其他的字体来替换，而不是到处查找字体。

　　在图形打开时AutoCAD在碰到没有的字体时会提示用户指定替换字体，但每次打开都进行这样操作未免有些繁琐。这里介绍一种一次性操作，免除以后的烦恼。

　　方法如下：复制要替换的字库为将被替换的字库名。如，打开一幅图，提示找不到jd.shx字库，想用hztxt.shx替换它，那么可以把hztxt.shx复制一份，命名为jd.shx，就可以解决了。不过这种办法的缺点显而易见，太占用磁盘空间。

12.3　咖啡吧装饰平面图

随着社会的发展，人们的生活水平不断提高，对休闲场所要求也逐步提高。咖啡吧是人们工作繁忙中一个缓解疲劳的最佳场所，所以咖啡吧的设计首要目标是休闲，要求里面设施健全环境幽雅。

本例咖啡吧吧厅开阔，能同时容纳多人，室内布置了花台、电视。布局合理。前厅位置宽阔人流畅通，避免人流过多相互交叉和干扰。下面介绍如图 12-66 所示的咖啡吧装饰平面的设计。

实讲实训
多媒体演示

多媒体演示参见配套光盘中的\\动画演示\第12章\咖啡吧装饰平面图.avi。

图12-66　咖啡吧装饰平面图

12.3.1　绘制准备

在绘图过程中，绘图准备占有重要位置，整理号图形，使图形看起来整洁而不杂乱，对初学者来说可以节省后面绘制装饰平面图的时间

01 单击"标准"工具栏中的"打开"按钮 📂，打开前面绘制的"咖啡吧建筑平面图"，并将其另存为"咖啡吧平面布置图"。

02 关闭"尺寸"图层，"文字"图层。

03 单击"图层"工具栏中的"图形特性管理器"按钮 🔳，新建"装饰"图层，将其设置为当前图层。图层设置如图12-67所示。

/🖉　装饰　💡　☼　🔓　■红　Contin...　—— 默认　0　　Color_1

图12-67　装饰图层设置

12.3.2　绘制所需图块

图块是多个对象组成一个整体，在图形中图块可以反复使用，大大节省了绘图时间。下面我们绘制家具并将其制作成图块布置到模型中。

1. 绘制餐桌椅

01 单击"绘图"工具栏中的"矩形"按钮□，在空白位置绘制200×100的矩形，如图12-68所示。

02 单击"绘图"工具栏中的"圆弧"按钮□，起点为矩形左上端点，终点为矩形右上端点，绘制一段圆弧，如图12-69所示。

03 单击"修改"工具栏中的"修剪"按钮√，修剪图形，如图12-70所示。

04 单击"修改"工具栏中的"偏移"按钮◎，将上部绘制的图形向外偏移10，完成椅子的制作，. 如图12-71所示。

图12-68　绘制矩形　　　图12-69　绘制圆弧　　　图12-70　绘制水平直线　　　图12-71　椅子

05 单击单击"绘图"工具栏中的"创建块"按钮□，打开"块定义"对话框，在"名称"文本框中输入"餐椅1"。单击"拾取点"按钮，选择"餐椅1"的坐垫下中点为基点，单击"选择对象"按钮□，选择全部对象，结果如图12-72所示。

图12-72　定义餐椅图块

06 单击"绘图"工具栏中的"矩形"按钮□，绘制一个尺寸为300×500的方形桌子，如图12-73所示。

07 单击"绘图"工具栏中的"插入块"按钮□，打开"插入"对话框，如图12-74所示。

08 在"名称"下拉列表中选择"餐椅1"，指定桌子任意一点为插入点，旋转"90"指定比例为0.5。结果如图12-75所示。

09 插入椅子图形，结果如图12-76所示。

图12-73　桌子矩形　　　　　　　　　　图12-74　"插入"对话框

图12-75　插入椅子图块　　　　　　　　图12-76　插入全部椅子

 注意

在图形插入块时，可以对相关参数如插入点，插入比例及插入角度进行设置。

10 利用上述方法绘制两人座桌椅，结果如图12-77所示。

图12-77　插入椅子

2. 绘制四人座桌椅

01 单击"绘图"工具栏中的"矩形"按钮□，绘制一个尺寸为500×500的方形桌子，如图12-78所示。

02 单击"绘图"工具栏中的"插入块"按钮□，打开"插入"对话框。在"名称"下拉列表中选择"餐椅1"，指定桌子上边中点为插入点，旋转35，结果如图12-79所示。

03 插入椅子图形，结果如图12-80所示。

图12-78　"插入"对话框　　　　图12-79　插入椅子　　　　图12-80　插入全部椅子

3. 绘制卡座沙发

01 单击"绘图"工具栏中的"矩形"按钮 ⬜，绘制一个尺寸为200×200的矩形，如图12-81所示。

02 单击"修改"工具栏中的"分解"按钮 ⬚，将上部绘制的矩形分解。

03 单击"修改"工具栏中的"偏移"按钮 ⬕，将矩形上边向下偏移50，如图12-82所示。

04 单击"修改"工具栏中的"偏移"按钮 ⬕，将矩形上边和上部偏移的直线分别向下偏移5。

05 单击"修改"工具栏中的"圆角"按钮 ⬜，将矩形上两边和底边进行圆角处理，圆角半径为15，结果如图12-83所示。

06 单击"修改"工具栏中的"复制"按钮 🔁，将上部绘制的图形复制4个完成卡座沙发的绘制，如图12-84所示。

图12-81　绘制矩形　　　　图12-82　偏移直线　　　　图12-83　圆角处理

图12-84　卡座沙发

07 单击"绘图"工具栏中的"创建块"按钮 🔲，打开"块定义"对话框，在"名称"文本框中输入"卡坐沙发"。单击"拾取点"按钮，选择"卡坐沙发"的坐垫下中点为基点,单击"选择对象"按钮,选择全部对象,结果如图12-85所示。

图12-85 卡座沙发图块

4. 绘制双人沙发

01 单击"绘图"工具栏中的"矩形"按钮□,绘制一个尺寸为200×200的矩形,如图12-86所示。

02 单击"修改"工具栏中的"分解"按钮,将上部绘制的矩形分解。

03 单击"修改"工具栏中的"偏移"按钮,将矩形上边向下偏移2、15、2。将矩形左边竖直边和矩形下边分别向外偏移5,如图12-87所示。

04 单击"修改"工具栏中的"圆角"按钮,将矩形边进行倒圆角处理。圆角半径为5,如图12-88所示。

图12-86 绘制矩形　　　　　图12-87 偏移直线　　　　　图12-88 矩形倒圆角

05 单击"修改"工具栏中的"镜像"按钮,将图形镜像,镜像线为矩形右边竖直边。完成双人沙发的绘制,结果如图12-89所示。

06 单击"绘图"工具栏中的"创建块"按钮,打开"块定义"对话框,在"名称"文本框中输入"双人沙发"。单击"拾取点"按钮,选择"双人沙发"的坐垫下中点为基点,单击"选择对象"按钮,选择全部对象,结果如图12-90所示。

5. 绘制吧台椅

01 单击"绘图"工具栏中的"圆"按钮,绘制个直径为140的圆,如图12-91所示。

02 单击"修改"工具栏中的"偏移"按钮 ⚏，将圆向外偏移10，如图12-92所示。

图12-89　双人沙发的绘制　　　　　　　图12-90　双人沙发图块

图12-91　绘制圆　　　　　　　　图12-92　偏移圆

03 单击"绘图"工具栏中的"直线"按钮 ✐，绘制内圆与外圆的连接线，如图12-93所示。

04 单击"修改"工具栏中的"修剪"按钮 ✂，修剪图形，完成吧台椅的绘制，如图12-94所示。

图12-93　绘制连接线　　　　　　　图12-94　吧台椅的绘制

05 单击"绘图"工具栏中的"创建块"按钮 ▦，打开"块定义"对话框，在"名称"文本框中输入"吧台椅"。单击"拾取点"按钮，选择"吧台椅"的坐垫下中点为基点，单击"选择对象"按钮 ▦，选择全部对象，结果如图12-95所示。

6. 绘制坐便器

01 单击"绘图"工具栏中的"矩形"按钮 ▭，在空白位置绘制350×110的矩形，再单击"修改"工具栏中的"偏移"按钮 ⚏，将矩形向内偏移20，如图12-96所示。

02 单击"绘图"工具栏中的"椭圆"按钮 ⬭，绘制一个长轴直径为350、短轴直径为240的椭圆，如图12-97所示。

图12-95　吧台椅图块

图12-96　偏移矩形

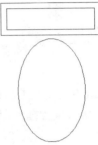

图12-97　绘制椭圆

03 单击"绘图"工具栏中的"圆弧"按钮，绘制两段圆弧，结果如图12-98所示。

04 单击"修改"工具栏中的"偏移"按钮，将椭圆向内偏移10，结果如图12-99所示。

05 单击"绘图"工具栏中的"圆"按钮，绘制一个半径为5的圆。完成坐便器的绘制，如图12-100所示。最后将上面绘制的部分图形分别创建为块，以便以后调用。

图12-98　绘制圆弧

图12-99　偏移椭圆

图12-100　偏移小圆

12.3.3　布置咖啡吧

1. 咖啡吧大厅布置

01 单击"绘图"工具栏中的"插入块"按钮，在名称下拉列表中选择"餐桌椅1"，在图中相应位置插入图块并调整比例，如图12-101所示。

图12-101　插入双人座椅

02 单击"绘图"工具栏中的"插入块"按钮，在名称下拉列表中选择"四人座桌椅"，在图中相应位置插入图块，适当的调整插入比例，使图块与图形想匹配。如图12-102所示。

图12-102　插入四人座椅

03 单击"绘图"工具栏中的"插入块"按钮，在名称下拉列表中选择"双人桌椅"，在图中相应位置插入图块，适当的调整插入比例，使图块与图形相匹配，如图12-103所示。

04 单击"绘图"工具栏中的"插入块"按钮，在名称下拉列表中选择"卡座沙发"，在图中相应位置插入图块，适当调整插入比例，使图块与图形相匹配，如图12-104所示。

图12-103 插入双人座椅

图12-104 插入卡座沙发

05 单击"绘图"工具栏中的"插入块"按钮 🖼，在名称下拉列表中选择"2人座沙发"。

06 单击"修改"工具栏中的"偏移"按钮，选择弧度墙体向内偏移300，绘制出吧台桌子。

07 单击"绘图"工具栏中的"插入块"按钮 🖼，在名称下拉列表中选择"吧台椅"，插入吧台椅，如图12-105所示。

08 利用上述方法插入图块，完成咖啡吧大厅装饰布置图的绘制，结果如图12-105所示。

2. 咖啡吧前厅布置

咖啡吧前厅是咖啡吧的入口，也是顾客对咖啡吧产生第一印象的地方。

01 单击"绘图"工具栏中的"矩形"按钮 □，绘制一个4720×600的矩形，在刚绘制的矩形内绘制一个1600×600的矩形，结果如图12-106所示。

图12-105　咖啡吧大厅装饰布置图

02 单击"修改"工具栏中的"偏移"按钮⚒，将上步绘制的矩形向外偏移20，如图12-107所示。

图12-106　绘制矩形

图12-107　偏移矩形

03 单击"绘图"工具栏中的"直线"按钮✎，拾取矩形上边中点为起点绘制一条垂直直线，取内部矩形左边中点为起点绘制一条水平直线。

04 单击"修改"工具栏中的"偏移"按钮⚒，将垂直直线分别向两侧偏移30。

05 单击"修改"工具栏中的"修剪"按钮✂，修剪图形结果如图12-108所示。

06 单击"绘图"工具栏中的"直线"按钮✎，在矩形内部绘制直线细化图形，结果如图12-109所示。

图12-108　修剪图形

图12-109　细化图形

07 单击"绘图"工具栏中的"直线"按钮✎，在图形内部绘制两条交叉直线，如图12-110所示。

图12-110　绘制交叉线

3．咖啡吧更衣室布置

单击"绘图"工具栏中的"直线"按钮，绘制更衣室的更衣柜。绘制方法过于简单，使用命令前面已经讲述过，在这就不再详细阐述，如图12-111所示。

图12-111　绘制更衣室衣柜

4．咖啡吧卫生间布置

01 单击"绘图"工具栏中的"插入块"按钮，在名称下拉列表中选择"坐便器"，在卫生间图形中插入坐便器图块，如图12-112所示。

图12-112　插入坐便器图块

02 单击"绘图"工具栏中的"直线"按钮 ✍，在距离墙体位置300处 绘制一条直线，作为洗手台边线，如图12-113所示。

03 单击"绘图"工具栏中的"插入块"按钮 🗟，插入"源文件/图块/洗手盆"，在卫生间图形中插入洗手盆图块，如图12-114所示。

图12-113　绘制洗手台边线　　　　　　图12-114　插入洗手盆图形

04 单击"绘图"工具栏中的"插入块"按钮 🗟，插入"源文件/图块/小便器"，在卫生间图形中插入小便器图块，如图12-115所示。

图12-115　插入小便器图形

 注意

在图形中我们利用前面讲过的方法为厨房开通一个门。

5.　布置厨房

单击"绘图"工具栏中的"插入块"按钮 🗟，插入图块完成咖啡吧装饰平面图的绘制，如图12-116所示。

图12-116　咖啡吧装饰平面图的绘制

12.4　绘制咖啡吧顶棚平面图

　　本例咖啡吧作了一个错层吊顶，中间以开间区域自然分开。其中，咖啡厅为方通管顶棚，按灯光需要在靠近厨房顶棚沿线布置装饰吊灯，在中间区域布置射灯，灯具布置不要过密，要形成一种相对柔和的光线氛围；厨房为烤漆格栅扣板顶棚。由于厨房为工作场所，灯具在保证亮度前提下则可以根据需要相对随意布置；门厅顶棚为相对明亮的白色乳胶漆饰面的纸面石膏板，这样可以使空间高度相对充裕，再配以软管射灯和格栅射灯，使整个门厅显得清新明亮，如图14-117所示。

实讲实训
多媒体演示

多媒体演示参见配套光盘中的\\动画演示\第12章\绘制咖啡吧顶棚平面图.avi。

图12-117　顶棚平面图

12.4.1 绘制准备

01 单击"标准"工具栏中的"打开"按钮 📂，打开前面绘制的"某咖啡吧平面布置图"，并将其另存为"咖啡吧顶面布置图"。

02 关闭"家具"，"轴线"，"门窗"，"尺寸"图层。删除卫生间隔断和洗手台。

03 单击"绘图"工具栏中的"直线"按钮 ✏️，绘制一条直线，结果如图12-118所示。

图12-118 整理图形

12.4.2 绘制吊顶

01 单击"绘图"工具栏中的"图案填充"按钮 ▨，弹出"图案填充和渐变色"对话框，对话框设置如图12-119所示。

02 选择咖啡厅吊顶为填充区域，如图12-120所示。

图12-119 "图案填充和渐变色"对话框

图12-120 填充咖啡厅

03 单击"绘图"工具栏中的"图案填充"按钮，弹出"图案填充和渐变色"对话框，对话框设置，如图12-121所示。

04 选择咖啡厅厨房为填充区域，如图12-122所示。

图12-121 "图案填充和渐变色"对话框　　　　图12-122 填充厨房区域

12.4.3 布置灯具

灯饰有纯为照明或兼作装饰用，在装置的时候，浅色的墙壁，如白色、米色，均能反射多量的光线，达90%；而颜色深的背景，如深蓝、深绿、咖啡色，只能反射光线5%～10%。

一般室内装饰设计，彩色色调最好用明朗的颜色，照明效果较佳，不过，也不是说凡深色的背景都不好，有时为了实际需要，强调浅颜色与背景的对比，另外打投光灯在咖啡器皿上，更能使咖啡品牌显眼突出或富有立体感。

因此，咖啡馆灯光的总亮度要低于周围，以显示咖啡馆的特性，使咖啡馆形成优雅的休闲环境，这样，才能使顾客循灯光进入温馨的咖啡馆。如果光线过于暗淡，会使咖啡馆显出一种沉闷的感觉，不利于顾客品尝咖啡。

其次，光线用来吸引顾客对咖啡的注意力。因此，灯暗的吧台，咖啡可能显得古老而神秘的吸引力。

咖啡制品，本来就是以褐色为主，深色的、颜色较暗的咖啡，都会吸收较多的光，所以若使用较柔和的日光灯照射，整个咖啡馆的气氛就会舒适起来。

下面具体讲述本例咖啡吧中灯具的具体布置。

01 单击"绘图"工具栏中的"插入块"按钮，插入"源文件/图块/软管射灯"图块，
结果如图12-123所示。

02 单击"绘图"工具栏中的"插入块"按钮，插入"源文件/图块/嵌入式格栅

射灯"图块，结果如图12-124所示。

图12-123　插入软管射灯　　　　　　　　图12-124　嵌入式格栅射灯

03 单击"绘图"工具栏中的"插入块"按钮 ，插入"源文件/图块/装饰吊灯"图块，结果如图12-125所示。

04 单击"绘图"工具栏中的"插入块"按钮 ，插入"源文件/图块/射灯"图块，结果如图12-126所示。

图12-125　装饰吊灯　　　　　　　　　图12-126　插入射灯

05 在命令行中输入QLEADER命令，为咖啡厅顶棚添加文字说明，如图12-127所示。

图12-127　输入文字说明

12.5 绘制咖啡吧地面平面图

咖啡吧是一种典型的休闲建筑，所以其室内地面设计就必须相对考究，要从中折射出一种安逸舒适的气质。本例中，采用深灰色地形岩和条形木地板交错排列（平面造型可以相对新奇），中间间隔以下置LED灯的喷沙玻璃隔栅，通过地面灯光的投射，与顶棚灯光交相辉映，使整个大厅显得朦胧迷离，如梦如幻，同时又使深灰色地形岩和条形木地板界限分明，几何图案美感得到了进一步强化。门厅采用深灰色地形岩，厨房采用防滑地砖配以不锈钢格栅地沟，则是以突出实用性的简化处理，如图12-128所示。

实讲实训
多媒体演示

多媒体演示参见配套光盘中的\\动画演示\第12章\绘制咖啡吧地面平面图.avi。

图12-128 咖啡吧地面平面图

01 单击"绘图"工具栏中的"直线"按钮，绘制一条直线，单击"修改"工具栏中的"偏移"按钮，将绘制的直线向外偏移60，结果如图12-129所示。

图12-129 绘制喷砂玻璃

02 利用上述方法完成所有喷砂玻璃的绘制，如图12-130所示。

图12-130 绘制所有喷砂玻璃

03 单击"绘图"工具栏中的"图案填充"按钮，弹出"图案填充和渐变色"对话框。设置图案"ANSI31"角度为-45，比例为20，为图形填充条形木地板，结果如图12-131所示。

图12-131 填充条形地板

04 单击"绘图"工具栏中的"图案填充"按钮，弹出"图案填充和渐变色"对话框。设置图案"AR-B816"角度为1，比例为1，为图形填充地新岩，结果如图12-132所示。

图12-132 填充地形岩

05 单击"绘图"工具栏中的"图案填充"按钮，弹出"图案填充和渐变色"对话框。设置图案"AR-B816"角度为1，比例为1，为前厅填充地砖，如图12-133所示。

06 单击"修改"工具栏中的"偏移"按钮，选择厨房水平直线连续向下偏移300，选择厨房竖直墙线连续向内偏移300，结果如图12-134所示。

图12-133 填充前厅　　　　　　　　　　图12-134 填充厨房

07 单击"绘图"工具栏中的"直线"按钮，在厨房内地面绘制300宽地沟，并单击"绘图"工具栏中的"图案填充"按钮，填充地沟区域，如图12-135所示。

08 在命令行中输入QLEADER命令，为咖啡厅地面添加文字说明，如图12-136所示。

图12-135 填充地沟图形　　　　　　　图12-136 添加文字说明

 注意

作为室内工程制图可能会涉及诸多特殊符号，特殊符号的输入在单行文本输入与多行文本输入是有很大不同的，以及对于字体文件的选择特别重要。多行文字中插入符号或特殊字符的步骤如下：

（1）双击多行文字对象，打开在位文字编辑器。

（2）在展开的工具栏上单击"符号"，如图12-137所示。

（3）单击符号列表上的某符号，或单击"其他"显示"字符映射表"对话框，如图12-138所示。在"字符映射表"对话框中，选择一种字体，然后选择一种字符，并使用以下方法之一：

A——要插入单个字符，将选定字符拖动到编辑器中；

B——要插入多个字符，单击"选定"，将所有字符都添加到"复制字符"框中。选择了所有所需的字符后，单击"复制"。在编辑器中单击鼠标右键。单击"粘贴"。

关于特殊符号的运用，用户可以适当记住一些常用符号的ASC代码，同时也可以试从键盘中输入，即右击输入法工具条，弹出相关字符的输入，如图12-139所示。

图12-137 "符号"命令按钮

图12-138 "字符映射表"对话框

PC键盘	标点符号
希腊字母	数字序号
俄文字母	数学符号
注音符号	单位符号
拼音	制表符
日文平假名	特殊符号
日文片假名	

图12-139 软键盘输入特殊字符

第13章

咖啡吧室内设计立面图及详图绘制

立面设计是体现咖啡吧休闲气质的一个重要体现途径，所以必须重视咖啡吧的立面设计。

本章将在上一章的基础上继续讲解设计咖啡吧立面图和详图的方法和技巧。

◉ 咖啡吧立面图的绘制

◉ 玻璃台面节点详图的绘制

13.1 绘制咖啡吧立面图

A 立面图是咖啡厅内部立面图，如图 13-1 所示，所以可以在此立面进行休闲设计，用以渲染舒适安逸的气氛。其主体为振纹不锈钢和麦哥利水波纹木贴皮交错布置。在振纹不锈钢装饰区域可以布置墙体电视显示屏，用以播放一些音乐和风景影像，再配置一些绿色盆景或装饰古董，显得文化气息扑面而来、浪漫情调浓郁。在麦哥利水波纹木贴皮装饰区域配置一些卡坐区沙发整个布局显得和谐舒适。

图13-1 A立面图

如图 13-2 所示，B 立面图是咖啡厅与外界的分隔立面，所以此立面的首要功能是要突出一种朦胧的隔离感，又要适当考虑外界光线的穿透。其主体为不锈钢立柱分隔的蚀刻玻璃隔墙，再配以各种灯光投射装饰。既有一种明显的区域隔离感，同时又通过打在蚀刻玻璃的灯光反射出的模糊柔和的光，营造出一种恍如隔世的怡然自得的闲情逸致。

图13-2 B立面图

13.1.1 绘制咖啡吧 A 立面图

1. 绘制立面图

01 单击"图层"工具栏中的"图形特性管理器"按钮，新建"立面"图层属性默认，将其设置为当前图层。图层设置如图 13-3 所示。

立面　　　♀　☼　🔓　■白　Contin...　—— 默认　Color_7　🖨　🗐

图13-3 台阶图层设置

02 单击"绘图"工具栏中的"矩形"按钮，绘制 14620×2900 的矩形。并将其进行分解，结果如图 13-4 所示。

图13-4　绘制矩形

03 单击"修改"工具栏中的"分解"按钮，将上步绘制的矩形进行分解。

04 单击"修改"工具栏中的"偏移"按钮，将最左端竖直线向右偏移，偏移距离为 1620、4550、800、4560、800、2190、100，结果如图 13-5 所示。

图13-5　偏移直线

05 单击"修改"工具栏中的"旋转"按钮。将偏移的直线以下端点为旋转基点，分别旋转-15°、15°、15°、15°，然后单击"修改"工具栏中的"延伸"按钮，延伸旋转后的直线，结果如图 13-6 所示。

图13-6　旋转直线

06 单击"绘图"工具栏中的"图案填充"按钮。设置填充图案为"AR-RROOF"设置角度为90，设置比例5，如图 13-7 所示。

图13-7　填充图案

07 单击"绘图"工具栏中"矩形"按钮，绘制一个 720×800 矩形，如图 13-8 所示。

图13-8　绘制矩形

08 单击"修改"工具栏中的"分解"按钮 🖑，将上步绘制的矩形进行分解。

09 单击"修改"工具栏中的"偏移"按钮 🖉，选择分解矩形的最上边分别向下偏移 400、100、300，如图 13-9 所示。

图13-9 偏移直线

10 单击"修改"工具栏中的"圆角"按钮 🗆，选择圆角上边进行圆角处理。圆角半径为 100，如图 13-10 所示。

图13-10 圆角处理

11 单击"修改"工具栏中的"复制"按钮 🍃，选择图形进行复制，如图 13-11 所示。

图13-11 复制图形

12 两人沙发的绘制方法与五人沙发的绘制方法基本相同。不再详细阐述，结果如图 13-12 所示。

图13-12 绘制其他图形

13 单击"绘图"工具栏中的"矩形"按钮 🖍，绘制一个 500×150 的矩形。

14 单击"修改"工具栏中的"分解"按钮 🖑，将图形中的填充区域进行分解。

15 单击"修改"工具栏中的"修剪"按钮 🗡，修剪花台内区域如图 13-13 所示。

16 调用相同方法绘制剩余花台，并单击"绘图"工具栏中的"插入块"按钮 🗔，在花台上方插入装饰物，并单击"修改"工具栏中的"修剪"按钮 🗡，将插入图形内多余线段进行修剪，如图 13-14 所示。

图13-13 绘制花台

图13-14 插入装饰瓶

17 单击"绘图"工具栏中的"插入块"按钮。在图形中适当位置插入"电视显示屏",并单击"修改"工具栏中的"修剪"按钮，将插入图形内多余线段进行修剪,如图13-15 所示。

图13-15 修剪图形

18 单击"绘图"工具栏中的"矩形"按钮，绘制一个矩形作为暗窗,如图 13-16 所示。

图13-16 绘制暗窗

2. 标注尺寸

01 单击"图层"工具栏中的"图形特性管理器"按钮，将"标注"图层设置为当前图层。

02 单击"标注"工具栏中的"标注样式"按钮，弹出"标注样式管理器"对话框,如图 13-17 所示。

03 单击"新建"按钮,弹出"创建新标注样式"对话框,输入新样式名为"立面"。如图 13-18 所示。

04 单击"继续"按钮,弹出"新建标注样式:建筑"对话框,各个选项卡,设置参数如图 13-19 所示。设置完参数后,单击"确定"按钮,返回到"标注样式管理器"对话框,将"建筑"样式置为当前。

图13-17 "标注样式管理器"对话框　　　　图13-18 "创建新标注样式"对话框

图13-19 "新建标注样式：建筑"对话框

05 单击"标注"工具栏中的"线性"按钮，标注立面图尺寸，如图 13-20 所示。

图13-20 标注立面图

06 单击"绘图"工具栏中的"插入块"按钮，在图形中适当位置插入"标高"，如图 13-21 所示。

图13-21 插入标高

3. 标注文字

01 单击"文字"工具栏中的"文字样式"按钮，弹出"文字样式"对话框，新建"说明"文字样式，设置高度为 150，并将其置为当前。

02 在命令行中输入 QLEADER 命令，标注文字说明，如图 13-22 所示。

图13-22 文字说明

13.1.2 绘制咖啡吧 B 立面图

1. 绘制图形

01 单击"绘图"工具栏中的"矩形"按钮，绘制 14450×2800 的矩形。并将其进行分解，如图 13-23 所示。

图13-23　　绘制矩形

02 单击"修改"工具栏中的"分解"按钮，将上步绘制的矩形进行分解。

03 单击"修改"工具栏中的"偏移"按钮，将最左端竖直线向右偏移，偏移距离为 2150、200、2220、200、2230、200、2210、200、2210、200、2230、200，将最上端水平直线向下偏移，偏移距离 1000、1600、200，结果如图 13-24 所示。

图13-24　　偏移直线

04 单击"修改"工具栏中的"修剪"按钮，修剪多余线段，如图 13-25 所示。

图13-25　　修剪图形

05 单击"绘图"工具栏中的"图案填充"按钮，设置填充图案为"AR-RROOF"设置角度为 90，设置比例为 3 填充图形，如图 13-26 所示。

图13-26　　填充图案

06 单击"绘图"工具栏中的"图案填充"按钮，设置填充图案为"SOLID"设置角度为 0，设置比例为 1 填充图形，如图 13-27 所示。

07 单击"修改"工具栏中的"偏移"按钮，选矩形底边向上偏移 1200、50，如图 13-28 所示。

08 单击"修改"工具栏中的"修剪"按钮，修剪多余线段，如图 13-29 所示。

09 单击"绘图"工具栏中的"图案填充"按钮。设置填充图案为"SOLID"设置角度为 0，设置比例为 1 填充图形。

图13-27 填充图案

图13-28 偏移直线

图13-29 修剪图形

10 单击"绘图"工具栏中的"图案填充"按钮□。设置填充图案为"AR-RROOF"设置角度为45，设置比例为20填充图形，如图13-30所示。

图13-30 填充图形

11 单击"绘图"工具栏中的"插入块"按钮□，在名称下拉列表中选择"插泥灯"，在图中相应位置插入图块，如图13-31所示。

图13-31 插入"插泥灯"

2. 标注尺寸和文字

01 单击"标注"工具栏中的"线性"按钮□，标注立面图尺寸，如图13-32所示。

02 单击"绘图"工具栏中的"插入块"按钮□，在图形中适当位置插入"标高"，如

图 13-33 所示。

图13-32　标注立面图

图13-33　插入标高

03 单击"文字"工具栏中的"文字样式"按钮 A，弹出"文字样式"对话框，新建"说明"文字样式，设置高度为150，并将其置为当前。

04 在命令行中输入 QLEADER 命令，标注文字说明，结果如图 13-34 所示。

图13-34　文字说明

13.2　玻璃台面节点详图

图 13-35 所示为玻璃台面节点详图。下面讲述其设计方法。

01 单击"绘图"工具栏中的"直线"按钮，绘制一条竖直直线。结果如图 13-36 所示。

02 单击"修改"工具栏中的"偏移"按钮，将左端竖直直线向右偏移，偏移距离 50，10、160、240、10，结果如图 13-37 所示。

图13-35　玻璃台面节点详图

实讲实训

多媒体演示

多媒体演示参见配套光盘中的\\动画演示\第13章\玻璃台面节点详图.avi。

图13-36　绘制竖直直线　　　　图13-37　偏移竖直直线

03 单击"修改"工具栏中的"偏移"按钮 ⚐，将左端第2、3根竖直直线分别向外侧偏移偏移距离3，结果如图13-38所示。

04 单击"绘图"工具栏中的"直线"按钮 ✐ 和"修改"工具栏中的"修剪"按钮 ⊬，绘制图形的折弯线，如图13-39所示。

05 单击"修改"工具栏中的"偏移"按钮 ⚐，将最右端竖直直线向左偏移，偏移距离为400。

06 单击"绘图"工具栏中的"直线"按钮 ✐，取上步偏移的竖直直线中点为起点绘制一条水平直线，如图13-40所示。

图13-38　偏移直线　　　　　图13-39　绘制折弯线　　　　图13-40　绘制水平直线

07 单击"修改"工具栏中的"偏移"按钮 ⚐，将上步绘制的水平直线分别向两侧偏移，偏移距离为9.5，如图13-41所示。

08 单击"修改"工具栏中的"修剪"按钮✂，将图形进行修剪。单击"修改"工具栏中的"删除"按钮✎，删除多余线段。

09 单击"修改"工具栏中的"圆角"按钮▢，对图形采用不修剪模式下的圆角处理，圆角半径为20。如图13-42所示。

10 单击"绘图"工具栏中的"图案填充"按钮▨，对图形进行图案填充，如图13-43所示。

图13-41 偏移水平直线　　　图13-42 图形圆角处理　　　图13-43 填充图形

11 单击"绘图"工具栏中的"圆"按钮⊙，绘制一个半径为20的圆，单击"绘图"工具栏中的"直线"按钮✎，绘制一条水平直线和一条竖直直线，完成连接件的绘制，如图13-44所示。

12 单击"标注"工具栏中的"标注样式"按钮⊿，弹出"标注样式管理器"对话框，新建"详图"标注样式。

13 在"线"选项卡中设置超出尺寸线为30，起点偏移量为20；"符号和箭头"选项卡中设置箭头符号为"建筑标记"，箭头大小为20；"文字"选项卡中设置文字大小为30；"主单位"选项卡中设置"精度"为0，小数分割符为"句点"。

14 单击"标注"工具栏中的"线性"按钮⊢和"连续"按钮⊪，标注详图尺寸，如图13-45所示。

图13-44 绘制连接件　　　图13-45 标注详图尺寸

15 单击"文字"工具栏中的"文字样式"按钮А，弹出"文字样式"对话框，新建

"说明"文字样式，设置高度为30，并将其置为当前。

16 在命令行中输入 QLEADER 命令，并通过"引线设置"对话框设置参数。标注说明文字，结果如图如图13-46所示。

图13-46　标注说明文字